未讀 ADR | 探索家 |

大话科学史 山姆·基恩作品集

UNREAD

恺撒的最后一口气

大话空气趣史

Decoding the Secrets of the Air Around Us

Caesar's Last Breath

Sam Kean

[美] 山姆·基恩 著

左安浦 译

北京联合出版公司
Beijing United Publishing Co.,Ltd.

恺撒的最后一口气：
大话空气趣史

[美] 山姆·基恩 著
左安浦 译

图书在版编目（CIP）数据

恺撒的最后一口气：大话空气趣史 / (美) 山姆·基恩著；左安浦译．--北京：北京联合出版公司，2023.12
ISBN 978-7-5596-7228-5

Ⅰ．①恺… Ⅱ．①山… ②左… Ⅲ．①空气－普及读物 Ⅳ．① P42-49

中国国家版本馆 CIP 数据核字 (2023) 第 183916 号

CAESAR' S LAST BREATH:
Decoding the Secrets of the Air Around Us

By Sam Kean

北京市版权局著作权合同登记号 图字：01-2023-2477 号

出品人 赵红仕
选题策划 联合天际·边建强
责任编辑 徐 樟
特约编辑 南 洋
美术编辑 夏 天
封面设计 @吾然设计工作室

未读 探索家

出 版 北京联合出版公司
北京市西城区德外大街 83 号楼 9 层 100088
发 行 未读（天津）文化传媒有限公司
印 刷 三河市冀华印务有限公司
经 销 新华书店
字 数 251 千字
开 本 710 毫米 ×1000 毫米 1/16 20.75 印张
版 次 2023 年 12 月第 1 版 2023 年 12 月第 1 次印刷
I S B N 978-7-5596-7228-5
定 价 65.00 元

关注未读好书

客服咨询

从一粒沙看世界，
从一朵花看天堂，
把永恒纳进一个时辰，
把无限握在自己手心。[1]

——威廉·布莱克《天真的预兆》

1 本段选自威廉·布莱克（William Blake）的长诗《天真的预兆》(*Auguries of Innocence*)，译文参考了王佐良的译本。——译者（如无特殊说明，本书脚注均为译者注）

单位换算表

本书将涉及以下单位换算：

1英寸 = 0.025 4米

1英尺 = 0.304 8米

1英里≈1 609米

1立方英里≈4.168立方千米

1千卡 = 4.184千焦耳

1磅≈453.59克

1盎司 = 28.35克

1加仑（英）≈4.546升

1夸脱（英）≈1.137升

1品脱（英）≈0.568升

华氏度 = 32+摄氏度 × 1.8

目 录

引言　最后的呼吸

请允许我做一个小小的实验。在接下来的几秒钟，试着密切关注从你身体中逸出的气体，仿佛这是你在地球上的最后一次呼吸。你对这些空气了解多少？感受肺在你的胸腔里一张一弛。里面究竟发生了什么？把手放在你的嘴唇前面，感受从中逸出的气体如何在你的体内流转，变得更加温暖、更加湿润，也许还产生了一种气味。这是何种法术？虽然你的触觉还不够敏锐，但想象一下，你可以感觉到一个个气体分子在你的指尖跳动，就像一个个细微至极的哑铃飞散在周围的空气中。有多少个分子，它们去了哪里？

有一些分子并没有走远。只要你再吸一口气，它们就会奔回你的肺，像是冲上岸的海浪又被大海收回。另一些分子走得稍远，返回之前只在隔壁房间里闯荡，是过早回头的浪子。绝大多数分子成了大气层中的无名之辈，开始向全球扩散。但即便如此，一些疲惫的漫游者也许会在几个月后蹒跚回到你身边。在与这些分子的两次相遇之间，你可能已经是一个完全不同的人，但历次呼吸的幽灵时时刻刻都在你身边飘荡，让你与昨日重逢。

当然，这样的经历并不是你的专属；地球上的每一个人都会经历同样的事情。而且你的“幽灵”极大概率会与他们的“幽灵”

纠缠在一起，因为他们极大概率在你之后（或者在你之前）吸入和呼出相同的分子。事实上，如果你在公共场合阅读本书，那么你正在吸入周围人呼出的气体，也就是“二手呼吸”。你对此的反应可能取决于你的同伴是谁。有时我们喜欢这种混合空气，比如和恋人靠在一起的时候，我们感受到对方呼出的气息落在我们的脖子上，但有时我们又非常痛恨这种混合空气，比如飞机上午餐吃了大蒜的邻座正在喋喋不休。但是，除非我们待在罐子里呼吸，否则不可能逃避周围的空气。我们一直在回收邻居的呼吸，哪怕只是远邻。就像来自遥远星辰的光线可以照亮我们的虹膜，来自香格里拉的陌生人的气息可能残存在下一阵微风之中。

更令人吃惊的是，我们的呼吸将我们与历史联系在一起。你的下一次呼吸中的一些分子很可能是来自“9·11”事件或“柏林墙的倒塌”的信使，它们可能目睹了第一次世界大战或麦克亨利堡上空的星条旗[1]。如果我们把想象力延伸到足够远的空间和足够长的时间，就能联想到一些迷人的场景。例如，你的下一次呼吸（此时、此地）是否可能包含尤利乌斯·恺撒临死时呼出的一些空气？

你可能听说过下面这个故事。在公元前44年3月15日的罗马，尤利乌斯·恺撒——大祭司，终身独裁官，与7月同名，也是第一个在世时就把自己的头像印在硬币上的罗马人——走进元老院会议厅。在经历了一个艰难的夜晚之后，他看起来出奇地精神。在他出席的一个晚宴上，谈话偏离到一个相当病态的话题：最好的死法。（恺撒宣称，他喜欢突然的、意想不到的结局。）恺撒患

1　麦克亨利堡是美国马里兰州的沿海城市，因为在1812年的美国第二次独立战争中发挥了巨大作用而闻名。美国诗人弗朗西斯·斯科特·基目睹了美军在麦克亨利堡的英勇抵抗，星条旗在炮击之下屹立不倒，他深受感动，创作了一首诗歌。这首诗歌后来成为美国国歌《星条旗》的歌词。

有癫痫，那天晚上睡得不好；他的妻子做了噩梦，梦中他们的房子倒塌了，恺撒躺在她的怀里，浑身是血。

所以，那天上午恺撒几乎没有出门。但最后一刻，他命令仆人备轿。当他带着随从一起前往议事广场时，他终于放松了，他的呼吸变得自由而轻松。他甚至在途中嘲笑了一名占卜者，此人在一个月前预言，3月中之前恺撒将有一场劫难。恺撒深吸了一口气，喊道:"3月15日已经到了！" 占卜者冷漠地回答说:"是啊，恺撒，但还没有结束。"

当恺撒进入会议厅时，数百名元老站了起来。厅内可能很闷，因为混在一起的气息和体温已经让空气暖和了一阵。不过，恺撒还没有来得及坐上他的金椅，一位名叫桑贝尔的元老就带着一份请愿书走到他面前，请求他赦免自己的兄弟。桑贝尔知道恺撒绝不会允准，这就是问题所在。桑贝尔不断乞求，恺撒一直拒绝，另有60名元老趁此机会匍匐前进，似乎在表示支持。恺撒威严地坐在他们中间，感觉越来越恼火。他试图打断讨论，但桑贝尔将双手搭在恺撒的肩膀上，似乎在恳求他——然后将恺撒的紫色长袍拽了下来，露出他的胸口。

"为何如此暴力？！"恺撒说。他不知道自己的直觉会那么准。过了一会儿，一个名叫卡斯卡的元老拿着匕首冲了过来，划伤了恺撒的脖子。"卡斯卡，浑蛋，你在做什么？" 恺撒喊道，仍然是疑惑多于愤怒。但随着一众"恳求者"的逼近，每个人都把自己的长袍拉到一边，身体露出一点儿，解开腰带上的皮带，那里通常放着一支毛笔。但此时出现的不是60支笔，而是60把铁匕首。恺撒终于明白了。这就是暴君的下场。[1]

1　原文是拉丁文，*Sic semper tyrannis*。据说布鲁图在刺杀恺撒时说了这句话——但这个事实存在争议。1865年美国总统林肯遇刺，刺客也说了同样的话。

《恺撒之死》，温琴佐·卡穆奇尼绘

恺撒立刻还击，但在挨了最初的几刀后，他凉鞋下的大理石地板被血弄得很滑。他很快就被衣服缠住并摔倒了。这时，刺客们扑了上来，总共在恺撒身上刺了23刀。后来，恺撒的医生在验尸时发现，其中22处是浅表伤口。毫无疑问，每一处伤口都会使他的身体颤抖发慌。这种惊骇会使血液从外围流向核心，以确保氧气流向他的重要器官。但是，医生说如果没有刺中心脏的那个伤口，恺撒也许不至于丧命。

根据大多数人的说法，恺撒在倒地之前用托加长袍裹住了自己，死的时候没有发出任何呜咽。但还有一种说法（不难看出为什么这种说法2 000年来一直吸引着人们）称，恺撒在倒地之前感觉腹股沟被刺了一下，于是他擦了擦沾满血迹的眼睛。这时，他发现他的门徒布鲁图站在人群中，手里的匕首闪着红光。恺撒看着，喃喃地说:“也有你啊，我的孩子？”这既是问题，也是答案。然后，为了保留一点儿尊严，他裹住自己，瘫倒在地上，痛苦地喘了一口气。

那么，这次喘息“发生”了什么？答案乍一看很简单：这口气已经消失了。恺撒死了那么久，他殒命时所处的那栋建筑几乎没有留下任何痕迹，更不必说已经被火化成灰的尸体。即便是铁制的匕首，现在也很可能已经解体，锈蚀为尘埃。那么，像呼吸这种转瞬即逝的东西，又怎么可能仍在徘徊？如果不出意外，延伸得如此之广的大气层肯定已经将恺撒的最后一口气彻底消解，化为虚无的以太。你可以在海洋中切开静脉，但不要指望2 000年后能有半升的血液冲上岸来。

其实我是说，想想下面这些数字。在每次正常呼吸时，你的肺会排出0.5升空气；而气喘吁吁的恺撒每次可能呼出了1升——这个体积相当于一个直径5英寸的气球。现在，把这个气球与庞大的大气层相比较。在大部分横截面上，大气层在地球周围形成了一个大约10英里高的外壳。根据这些尺寸，该外壳的容积为20亿立方英里。与整个大气层相比，1升呼吸只占地球上所有空气的0.000 000 000 000 000 000 01%。太小了：想象一下，把有史以来所有的1 000亿人聚集在一起——你，我，每一任罗马皇帝和教皇，以及"神秘博士"。如果用1 000亿人代表大气层，并按比例缩减地球上现有的人口，那么你将得到0.000 000 000 01个"人"，相当于一个由数百细胞组成的斑点，这确实是最后的呼吸。和大气层相比，恺撒的喘息似乎微不足道，可以忽略不计，在你下一次呼吸时重遇该气体的可能性几乎为0。

不过，在完全否认这种可能性之前，考虑一下气体在地球上传播的速度。在大约两周内，盛行风[1]会沿着与罗马纬度大致相同的地带，将恺撒的最后一口气吹遍全世界——穿过里海，穿过蒙古南部，穿过芝加哥和科德角。在大约两个月内，这口气将覆盖整个北半球。而在一年内，它将覆盖整个地球。（今天也是如此——在地球上任何地方产生的任何呼吸、打嗝或废气，都需要在大约

---

1 盛行风，气象学术语，指在一个地区某一时段内出现频数最多的风或风向。

两周、两个月或一两年才能到达你那里，这取决于你的相对位置。）

尽管如此，难道这些风不会使气息变得稀薄，最后什么都不剩吗？难道气息经广泛扩散，最终不会消失吗？也许不会。在上面的讨论中，我们把恺撒的呼吸当成一团物质、一个整体。但是，如果我们深入细微处，这团空气就会像素化，展现为离散的分子。因此，虽然在人类层面上，恺撒的最后一口气似乎已经消失在大气中，但在微观层面，他的呼吸根本没有消失，因为构成它的各个分子仍然存在。（尽管空气看起来很"软"，但大多数空气分子是很坚固的：将组成其的原子结合在一起的键是自然界中最强的一种力。）因此，当我问你是否正好吸入了恺撒的最后一口气时，我实际上问的是，你是否吸入了他在那一刻碰巧呼出的任何分子。

答案当然取决于我们所讨论的分子的数量。只需要一点儿化学基础你就可以计算出，在任何合理的温度和压强下，1升空气相当于大约25 000 000 000 000 000 000 000个分子。这是一个大到无法理解的天文数字。设想一下，比尔·盖茨把他800亿美元的财富全部兑换成1美元的钞票，然后把它们统统塞在床垫下。设想一下，他一张一张地拿出这些钱，用每张1美元作为启动资金创立一家软件公司。再设想一下，这800亿家公司中的每一家都蓬勃发展，并自行产生800亿美元的回报。你把所有这些现金加在一起，800亿乘以800亿，其结果仍然只有你每次吸入的分子数量的1/4。人类历史上的所有道路、河流与机场，都比不上我们的肺每秒钟处理的流量。从这个角度来看，恺撒的最后一口气似乎是不可计数的，你在下一次呼吸中至少会吸入一些分子，这似乎是不可避免的。

哪个数字更胜一筹？是恺撒呼出的分子的巨大数量，还是与大气相比每一次呼吸的微不足道？要回答这个问题，不妨先考虑一个类似的情境，即越狱和搜捕。

假设在全盛时期的恶魔岛联邦监狱[1]，所有300名囚犯——阿尔·卡彭、“鸟人”罗伯特·斯特劳德、“机关枪”乔治·凯利和他们的297名密友——制服了守卫，抢到了一些船，并逃到陆地。再假设，这些囚犯很擅长混迹于街头，为了防止被抓住，他们从旧金山逃离之后，（像某种气体一样）扩散到整个美国。最后你对这一切有点儿偏执，你想知道逃犯是否有可能潜入你的家乡。你的担心有道理吗?

美国的面积为380万平方英里。如果有300名逃犯，那么平均每1.25万平方英里就有1名逃犯。所以，我的家乡南达科他州横跨大约75平方英里的大草原，我们可以估计这里的逃犯数量（用75除以12 500）为0.006。换句话说，为0。我们不确定，因为有可能随机出现1个。但恶魔岛逃犯不太可能让这个国家充斥着足够多的暴徒，以至于使我的家乡成为这些人的藏身处。

不过，还有比恶魔岛更大的监狱。想象一下，关押着10 000名囚犯的芝加哥库克县监狱也出现了同样的情况。更多的囚犯涌入街头，其中一个人进入我家乡的概率会上升到20%左右。这仍然不是确定的，但我开始冒冷汗了。当然，如果美国的所有囚犯（令人难以置信的220万人）一下子全部越狱，那么这个概率还会升得更高。这一次，在我家乡的逃犯人数将跃升至43人——不是43%，而是实打实的43人。换句话说，对于恶魔岛联邦监狱而言，我的家乡相较于广袤的美国土地来说非常渺小，所以它很安全。但是，在一个世界末日般的全国性越狱事件中，越狱者的数量将压垮这种渺小，因此一些逃犯会有极大概率在那里避难。

1 指美国加利福尼亚州的阿尔卡特拉斯岛，该岛与大陆隔绝、环境恶劣，19世纪末便被用来关押囚犯，1934年至1963年更是被设为“恶魔岛联邦监狱”。在作为联邦监狱的29年间，恶魔岛关押了美国人所知的最臭名昭著的坏蛋。恶魔岛发生过多次越狱事件，不过监狱官方声称没有任何囚犯成功越狱。

想清楚这一点再回头考虑恺撒的最后一口气，从他肺部逸出的空气分子就是逃狱的囚犯，囚犯向全国扩散就相当于气体分子向大气层扩散。而一名囚犯最终出现在某个（相对较小的）特定城镇的概率就是任何一个分子在你（相对较小的）下一次呼吸中被吸入的概率。因此，我们的问题变成了：恺撒的最后一口气是否像恶魔岛一样，因为逸出的分子太少而无法产生影响，还是会像全部美国囚犯的越狱，成为统计学上的必然？

答案是介于两者之间。有点像物质遇上反物质，25 000 000 000 000 000 000 000个分子和0.000 000 000 000 000 000 01%的概率几乎完全抵消了。当你计算这些数字时，会发现大约有1粒“恺撒空气”出现在你的下一次呼吸中。这个数字可能会稍小一些，取决于你的假设，但你极有可能正好吸入了一些恺撒对布鲁图怒吼时喷出的原子。而且可以肯定的是，在一天的时间里，你会吸入成千上万个原子。

想想看，跨越时间和空间，曾经在恺撒肺里舞动的一些分子现在正在你的肺里跳动。考虑到我们的呼吸频率（每4秒1次），这每天都会发生20 000次。多年来，你甚至可能将其中一些分子融入身体。尤利乌斯·恺撒没有留下什么固体或液体，但你和恺撒实际上密切相关。化用一位诗人的话，属于他的原子也同样属于你。[1]

请注意，恺撒在这里并没有什么特别之处。我听说过“恺撒的呼吸”这个问题的变种，主角是十字架上的耶稣（我念的是天

1 原诗出自沃尔特·惠特曼的《我自己的歌》(*Song of Myself*)，原句是“因为属于我的每一个原子也同样属于你”。

主教学校）。实际上，你可以选择任何经历过痛苦的最后一口气的人：庞贝古城的民众，开膛手杰克的受害者，第一次世界大战中死于毒气攻击的士兵。或者我也可以选一个寿终正寝的人，他的最后一口气是平静的——但其中的物理学原理是一样的。我还可以选择牧羊犬任丁丁或者马戏团大象金宝[1]，或者可以设想任何曾经呼吸过的东西，无论是细菌还是蓝鲸，他、她或者它的最后一次呼吸现在或不久后都会在你体内循环。

我们也不应该局限于呼吸的故事。在物理学和化学课程中，“某人的最后一口气包含多少个分子”的练习已经成为一个经典的思想实验。但每次有人滔滔不绝地谈论某某的最后一口气时，我总是感到不安。为什么不更大胆一点儿？为什么不更进一步，将这些空气分子推及更大、更疯狂的现象？为什么不讲讲我们吸入的所有气体的完整故事？

从前太古代的第一次火山喷发，到复杂生命的出现，地球历史上的每一个里程碑都依赖于气体的行为和演变。气体不仅带来了空气，还重塑了固体大陆，改变了液体海洋。地球的故事就是地球上气体的故事。人类的情况也大致如此，特别是在过去的几个世纪。当我们学会了利用气体的原始物理力量，我们突然可以制造蒸汽机，可以在几秒钟内用炸药炸开几亿岁的山脉。同样，当我们学会利用气体的化学性质，我们就可以为摩天大楼制造钢铁，消除手术中的疼痛，种植足够的食物来哺育世界。就像恺撒的最后一口气，这段历史的每一秒都围绕着你：每次风从树上哗哗地吹过，热气球从你头顶飞过，或者一股莫名其妙的薰衣草或薄荷甚至肠胃胀气的味道使你鼻头一酸，你就被它淹没了。再次把你的手放在嘴唇前面，感受一下：我们可以

1　牧羊犬任丁丁是美国士兵在第一次世界大战后救下的牧羊犬，这只狗参演了多部电影。大象金宝是一头非洲草原象，后来被引入伦敦动物园，深受游客喜爱。

在一次呼吸中捕获世界。

这就是本书的目标：描述这些看不见的气体，让你能像在冬日的清晨看到自己的呼吸一样看到它们。在书中的不同时刻，我们将在海洋里与放射性的猪共游，搜寻腊肠犬大小的昆虫。我们将看到阿尔伯特·爱因斯坦努力发明更好的冰箱，我们将坐在副驾驶上和飞行员一起在越南发动最高机密的“气象战”。我们将与愤怒的暴民一起游行，被埋在热得让大脑在颅内沸腾的蒸汽雪崩中。所有这些故事都是基于气体的惊人行为，这些气体来自熔岩和微生物的内部，来自试管和汽车发动机，来自元素周期表的每一个角落。我们今天仍在呼吸其中的大多数气体。本书的每一章都选择其中一种气体作为镜头，审视气体在人类传奇中所扮演的时而悲剧、时而闹剧的角色。

本书的第一部分“制造空气：我们的前四个大气层”涉及自然界中的气体。这包括45亿年前地球从一团太空气体中形成。后来，随着火山开始从地球深处排出气体，地球上出现了适宜的大气。然后，生命的出现扰乱并重新混合了这个原始的大气层，导致所谓的“氧化灾变”（这对我们动物来说实际上是很好的结果）。总的来说，第一部分揭示了空气的来源以及气体在不同情况中的表现。

本书的第二部分“利用空气：人类与空气的关系”考察了人类在过去几个世纪中如何利用不同气体的特殊天赋。我们通常不认为空气有多少质量，但它确实有：如果你在埃菲尔铁塔周围画一个假想的圆柱体，里面的空气将比铁塔本身更重。由于空气和其他气体有质量，所以它们可以用于起重、推进甚至是杀戮。气体为工业革命提供了动力，实现了人类古老的飞行梦想。

本书的第三部分“前沿：新的天空”探讨了过去几十年中人类与空气的关系是如何演变的。首先，我们已经改变了我们呼吸的气体的成分：你现在吸入的空气与你祖父母年轻时吸入的空气不一样，更与300年前人们呼吸的空气有明显的不同。我们也已经开始探索太阳系以外的行星的大气层，并提供了一种可能性：我们的后人可能会离开地球、在一个充满我们还无法想象的气体的星球上开始新生活。

除了这些宏大叙事，本书还包含一系列小故事，统称为“插曲”。它们扩展了主要章节中的主题和思想，解释了气体在制冷、家庭照明和肠道疾病等现象中的作用。（为了好玩，一些小插曲还涉及不那么日常的话题，比如自燃和罗斯威尔外星人的“入侵”。）其中的许多气体是空气中的微量成分——在我们的呼吸中只占百万分之几或十亿分之几。但是在这种情况下，微量并不意味着无关紧要。打个比方，葡萄酒中99%以上是水和酒精，但仅有水和酒精不足以造出葡萄酒。葡萄酒中还富含许多味道——皮革、巧克力、麝香、李子等。同样，空气中的微量气体也为我们呼吸的空气和我们可以讲述的故事增加了泛音和余味。

如果你在街上问人们什么是空气，往往会得到截然不同的说法，这取决于他们关注哪些气体，或者他们是在微观层面还是在宏观层面谈论空气。这很好：空气大到可以容纳所有这些观点。事实上，我希望这本书能促使你修正对空气的看法。我认为，你对空气的概念确实会随着对本书的深入阅读而改变，最终形成一个全面的认识。

你也可以问问自己对空气的看法，因为空气是你生命中最重要的东西。没有固体食物，你可以生存几个星期。没有液体水，你可以生存好几天。但如果没有空气，你最多只能坚持几分钟。

我敢打赌，对于你所呼吸的气体，你思考它的时间是最短的，本书旨在改变这一点。纯净的空气是无色和（理想情况下）无味的，它听起来仿佛是虚无。但这并不意味着它是哑巴，没有声音。它通过燃烧讲述它的故事。下面就一起来看看空气的故事。

第一部分

制造空气

我们的前四个大气层

在第一部分，我们将考察关于空气的两个主要问题：地球的大气层来自哪里？它的主要成分是什么？总的来说，地球在历史上曾经有过几个不同的大气层，每一个都有独特的气体组合。其中许多气体最初来自火山，有些气体可以追溯到非常早的时候，远远早于生命的存在。但从那时起，生命以几种方式重塑和改造了大气层，特别是通过为其添加氧气。

第一章

地球的早期空气

二氧化硫（SO_2）——目前空气中的含量为0.000 01ppm[1]，你每次呼吸会吸入1 200亿个分子

硫化氢（H_2S）——目前空气中的含量为0.000 005ppm，你每次呼吸会吸入600亿个分子

1 ppm，parts per million的缩写，意思是百万分之几。

由于担心被谋杀，哈里·杜鲁门在1926年躲到了圣海伦斯火山的山脚下。我说的不是那一位哈里·杜鲁门[1]，尽管这一位（哈里·兰德尔·杜鲁门）确实很欣赏那位与他同名的人。“他是个勇敢的怪老头，”这位杜鲁门如此评价那位杜鲁门，“我打赌他将作为最伟大的总统之一被载入史册。”这位杜鲁门很清楚如何成为一个勇敢的怪老头。他30岁时逃离华盛顿州，在圣海伦斯火山的强光下熬过了54个残酷而孤独的冬天。即使在1980年春天，当这座山开始冒出蒸汽、发出怒吼的时候，他也没有被赶走——蒸汽只能以最壮观的方式将他直接吹入大气层。

杜鲁门出生在伐木工人家庭，在他童年时他们全家搬到了华盛顿。高中毕业后杜鲁门应征入伍，并在第一次世界大战期间担任飞机机修工。（杜鲁门生来健谈，他后来声称自己在海外执行过战斗任务，他的白色围巾飘扬在当时的开放式驾驶舱里。）回到家乡后，他娶了一个锯木厂老板的女儿，成为一名汽车修理工，但他觉得婚姻和工作都很乏味。他试着去淘金，发现这比乏味还要糟糕，简直是彻头彻尾的痛苦。

因此，当禁酒令颁布以后，他开始贩私酒，这份工作更符合他的性情。他痴迷于玩弄法律，他更喜欢赚快钱。他也喜欢时不时地喝上一杯，讨厌一帮好心人对他讲威士忌的坏处。最后，他与加利福尼亚州北部的一些黑帮分子合作，开始在海岸线上经营私酒，为沿途的娼馆和地下赌场提供服务。他春风得意，但是在1926年，有一件事让他感到害怕。他从来没有说过是什么事。也许他对某人的情妇过于殷勤，也许他试图在一些流氓的地盘上捣乱。总之，他开始随身携带一把冲锋枪。有一天，他终于带着妻子和女儿，逃到圣海伦斯火山附近的森林里躲起来。

---

1 指第33任美国总统哈里·S.杜鲁门，他于1945年至1953年在任。

健谈的哈里·兰德尔·杜鲁门在他位于圣海伦斯火山山脚下的心爱小屋里喝着一杯“豹尿”（图片来源：美国林务局）

为了糊口，杜鲁门开始在山顶以北3英里处经营一家加油站和杂货店；他逐渐扩大规模，使其成为一处可以出租小木屋和船只的露营地。这里非常受欢迎。他的房子周围长着漂亮的冷杉树，其中一些树高250英尺，直径8英尺。斯皮里特湖也在露营地。这是一条2.5英里长的水路，像冰镇杜松子酒一样冷冽清澈。由于地处偏远，杜鲁门可以继续贩私酒，他在周围的森林里藏了几桶自制的威士忌，还贴上了“豹尿”的标签。

与此同时，他的妻子厌倦了这种离群索居的生活。她也不想和女儿分开，女儿正在几英里外的寄宿学校上学。或许这是必然的结果，杜鲁门和他的妻子在20世纪30年代初离婚了。杜鲁门很快在1935年再娶，但第二任杜鲁门夫人和杜鲁门本人一样易怒且刻薄，所以这段婚姻也没能持续多久。（杜鲁门试图通过把她扔进斯皮里特湖来“赢得”争论，但这无济于事，因为她不会游泳。）于是杜鲁门继续努力，先是向另一个当地女孩示爱，然后转而追求她的姐姐埃德娜。这并不是一个浪漫的开始，可一旦爱上了埃迪[1]，杜鲁门就再也无法拔除心中的那根刺。

埃迪一定也很爱他，因为杜鲁门听起来不像是那种好相处的丈夫。大多数时候，当他准备去做杂务时，埃迪必须早起准备他最爱的早餐：炒牛脑配一杯酪乳。“这将使一个男人保持活力。”他笑着说。埃迪也不得不忍受他的嘴巴。因为他说话很快，人们有时很难听懂杜鲁门的话，却总能听出他在骂人。（他曾经把最高法院法官威廉·道格拉斯赶出他的房子，原因是他觉得道格拉斯看起来像个娘娘腔——尽管他们后来成为朋友。）杜鲁门也可以是一位万事通。每当有摄影师来圣海伦斯火山拍照，杜鲁门就会多嘴。“你得在这该死的东西里放一个人，”他会抱怨，“对该死的公众来说，有一点儿人情味儿才是最重要的。”几十年后，当杜鲁门成名的时候，你会觉得他最喜欢的词是“beep”[2]。

天气好的时候，杜鲁门在斯皮里特湖租船，一天可以挣1 500美元。他在共同经营的咖啡馆里找到埃迪，把钱交给她，然后自己倒上一杯他最喜欢的“豹尿”（申利威士忌加可乐），跟他的客人一起闲聊。杜鲁门夫妇有时会在一些东西上挥霍无度，比如杜鲁门的那辆生产于1956年的粉红色凯迪拉克，这辆车其实并不适合跑山路，但杜鲁门对它的爱几乎达到了对埃迪的一半。但更多时候，他们把钱投入露营地或咖啡馆，或者把钱存起来，以应对那些收入微薄的月份，也就是下了9英寸雪的冬天，钱会变得“比飞行的牛屁股还要紧”——猜猜这句话是谁说的。但即便如此，杜鲁门还是忍不住感叹他的好运，让他能够住在这里。“看那里！”他指着圣海伦斯火山说，“在这个该死的世界上，你永远不会看到比那座古老的山峰更美的东西。”

1 埃迪（Eddie）是杜鲁门对埃德娜的昵称。
2 通常用于视频中，作为消音词。

圣海伦斯火山的确很美，是白雪皑皑的柏拉图式的理想山峰——无论杜鲁门的情感多么合适，他的说法实际上只是反映了杜鲁门的地理学知识很贫乏，因为圣海伦斯火山一点儿都不古老；它在尤利乌斯·恺撒的时代几乎不存在。普通的山峰不可能在短短几千年的时间里拔高数千英尺，但圣海伦斯火山是一座活火山，活火山可以通过山坡上堆积的熔岩迅速增高。事实上，尽管"火山"（Fire Mountain，当地印第安人这样称呼它）自1857年以来就没有喷发过，但就算是业余爱好者也能在周围发现过去喷发的证据，比如布满火山灰的登山小径，以及多孔的火山浮石——如果把它们扔进斯皮里特湖，这些石头会漂浮起来。每隔一段时间，游客都会感觉到轻微地震。但对杜鲁门而言，危险只是增加了这座山的魅力。

杜鲁门在圣海伦斯火山的阴影下生活了近50年，直到一切都土崩瓦解。1975年9月的一个夜晚，埃迪感觉身体不适，早早地躺在床上。杜鲁门当晚有朋友从镇上来访，他打电话给他们，让他们给自己带一瓶申利酒，给埃迪带一份惊喜礼物——一株植物，目的是让她好起来。植物到达的时候，杜鲁门直接把它送到他们的房间——片刻之后，他就从楼梯上跑了下来。他的语速比平时还要快，几乎是语无伦次："埃迪生病了！埃迪生病了！"他所说的就只有这些。事实上，埃迪已经死于心脏病发作。但在接下来的一个小时里，杜鲁门不断乞求人们救救她。

埃迪之死在杜鲁门内心砸了一个大坑。之后，他的脸上只能勉强露出笑容。那些总是取笑他看起来精神矍铄的人（有人说他"比煮熟的猫头鹰还要坚硬"），如今却说他非常衰弱，跟其他79岁的老人没什么两样。在夏天，至少还有露营地可以分散他的注意力。但在长达6个月的冬天，人们很担心他。在这些日子里，陪伴他的也许只有圣海伦斯火山——两个茕茕孑立的身影在几英里的森林中相互凝望。

然而，这种离群索居的状态即将结束。大约在埃迪去世的那段时间，政府的一些地质学家在圣海伦斯火山周围的岩石层中采样，发现该火山曾经有过十分可怕的喷发记录。在1978年发布的一份报告中，他们甚至更进一步，将该火山描述为“比过去4 500年美国毗邻地区的任何火山都更加活跃和更具爆炸性”。这非常有预见性，因为在自然界中，美丽往往意味着致命，那座美丽的山锥很可能是一个巨大的炮筒。

圣海伦斯火山为美国历史上了一次最伟大的地质课。无论你信不信，我们还从中获得了一种迷人的视角，得以窥视早期地球和大气层的创造方式。我们通常不认为空气是被创造出来的（它似乎自古就有），但所有的行星都必须从零开始制造大气层。虽然火山烟气很让人讨厌，但其提供了地球大气层的基本成分。那么，了解地球上的空气就需要了解这些熔岩和气体的爆炸——而最好的开头，莫过于历史上最受关注的火山喷发和帮助它成名的另类英雄。

潜伏在圣海伦斯火山之下的危险可以追溯到地球的早期。大约45亿年前，宇宙中引爆了一颗超新星，向整个太空发出冲击波。这股冲击波撞上附近的氢气海，搅动了里面的一些东西，使氢气海变得波涛汹涌，并在中心形成了一个旋涡。引力最终将99.9%的气体吸到一起，形成了一颗新的恒星——太阳。剩余的大部分气体被推到这个初生的太阳系的边缘，形成了木星和土星这样的气态巨行星。

与此同时，少量的气体滞留在太阳和气态巨行星之间，这些云状物中的元素（氧、碳、硅、铁等）自行聚集在一起，先是变成微小的斑点，然后变成巨石和小行星，接着是大陆尺寸的岩石。引力是称职的看门人，很快就将这些小碎片聚拢成大块——据说只需要100万年。当足够多的碎块结合在一起，包括地球在内的几个岩石行星就诞生了，因此，你周围的一切（你脚下的地板、你手中的书乃至你的身体）无论看起来多么坚固，它们的起点都是气体，也可以这么理解——你以前就是气体。

地球这样的固体以前是气体，这样的说法也许听起来很可疑，但如果你研究过固体和气体的基本特性，那就能很好理解了。固体中的分子有固定的位置，不能移动得太多；这就是为什么固体能很好地保持形状。液体中的分子间虽然有接触和摩擦，但它们有更多的能量和自由来滑动，这就解释了为什么液体会流动并呈现出容器的形状。气体分子不会发生摩擦，它们是“野孩子”，邻里间有更大的空间。如果气体分子相遇，它们会碰撞在一起并朝新的方向反弹，就像一场混乱的三维台球游戏。在72华氏度时，一个普通的空气分子以1 000英里/时的速度飞驰。

所以，固体、液体和气体在某种程度上似乎完全不同。事实上，早期的科学家把水、冰和水蒸气归为不同的物质，现在我们知道这是不对的。加热固体冰，分子之间的连接就会断开，紧接着像液体一样滑动。如果提供更多的热能，液体分子就会跳到空气中，成为气体。它们都是同一种物质，只是以不同的形态出现。其他物质也可以经历这种转变。我们不习惯把岩石中的铁、硅或铀视为潜在的气体，但如果温度足够高，元素周期表中的每一种物质都可以变成气体。相反的过程也是如此。如果降低气体中的能量，它就会变成液体；再降低，就会变成固体。增加气体的压强也可以把它的分子挤压成不那么活泼的物态。

这些不同的物态在早期地球上不安分地混合在一起——早期地球是一个沸腾的熔融体，完全不像我们今天所知的是一个形状规整的行星。最开始,（固体）太空岩石聚集在一起形成一颗行星，之后巨大的引力造成的压力使大多数岩石化成液体。较重的液体（如熔融的铁）沉入核心，较轻的液体向上升起——直到它们遇到外太空的冷气，才在表面重新凝固。总的来说，地球就像一枚鸡蛋，大部分是铁制的蛋黄，蛋黄周围是黏稠的地幔，外壳是一层薄薄的黑色岩石。最大的差别是，这层外壳碎成了数百万块，熔岩从裂缝之间泄漏出来。由于这种熔岩的橙色光芒，早期地球从未有过真正的黑夜，而且偶尔有熔岩泡沫跃入空中，宛若地狱里的喷泉。

早期的地球确实有一个大气层（对于那些喜欢记录的人来说,这是1号大气层),但它十分缥缈,配不上“大气层”这个名字。它主要由困在太阳和木星之间的氢气和氦气组成。而在形成之后不久，这层大气就从地球周围消失了，因为太阳风把它们吹到太空中去了——太阳风是源自太阳内部的质子和电子风暴，许多气体原子也自行逃逸了。气体的一个规律是，小分子的运动速度高于笨重的大分子。氢和氦是元素周期表中最靠前的元素，它们最轻，因而运动速度也最快，每天都有一定比例的氢气和氦气会超过地球的逃逸速度（7英里/秒）。就像是数以万计的小型土星火箭，即将告别前太古代的地狱，进入外太空冰冷平静的环境中。

很快就有第二个大气层来取代第一个大气层，这个大气层是地面“召唤”出来的。正如血液中溶有氧气，香槟中溶有二氧化碳，岩浆（地下熔岩）中也溶有气体。就像打开的瓶子里喷出二氧化碳，当岩浆到达地表的裂缝、压强突然下降时，这些气体就会释放出来。逸出的气体可能主要是水蒸气和二氧化碳（地质学家对此各执一词），但也有其他气体。如果你曾经站在火山口附近，你也许能猜到其中一些，比如具有臭鸡蛋气味和火药气味的含硫化合物（分别是硫化氢和二氧化硫）。火山口也会释放出少量的热金属蒸汽，包括金原子和汞原子，这些都是地球呼出的气体。

一些地质学家认为，所有气体都是一下子从地底冲出来的——所谓的“巨嗝”（Big Burp）。遗憾的是，很多人并不相信巨嗝理论：相反，地球似乎憋住了这口气，转而让它们慢慢渗出。并不是说缓慢释放就会使一切变得更加适宜。蒸汽仍然会烫伤你的皮肤，含硫气体仍然会刺伤你的鼻子，酸和氨气仍然会撕碎你的肺。压强也不会令人愉快。那时的岩浆更容易沸腾，气体浓度更高，每天释放的气体达数十亿吨。由此产生的压强可能是现代水平的100倍，会碾碎你的头骨，把你压成一个圆球。在如此致密的空气中，最轻微的风都会把你刮倒，让你翻滚在岩浆池里。

2号大气层并不是我们今天生活的空气海，有几个原因。当时空气的主要成分是蒸汽，它最终凝结成雨，并开始在大地上汇集成湖泊和海洋。湖泊与海洋的形成也产生了连锁反应，因为当时空气中的第二种常见成分二氧化碳，很容易溶解在水里，并与水中的矿物质反应，形成固体沉淀物，于是二氧化碳从循环中消失了。

我们今天之所以没有生活在数千磅的压强之下，另一个原因是，漫游的小行星（或彗星）不断地撞向地球，通过撞击使早期的空气进入太空。请注意，并非每一次撞击都是灾难。较小的小行星甚至可能向地球的大气层增添气体，这些气体来自它们内部的蒸汽。但每次落下一颗较大的小行星，地球就学会了一个关于能量守恒的沉痛教训。小行星的大部分动能在它撞击地球时转化为热能，这些热量“煮沸”了大气中的气体，使其进入太空。其余的动能产生了巨大的冲击波，卷走了更多的空气。一些地质学家认为，这样一次次的撞击使地球的大气层完全剥落。如果这是真的，那么与其把从火山中诞生的大气层称为“2号大气层”，我们也许还应该谈谈2a大气层、2b大气层、2c大气层等。它们有相同的气体组合，但小行星和彗星却在不断抽离这些气体。

其中一次抽离特别值得注意，因为它创造了月球。月球是一颗奇怪的卫星。我们所知道的每一个有卫星的行星，环绕它的卫星相形之下都只有小昆虫那么大，卫星的质量也要小得多，但地球的卫星仿佛有信天翁那么大，达到了地球的1/4。为了解释这个异常现象，20世纪的天文学家提出了几种理论。一些人认为，月球是独立形成的，是一颗独立的行星，有一天当它试图溜走时，地球用自己的引力手套抓住了它。其他人则采纳了查尔斯·达尔文之子、天文学家乔治·达尔文的建议，认为月球是在形成固体之前以某种方式从地球上分裂出来的，就像一个子细胞从母体中萌芽而出。

1969年，阿波罗11号采集的月球岩石帮助人们解决了这个问题，指出了一种理论组合。线索有很多，比如月球岩石中被困住的挥发性气体比地球岩石少，这意味着月球上的气体受高温影响蒸发了。然而，将月球这样大的天体内的所有气体蒸发，需要大量的热量，这表明发生过难以想象的大碰撞：当天文学家计算时，他们发现这个假设的撞击者（现在被称为“忒伊亚”）差不多和火星一样大。忒伊亚很可能是在地球轨道上的另一点形成的一颗独立的行星，在地球绕着太阳公转时“落后”或“领先”几个月。但永恒的调停者——引力，不能容忍两颗行星在同一地区盘旋，决定把它们像石头一样撞在一起，时间为它们形成后的大约5 000万年内。天文学家把这称为“大撞击”（Big Thwack）。

如果这让你联想到导致恐龙灭绝的那次小行星撞击，再想想吧。那次撞击产生了《出埃及记》中的火柱，当然，扬起的尘埃足以使太阳暗淡数年。但是地球受此影响后几乎没有退却，就好像麻雀打碎挡风玻璃之后，汽车仍然继续前进。相比之下，忒伊亚更像是撞上了一头麋鹿——导致汽车发生结构性破坏。这次碰撞不仅喷出了地球的大气层，很可能还煮沸了海洋，蒸发了整个岩石大陆。它还深入地幔之中，使地球倾斜，就像有人打翻了桌子上的地球仪。忒伊亚蒸发了，大部分气体残骸冲入太空，围绕着地球旋转，形成了地球的天体环。但不同于主要由冰和岩石构成的土星环，地球炙热的气体环最终冷却并凝聚成月球。

从长远来看，忒伊亚的影响给我们带来了各种诗意的东西，比如满月，比如春天和秋天——因为它使地球的上下轴偏转，变化的阳光导致了季节的产生。不过在短期内，忒伊亚使地球变得更不宜居。特别是，地球获得了一个比之前的火山大气层更炎热、更难熬的大气层。这种大气层可能持续了1 000年，主要由炙热的硅（想想蒸发的沙子）组成，混杂着“铁雨”。它含有一种咸味，来自氯化钠的烟气；想象一下每次呼吸都像舔盐的感觉。

地球新的卫星从仅仅15 000英里的高空注视着这一切；它在天空中掠过，看起来比今天的太阳大几十倍。它炽热、熔融，像一只闪着血色的黑眼睛。这个月亮可能仍然有诗意，但它更像是但丁的诗，而不是弗罗斯特的诗。[1]

最终，太阳系里轰击地球的小行星越来越少（不过仍然很频繁）。因此，累积在大气层中的气体可以留在附近，而不是被炸到太空中去。同样重要的是，严格意义上的火山出现了。早期地球上可能没有那么多火山，因为岩浆中的气体很容易通过半熔融的外壳的裂缝排放。但是，当太空岩石不再撞击地球的时候，地球开始冷却，地壳变得坚硬，没有那么多裂缝；岩浆开始聚集在地下的熔岩池。由于岩浆仍然含有溶解的气体，所

1　但丁，意大利诗人，代表作《神曲》描述了作者在地狱、炼狱和天堂中的游历。罗伯特·弗罗斯特，作品以描写田园生活和大自然的抒情诗为主。

以这些池子里的压力经常膨胀到危险的程度。随着时间的推移，压力会变得非常高，熔岩和热气会冲破覆盖在上面的岩石，烧毁沿途的一切。

今天的岩浆不像以前有那么多气泡，但这种在地下积聚压力然后向上爆发的千年循环至今仍在继续。事实上，这正是1980年在圣海伦斯火山发生的事情。

埃迪之死让杜鲁门疲惫不堪。死气沉沉的日子一天天过去，他在工作中表现得越来越烦躁粗心。他砍倒的一棵树砸中了他的头；吹雪机卡住了他的手；他从门廊上摔下来的时候把自己撞晕了，醒来时只穿着白色内裤躺在雪地里。露营地也因此受到影响。没有埃迪为客人整理床铺，小木屋显得很邋遢。杜鲁门也不能胜任厨师的工作。埃迪从来没有为咖啡馆获得过米其林之星；她能提供的美食包括用没烤熟的白面包做的热狗三明治和汉堡。但杜鲁门留给食客的是烹饪PTSD（创伤后应激障碍）。午餐可能是花生酱配洋葱；而晚餐可能是"鸡背汤"，即一只鸡和25瓣大蒜一起煮。你甚至会怀疑他在故意赶走顾客。

就在杜鲁门感到消沉的时候，他面前耸立的山峰每个月都变得更加躁动，这是由于下面的大陆板块发生了变化。在1980年，地质学家刚刚说惯了"大陆漂移"和"板块构造"这两个术语，而往回数15年，他们中很少有人能够预测这种情况。第一个提出大陆漂移理论的人是德国气象学家阿尔弗雷德·魏格纳，他在20世纪初对一个现象感到困惑：南美洲和非洲的边缘似乎像破碎的陶器碎片一样可以合在一起。他也注意到两个大陆在化石的分布上有相似的模式。由于魏格纳在第一次世界大战期间被击中喉咙，他决定趁着疗养期写一本书，在书中他提出大陆停在大型板块上，这些板块以某种方式随时间漂移。

谈论地质学家对魏格纳理论的排斥，就好像是谈论亚特兰大对谢尔曼将军[1]的敌意。地质学家厌恶板块构造理论，甚至从中取乐。但越来越多的证据在20世纪40年代和50年代涌现，大陆板块的漂移听起来似乎没有那么愚蠢了。天平终于在20世纪60年代末倾斜了，这是科学史上最惊人的逆转之一，到了1980年，地球上几乎所有的地质学家都接受了魏格纳的观点。这场胜利是如此彻底，以至于今天我们很难体会该理论的重要性。就像自然选择理论支撑着生物学，板块构造理论用一个包罗万象的模式，概括了关于地震、山脉、火山和大气的复杂事实。

大陆板块有时会以戏剧性的方式突然移动，也就是我们所说的“地震”。更常见的是，板块缓慢地互相摩擦，其移动速度和指甲的生长速度差不多。（下一次你剪指甲的时候想一想：我们离“大地震”又近了一步。）一个板块滑到另一个板块下面，这个过程叫“俯冲”；这种摩擦产生的热量会把下面的板块熔化成岩浆。其中一些岩浆消失在地球内部；但较轻的岩浆通过地壳的随机裂缝向上爬升，游向地表。（这就是为什么大块的浮石——火山岩——被扔进水里后会漂浮起来，原因是浮石由密度很低的材料构成。）摩擦的热量也释放出了熔化板块中的二氧化碳，以及少量的硫化氢、二氧化硫等气体，以及微量的氮气。

热岩浆通过地壳的裂缝向上推，同时，地壳中的水也通过这些裂缝向下渗。危险从中诞生。关于气体的一个重要事实（它会反复出现）是，它们在受热时会膨胀。与此相关的是，一种物质的气态总是比液态或固态占据更大的空间。因此，当向下滴落的

1 指威廉·谢尔曼，美国南北战争中的北军将领，因火烧亚特兰大而被称为“魔鬼将军”。

液态水与向上冒泡的岩浆相遇时，水会立刻变成蒸汽，并以超常的力量膨胀，所占据的体积突然增加1 700倍。消防员有特别的理由害怕这种现象：当他们把冷水泼到炽热的、嗞嗞作响的火上时，从一个封闭空间里迸出的蒸汽会立刻烫伤他们。火山也是如此。我们看到的是从山坡上倾泻而下的橙色熔岩，但造成爆炸的是气体，造成绝大多数破坏的也是气体。

世界各地分布有大约600座活跃的火山。其中大多数位于著名的环太平洋火山带，它坐落在几个不稳定的板块之上。以圣海伦斯火山为例，华盛顿州附近的胡安·德富卡板块正在与北美洲板块发生摩擦。这一深度在岩浆池上留下了厚厚的岩帽，从而防止有害气体继续排放。但是，当其中一个深坑突然爆开时，会产生更多的弹片。

1980年3月20日，一场4.0级的小地震摇动了圣海伦斯火山。这个地方的人们经常感觉到地面的颤动，但这次地震与以往不同，地面没有恢复平静。一般情况下，圣海伦斯火山在5年里会经历40次地震。但在3月20日之后的一周里，它被地震晃动了100次。

这给科学家造成了微妙的心理影响。他们不希望公众对可能永远不会发生的火山喷发感到恐慌。就在5年前，关于西雅图以北的贝克火山的末日预言已经破灭，地质学家因此看起来像个傻瓜。然而，圣海伦斯火山并没有平静下来。3月27日，一缕烟雾冲破山顶，上升到7 000英尺，将那里的白雪染成黑色。之后不久，州政府官员用路障封闭了圣海伦斯火山周围的所有道路。更具争议的是，他们开始强行疏散居民。名叫戴维·约翰斯顿的年轻金发地质学家向记者解释了原因："这就像站在一个炸药桶旁边。导火线已经点燃，但你不知道导火线有多长。"

然而，疏散区的一名居民认定，政府并不知道自己在说什么。哈里·杜鲁门距离那个美丽而致命的锥体只有3英里，他认为第一次地震只是一场雪崩。即使在余震的冲击之下，他仍然不相信自己会有危险。他大半辈子都生活在这座山的山脚下，包括他与埃迪在一起的最美好的时光，他宣称："如果这座山真的发生了什么，我宁愿在这里跟它一起走。"

关于"不愿离山的人"的消息传得很快，特别是在记者中，记者发现火山问题令人沮丧。除了约翰斯顿的"炸药桶"这句话，记者从地质学家那里找不到什么确凿的事实。他们对每个预测都加以折中，然后又对折中加以限定。因此，大多数报道选择了另一条路：忽略了科学理论，强调了地方色彩。正如杜鲁门经常对摄影师说的那样，需要一个该死的人在里面，才能保持人们的兴趣，而他那老顽固的习惯（他甚至套着袜子穿凉鞋）在他与媒体打交道时表现得很好。几十年来，杜鲁门实际上一直在回避宣传，他仍然害怕贩私酒时代的某个人会出现并杀死他。但是，到了1980年，已经过了半个世纪，杜鲁门仍然喜欢把老故事讲给新听众。比如那次他只穿着内衣，用耙子击退了一只熊。还有一次，他通过削出两只大木头脚并在雪地上留下脚印，创造了当地的大脚野人的传说。他还拿出几个第一次世界大战期间的故事，声称他犹豫过要不要戴上他的旧飞行员头盔，向火山口投一枚炸弹来让它闭嘴。

除了讲故事，杜鲁门一有机会就对当地官员冷嘲热讽。"他们说火山会再次喷发，但他们撒谎就像放屁一样。"他冷笑道。他还吹嘘说，他只需要观察咖啡馆窗口的雷尼尔啤酒瓶左右摇晃的程度，就能比地质学家更快地判断地震的里式震级。全国各大媒体都找了他，每个记者都知道要带一些申利威士忌作为礼物。杜鲁门很快就有了一个装满酒瓶的柜子，他叫嚣着，现在山可以做最坏的事情——他可以等待任何事情发生。

官员们考虑拘押杜鲁门，强制执行疏散令，并平息这场闹剧。但是，然后呢？把一个老人扔进监狱并不能完全赢得公众的支持，而且也没有足够的好运找到一个陪审团来给他定罪。只能任由他大放厥词，即使是在《纽约时报》和《国家地理》杂志上。

每过一个星期，只要火山没有爆发，公众的紧张和兴奋度就会攀升。当地社区的院子里的标语写着："圣海伦斯：让你的灰烬远离我的草坪。"考虑到山周围的所有伐木小径，任何有像样地图的人都能够绕过路障，人们几乎开始在山坡上野餐，为看到现实中的熔岩而感到兴奋。甚至连华盛顿州州长迪克西·李·雷也参与了进来。李·雷曾经是科学家（海洋生物学家），她应该知道得更多。"我经常说，"她非常高兴，"我希望能活得足够久，能够看到一座火山喷发。"在这场闹剧的低潮期，一个西雅图电影摄制组乘直升机在火山口附近拍摄了一个啤酒广告。

一直以来，圣海伦斯火山内部的气体不断积聚。在上空盘旋的飞机检测到越来越强烈的二氧化硫气味（火药味），这意味着富含硫的岩浆正在向地表爬升。（严格来说，在此处的山上飞行是非法的，但很多飞机违反了禁令，以至于一名飞行员形容这群飞机好似在进行老式的空战。）更加令人不安的是，4月中旬，地质学家注意到山的北侧有一个凸起，一个巨大的岩石鼓起的"水泡"。没有人知道它隆起的速度有多快，所以飞机带着测量设备上去了，这些设备的激光器能够检测到每天哪怕只有几毫米的上升。几毫米听起来并不夸张，除非你意识到你在谈论的是整个山面的抬升。事实证明，他们不需要如此精细的分辨率：隆起的山体每天都在增长5英尺高。政府的地质学家已经看到了糟糕的噩兆，5月9日，他们把观察塔撤到了6英里外，远远超出了计算的危险区。杜鲁门对这群胆小鬼嗤之以鼻。

至少他在公开场合是这样做的。私底下，压力也在他的内心积聚。杜鲁门一直争辩说，立在他和火山之间的巨大冷杉树可以起到缓冲作用并保护他，但随着时间的推移，朋友们可以看到他的信念在动摇。他比以往任何时候都更孤独，虽然记者取笑他在上床睡觉时安装了马刺防止被扣在地上，但他多半是认真的。有些夜晚，轻微地震会使咖啡馆的碗碟每小时摇晃几次，这让他提心吊胆。而在成功入睡的那些夜晚，他醒来时可能会发现自己的床被推向房间的另一边。他不想放弃他和埃迪的家，但这并不意味着他愿意每晚都生活在恐惧之中。

意识到这一点，朋友和官员们在5月中旬尽最后一次努力哄他下山。杜鲁门拒绝了。他之所以这样做，部分是因为那时他已经收到了满满一袋邮件，来自被他的勇气所鼓舞的人。求婚者也络绎不绝。（他觉得很惊奇："为什么一些18岁的小妞要嫁给我这种老家伙？"）他还收到了迪克西·李·雷的一封信，信中赞扬他的坚定，他兴奋地把这封信挥过头顶。很难说名声和赞誉是否增强了他的决心，或者说成名的压力是否迫使他做出了他本来不会做的决定。无论如何，他拒绝离开。

州政府官员放弃了杜鲁门，决定把除他以外的其他人都请下山。在3天的地震平静期之后，他们甚至在5月17日解除了对当地小木屋业主的封锁，允许他们开着空卡车上公路，收拾桌椅、烤面包机、照相机等所有他们能抢救的东西。官员们允许他们在第二天早上还可以再去一趟。但火山可不管你怎么想。

虽然科学家做了所有的限定，但圣海伦斯火山仍然设法使他们尴尬。困扰他们的并不是错过时间。火山喷发是不可预测的，所以没有在5月18日星期日上午8:32:11出现在办公室里并不丢人。但是，地质学家都知道爆炸时会发生什么——山的锥体会将所有的力量向上引导，并将气体和烟雾排入天空。但事实并非如此。相反，北面的岩石泡破裂了，在短暂地向内塌陷之后，所有的危险物质开始从侧面涌出，这是史上最大的山体滑坡。特别是增压气体从山坡上呼啸而下，与火山灰及烟雾混合，将沿途的一切都

1980年5月18日星期天，圣海伦斯火山喷发（图片来源：美国林务局）

蒸发掉。

你可以在一系列的同心圆中标出被破坏的痕迹。200英里外的人能听到轰鸣声。100英里外，窗户在窗框中摇晃，祖传的瓷器在柜子里翻倒。在东面85英里处的雅基马，泥球从天而降，天空也变得昏暗，足以在上午9:30触发自动路灯。45英里外，某些溪流的温度升高到90华氏度以上，迫使鲑鱼跳上岸。

奇怪的是，你离山越近，就越可能听不到轰鸣声。粗重的沙子和碎石吸收了附近的大部分噪声。声音在靠近地面的暖空气中也倾向于上升，所以噪声从附近大多数人的头顶飞过。（稍后再详细讨论这个现象。）然而，没有轰鸣声并不意味着爆发区域内是平静的。15英里内的每棵树都被压扁了，仿佛有人拿着一把巨大的梳子给圣海伦斯火山梳了个分头。重达数吨的伐木卡车像玩具汽车一样侧翻。人们被燃烧的碎石砸中，头发被烧掉。一个男人和一个女人被卷入这个区域，他们跳进一棵被连根拔起的树的树坑里避难。他们约定，如果他们活下来，就结婚。幸运的是他们最终活了下来，也结婚了。

在大约10英里内，几乎所有活物都死了，包括7 000只大型哺乳动物（麋鹿、熊等）和将圣海伦斯火山比作炸药桶的金发地质学家戴维·约翰斯顿。约翰斯顿既年轻又健康（他跑马拉松，这在当时是很奇怪的），一直自愿在最近的观察塔上轮班，因为他认为自己比年长的同事更有机会逃生。但他本不应该在5月18日工作。领导和他换了班，因为领导想在那天陪一位来自德国的朋友。当圣海伦斯火山喷发时，约翰斯顿有足够的时间用无线电向总部报告，喊道："它来了！"同事说，约翰斯顿的声音听起来非常喜悦。

约翰斯顿的尸体没有找到，但在这个区域确实发现了几十具尸体。验尸官确定他们中的大多数人死于吸入火山灰，因为火山

邮筒几乎被圣海伦火山喷发的滚烫火山灰掩埋（图片来源：美国地质勘探局）

灰一碰到他们口中的唾液，就会浓缩成油灰，继而堵塞他们的呼吸道。他们死后，身体被高温烤焦，器官脱水成肉干。有几具尸体被火山灰腐蚀得严重，以致解剖用的手术刀的刀片都变钝了。

在5英里内，救援人员甚至懒得寻找尸体。这里被硫黄的气味淹没，让人想起早期的地球。和早期地球一样，这里没有任何地貌特征。几天后，当吉米·卡特[1]飞过这里时，他惊叹道："这使月球表面看起来像一个高尔夫球场。"现在唯一的地标是重生的斯皮里特湖。与其他事物一样，原来的斯皮里特湖已经被埋在几十码的烟灰之下。但是，水穿过烟灰残骸强行上升，重新形成了一个比原来高60码的新湖。原来的湖凉爽、清澈、吸引人，能见度为30英尺；而斯皮里特湖二号看起来就像一个热气腾腾的棕色污水池，能见度只有几英寸。

最后，哈里·杜鲁门在3英里之内。可以说，除了他已经死

1　吉米·卡特，时任美国总统，在1980年5月23日到达现场，乘坐美国海军陆战队的直升机飞过现场。

了这个明显的事实，我们永远无法确定他经历了什么。但我们可以根据其他火山受害者和化学规律，还原他的最后时刻。

首先，在高温下，他的衣服会像闪光纸一样飞起来，他的牛仔裤、毛衣和袜子都会瞬间烧成灰烬。他牙齿上的珐琅质会裂开，曾经湿润的肺部会变黑，成为脆性的碳。同时，他可能在没有痛苦的情况下死去。公元79年的维苏威火山喷发后，被发现的许多尸体，特别是那些在海滩边的房间里避难的人，没有恐惧或挣扎的迹象；例如，没有人用手遮住脸——这是痛苦的常见标志。这表明，热冲击可能在不到1秒钟的时间里杀死了他们，快到他们的条件反射也无法记录任何痛苦。

维苏威火山的热量也使许多受害者在死后肌肉萎缩，脚趾蜷缩在脚下，手臂向上勾到胸部——所谓的“拳击姿势”。然后他们的尸体被埋在灰烬中，身上的灰烬变硬，就像一层死亡面具[1]。奇怪的是，随着身体的腐烂，灰烬中留下了一个人形的洞。通过用石膏填充这些洞，考古学家制作了游客现在在庞贝看到的实体模型。

所以这是一种可能的结局：一个哈里·杜鲁门形状的空洞埋在火山地壳下几码的地方。但还有一种更可怕的可能性。维苏威火山摧毁了除庞贝之外的其他村庄，在这些地方——它们像杜鲁门的营地一样直接受到热浪的冲击——有几个人在接触时被蒸发了。

关于人体汽化的极少数研究将这一过程分解为三个阶段：汽化水、汽化内脏、汽化骨骼。汽化水需要两步。首先，你体内的水必须从体温（大约98.6华氏度）提高到沸点（212华氏度）。人体的含水量实际上随着年龄的增长而变化，从软绵绵的新生儿的75%下降到顽固（字面意思）老人的60%以下。考虑到杜鲁门的

1　死亡面具是在人死后通过蜡或石膏制成的人脸，通常直接从尸体上取下铸件或印模。死亡面具可能是死者的纪念品，也可以用于创作肖像。据说恺撒也留下了死亡面具。

年龄和体重，他体内可能有100磅的水。水的吸热能力很强，因此将这么多水提高到212华氏度需要很高的能量，大约2 900千卡。（相比之下，将100磅的铁加热到同样的温度需要305千卡；金则需要88千卡。）到目前为止，得到的只是热水。创造真正的蒸汽还需要更多的能量。这是因为水分子对它们的邻居有很强的吸引力，它们不愿意离开这些邻居，飞到空中变成气体。因此，创造100磅蒸汽需要额外的24 000千卡。

汽化内脏涉及数百个器官和组织，所有器官和组织都有不同的特征和吸热情况。一些科学家并不会把这些差异列入表格，而是使用一个替代物：干猪肉，因为猪和人的身体器官具有相似性。一个普通人（在减去水之后）大约有25磅的内脏、软骨和脂肪，考虑到每100克干猪肉大约有230千卡，分解所有内脏分子可能需要大约27 000千卡。

根据维苏威火山附近受害者的状况，我们知道水和内脏在火山热浪的冲击下很容易蒸发。蒸发25磅重的人体骨骼比较困难，因为骨骼中的主要矿物[羟基磷灰石钙$Ca_{10}(PO_4)_6(OH)_2$]沸点很高。因此，杜鲁门的骨骼可能保持完整，但这并不意味着它毫发无损。在大约900华氏度以上，骨头会变成淡黄色，然后是红褐色，最后是黑色；当它的分子重新排列时，它也会稍微熔化。这种重新排列会削弱骨骼，使其变得脆弱。维苏威火山的一些受害者的颅顶被炸飞了。炽热的火山气体似乎已经“煮沸”了他们的大脑，由于大脑蒸汽必须从某个地方排出，所以它们就像一座小型的圣海伦斯火山一样从他们的颅顶喷出。

总的来说，把水煮沸，并蒸发掉哈里·杜鲁门这样的老家伙的内脏和骨骼，大约需要75 000千卡*，相当于一个成年人1个月

* 本处和所有即将出现的星号指的是注释与杂记，其中更详细地记录了各种有趣的观点。——原注

的食物摄入量。考虑到所有的能量必须一气呵成，这就更令人印象深刻了。除了原子弹之外，很少有东西能在两次心跳之间蒸发掉一个人的身体，而火山则名列其中。

哈里 · 杜鲁门的最后时刻会是这样的。在离爆炸那么近的地方，他可能什么也听不到，尽管地面会在他脚下发出隆隆声，使他失去平衡。如果他碰巧抬起头，就会看到一些壮观的东西，从古老的诗歌意义上来说，那是既可怕又令人敬畏的。他大半生都在赞叹的山体，会像蛋奶酥一样坍塌，然后反弹，里面的所有气体会立刻获得自由。考虑到出现的黑云的速度（高达350英里/时），也许只过了1分钟，杜鲁门就会看到它从山上冲下来——一个100层楼高、10英里宽的羽状物。它的剧热会蒸干附近的雪，使那些250英尺高的冷杉树像篝火中的塑料碎片一样扭曲。当热量的锋面咆哮着进入杜鲁门的露营地时，粉红色凯迪拉克的油漆会起皱，也许轮胎会因为空气膨胀而爆裂。柜子里的每一瓶申利酒都会像燃烧瓶一样爆炸，所有的豹尿都会冒出蓝色的火焰。杜鲁门的衣服会燃烧并消失，然后杜鲁门本人会在科学意义上得到升华——几乎瞬间从固体转化为气体。随着最后的嗞嗞声，他将升入空中，飘到更广泛的大气层。

就像恺撒临终时的喘息，你最近的呼吸很可能吸入了一点儿哈里 · 杜鲁门的味道。

圣海伦斯火山花了2000年时间塑造它美丽的锥体，摧毁它却只需要大约2秒钟。它迅速从9700英尺降至8400英尺，在这个过程中减少了4亿吨的重量。它的一缕蜿蜒的黑烟高达16英里，在上升过程中产生了闪电。它喷出的尘埃横扫整个美国和大西洋，

最终绕过世界，17天后再次从西面冲到山上。总的来说，这次喷发释放的能量相当于投放27 000颗广岛原子弹，在9个小时的喷发过程中，大约每秒钟投放1颗。

讲了这么多，值得注意的是，圣海伦斯火山的喷发量实际上是微不足道的。虽然它蒸发了整整1立方英里的岩石，但这只是1883年喀拉喀托火山喷发量的8%和1815年坦博拉火山喷发量的3%。坦博拉火山爆发还使全世界的日照减少了15%，扰乱了强大的亚洲季风，并在1816年造成了臭名昭著的“无夏之年”。当时气温下降得很厉害，新英格兰地区在夏季就下起了雪。而坦博拉火山爆发也远逊于历史上真正的史诗般的火山喷发，比如210万年前的黄石火山喷发，585立方英里的怀俄明火山气体喷射到了平流层。（这座巨型火山有一天可能会再次喷发，并将美国大陆的大部分地区埋在火山灰中。）

在地球的前太古代（火山时代）结束时，我们的星球已经经历了两种不同的大气层：第一种是主要由氢气和氦气组成的缥缈的大气层；第二种更加严酷，是由火山的龙息组成。当然，后一种大气层早已过去，如今你的肺部不会在每次呼吸时都发出嗞嗞声和尖啸声。但是我们仍然可以在某些地方瞥见它——致命的一瞥，最壮观的例子是1986年8月21日在喀麦隆的尼奥斯湖附近发生的一次奇怪的喷发。

插曲：爆炸的湖

二氧化碳（CO_2）——目前空气中的含量400ppm（并且正在上升），你每次呼吸会吸入5×10^{17}个分子

起初，这听起来像是另一场帮派斗争。喀麦隆西部的火山高地向来人烟稀少，部分是因为许多当地部落认为该地区闹鬼。（有一个传说是，一个复仇的鬼魂在夜晚从附近的尼奥斯湖冒出来，恐吓住在下面山谷里的人。）但到了20世纪80年代，几个不同民族的农民被吸引到该地区，这里土壤肥沃，是种植山药和土豆的理想之地。随着人口的膨胀，帮派暴力和枪击事件也随之而来。因此，在1986年8月的那个夜晚，许多居民认为远处的啪啪声只不过是寻常的枪声。

那天晚上传来的其他声音不太容易解释——低沉的隆隆声，奇怪的汩汩声。一位盲人妇女好几次感觉她脚下的地面在轻轻摇晃，就像是人在发抖。然而，大多数人没有理会这些预兆，而是去睡觉了。但日落之后不久，大地真的从尼奥斯湖湖底召唤出了邪恶的东西。

晚上9点钟左右，湖水开始喷出巨大的二氧化碳气泡。这些气泡携带着湖底富含铁质的水，因此呈现出红色的色调。冲出湖面的时候，它们开始啪啪作响。总共有5亿磅的二氧化碳逸出，一座气体和水的喷泉射向空中250英尺，咆哮了整整20秒。

在其他情况下，这可能是一个激动人心的景象——血色的老忠实间歇泉[1]。但是，由于这次逸出的二氧化碳非常重，比空气重50%，所以这团巨大的气体没有散去，而是向地面沉降，最终在150英尺高的地方形成了白云。然后，这团云沿着尼奥斯湖周围的山坡倾泻到附近的山谷中，一边翻滚一边加速。这些山谷比较凉爽，随着云中的水蒸气凝结，这团气体逐渐消失——非常适合夜间狩猎。

气体以40英里/时的速度前进，在几分钟内吞噬了几个村庄——查（Cha）、苏布姆（Subum）、芳（Fang）和马希（Mashi）。很多在泥土小屋中睡觉的人们被闷死了；也有人在看守晚餐火堆时倒下了。有些人很快就昏了过去，没有时间在摔倒时用手撑住自己，他们在跌倒时骨折了。然后，由于二氧化碳取代了他们肺里的氧气，他们就窒息了。小屋里，道路上，死者到处可见。

第二天早晨，尼奥斯湖的水位下降了整整3英尺。据报道，它曾经蔚蓝的湖面如今看起来就像油腻的虎皮，呈现出橙黑相间的条纹。神奇的是，较远村庄的少数人活了下来，但他们醒来时头痛、恶心和腹泻；许多人还因为在同一个地方一动不动地躺了几个小时而患上压疮。更糟糕的是，他们面对的是一场浩劫：1746人死亡。在接下来的几天，伤亡人数继续增加，备受打击的

1 “老忠实间歇泉”是美国黄石国家公园的一处景点，现在大约90分钟喷发一次。

1986年8月21日，尼奥斯湖神秘"喷发"后，家牛死在泥屋附近（图片来源：美国地质勘探局）

父母和祖父母自杀了，孕妇流产了。动物也死伤惨重，包括6 000多头牛，以及该地区几乎所有的老鼠、鸟和昆虫。幸存者记得，之后的几天里一片阴森寂静。附近甚至没有苍蝇来啮噬尸体。

当地的占卜者宣称，湖中的恶灵又出来惹是生非。不那么迷信（但有些偏执）的人把死亡归咎于敌人的化学战或秘密的中子弹试验。与此同时，科学家给出了一个更平淡的解释。在第一份概括性的新闻报道之后，全球各地的地质学家（他们中很少有人听说过尼奥斯湖）开始涌入喀麦隆，渴望看一眼这个"爆炸湖"。他们很快确定，尼奥斯湖实际上位于一座活火山之上。（就在400年前，一次火山喷发首次形成了这个火山湖。）由于火山经常释放二氧化碳，火山口显然是气体的来源。

但除此之外，地质学家几乎没有达成任何共识。对于气体释放的原因，大家的分歧尤为激烈。一些人认为，所有的气体都是在一次喷发中释放的；他们把尼奥斯湖描绘成一个微型的圣海伦斯火山。其他人则不这么认为，火山喷发与此毫无关系。相反，几个世纪以来，二氧化碳从一个火山口缓慢地泄漏，一直积聚在尼奥斯湖的湖底。上层水的重力“镇住”了这些气体，但山体滑坡或大雨扰乱了湖底，使其泄漏。还有一些人赞同二氧化碳的缓慢积聚，但对外部触发的想法提出异议。他们声称，在一个不幸的日子里，这些气体积聚的压力过大，上面的水无法承受，最终像香槟的气泡一样涌上水面。

令人困惑的是，一次喷发理论和缓慢累积理论的支持者都可以找到合适的证据。一些幸存者回忆说，他们在昏迷前闻到了臭鸡蛋和硫黄的气味，这些气味与火山喷发有关。没有确凿的证据表明发生了足以扰乱湖底的山体滑坡或奇怪的天气。此外，火山喷发确实释放了大量的热：事件发生后，尼奥斯湖的温度从73华氏度跃升至86华氏度，而且这种温度持续了数周。然后，100英里外的地震仪没有记录到当天有任何地质活动，这似乎排除了火山喷发的可能性。无论多么真诚，幸存者的证词仍然值得怀疑，因为二氧化碳中毒会导致记忆混乱和模糊。一些科学家提出，二氧化碳也可以引起嗅觉上的幻觉，或者援助人员可能在事后的几天里通过打听这些硫黄味道而无意中在人们头脑中植入一些想法。

两个阵营最终沿着民族主义的路线分裂，法国、意大利和瑞士的地质学家支持一次喷发理论，美国、德国和日本的地质学家支持缓慢累积理论。一个旁观者感叹道：“非专业人士除了挥舞他们喜欢的国旗，几乎什么也做不了。”（我应该注意到，今天大多数专家确实支持缓慢累积理论——但作为一个美国人，我想我会说……）

这种争吵不仅显得科学家有些小家子气，还可能危及该地区未来的安全。如果再次发生火山喷发，尼奥斯湖周围的村庄或多或少要遭受重复的灾难，因为科学家无法真正预测，更无法阻止火山喷发。但他们也许能够阻止二氧化碳的缓慢累积，特别是经年累月的累积。

也许是出于这个原因（至少给他们带来了希望），喀麦隆人民把自己的命运交给缓慢累积理论，并在过去的20年里努力平息他们的爆炸湖。起初，政府官员讨论了几种方法，包括向尼奥斯湖投掷炸弹。他们最终决定在湖面上漂浮木筏，并将一条666英尺长的蜿蜒的聚乙烯管道伸至湖底，用于控制排放。控制排放时的场景当然很壮观：水有时会射到150英尺的空中。然而，没有人知道这是否有用。糟糕的是，清理湖底可能会适得其反，再次引起喷发。即使在今天，科学家仍在警告游客，当他们涉足尼奥斯湖时，不要过多地泼水，以免激起一些邪恶的东西*。

幸存者在这些地方仍然能看到1986年灾难的痕迹。湖底的水滋养着附近的几股泉水，每隔一段时间，他们就会发现一只鹰或一只老鼠俯卧在泉水旁，它们是受突然喷出的二氧化碳影响窒息致死。许多当地人声称，死者的幽灵仍然出没在尼奥斯湖的边缘。“你有时会听到他们说话。”一个人坚持说。

他没有说鬼魂究竟说了什么。但他们的死亡，以及对那个悲惨的8月夜晚的回忆，确实见证了一些重要的东西，一些我们所有人都应该“欣赏”的东西。那个夜晚呈现了地球曾经糟糕的一幕：巨大的有毒气体泡不断地释放，像超自然的恐怖幽灵一样在地表徘徊。最重要的是，尼奥斯湖的灾难提醒了我们，地球是多么幸运地躲过了那种前太古代状态。

那么，我们现在的处境是如何从有毒的空气变为舒适、可呼吸的大气呢？答案由几个部分组成，但它在很大程度上取决于地球历史上的下一个主要气体——氮气含量的升高。

第二章

空气中的撒旦

氮气（N_2）——目前占空气中的78%（780 000ppm），你每次呼吸会吸入9×10^{21}个分子

氨气（NH_3）——目前空气中的含量为0.000 01ppm，你每次呼吸会吸入1亿个分子

在诞生后的数亿年里，地球十分荒凉。即使能找到一个不烧伤脚趾的立足之地，但由于火山喷出的气体，你也根本无法呼吸。然而，令人惊奇的是，虽然短期内非常有害，但火山最终通过喷出富含氮的气体改变了地球的空气结构。

氧、氢、碳三种元素构成了人类体重的93%，对于其他生命形式，该比例也大致如此。细胞的运转还需要几十种其他元素，甚至包括钼之类的不知名元素。除非真的出了问题，否则动物和植物可以毫不费力地从环境中获取其中的大部分元素。

最大的例外是氮。它是人体内第四丰富的元素，占我们体重整整3%。而且到目前为止，氮是空气中最普遍的元素，在我们每天呼吸的分子中占了80%。因此，人体的细胞应该能轻而易举地吸收它，对吗？恰恰相反。尽管如此丰富，但大多数生物不得不非常努力地获取每一个氮原子。这是因为大多数生物的细胞，包括人类的细胞，不能利用气态的氮气。氮气必须先转换成另一种形式。而在地球历史上的最初几十亿年里，只有少数特殊的微生物掌握了这种必要的技巧。

然而，在20世纪初，智人成为第一种加入制氮万神殿的非细菌生物。负责这项工作的两个人都是德国人，而且都是工业化学家。他们都因为自己的发现被誉为民族英雄，也都获得了诺贝尔奖，不过他们后来也都被谴责为国际战犯。但无论多么受人憎恨，他们确实成功地把7号元素哄骗到我们的身体里。如果没有弗里茨·哈伯和卡尔·博施的化学魔法，空气的故事就无从谈起。

空气炼金术始于一次侮辱。1868年，弗里茨·哈伯出生在一个中产阶级的德国犹太家庭，尽管有明显的科学天赋，年轻时的他从事过几个不同的行业（染料制造、酒精生产、纤维素收获、糖蜜生产），却没有在任何一个行业中脱颖而出。最后在1905年，一家奥地利公司要求哈伯（当时是一个留着胡须、戴着眼镜的秃

化学家弗里茨·哈伯，科学史上最浮士德式的人物之一

顶家伙）研究一种制造氨气的新方法。

想法似乎很简单。空气中有大量的氮气（N_2），而你可以通过电解水来获得氢气（H_2）。要制造氨，只需将这两种气体混合并加热：$N_2+3H_2 \longrightarrow 2NH_3$。如此而已。只是哈伯面临一个两难的困境：要使氮气分子发生反应，需要巨大的热量将其劈成两半，而这样的热量往往会破坏反应的产物，即脆弱的氨分子。哈伯兜了几个月的圈子，最后才发表了一篇报告，说这个过程是徒劳的。

如果不是名叫瓦尔特·能斯特的胖化学家的虚荣心，这份报告会在默默无闻中沉寂下去，自然也不会赢得任何奖项。能斯特拥有哈伯梦寐以求的一切。他在柏林工作，那里是德国人生活的中心，而且他靠发明一种新型电灯泡而成为有钱人。最重要的是，能斯特发现了一个新的自然定律——热力学第三定律[1]，他也因此在科学界赢得声望。能斯特在热力学方面的成果也使化学家能够做一些前所未有的事情：检验任何反应（比如氮气转化为氨气的反应）并估计不同温度和压强下的产率。这是一条重要的捷径。化学家终于可以预测反应的最佳条件，而不是盲目地摸索。

但化学家必须在实验室里证实这些预测，冲突由此产生。因为当能斯特检查哈伯报告中的数据时，他宣称氨的产率不可能达到这么高——根据他的预测，比实际高出了50%。

哈伯听到这个消息后晕倒了。他本来就是一个容易紧张的人，心脏脆弱，很容易精神崩溃。现在能斯特威胁要毁掉他唯一拥有的东西，也就是他作为一名可靠的实验家的声誉。哈伯仔细地重复操作了自己的实验，发表了更符合能斯特预测的新数据。但数字仍然很高。1907年5月，能斯特在一次会议上遇到哈伯，当众斥责了这位年轻的同人。

说实话，这是一场愚蠢的争论。这两个人都同意，在工业上不可能利用氮气生产氨；他们只是对不可能的确切程度有分歧。但能斯特吹毛求疵，哈伯无法容忍这种对他荣誉的侮辱。哈伯推翻了此前的所有观点，他决定证明可以用氮气制造氨。如果成功了，他不仅能让能斯特颜面扫地，或许还可以申请专利发家致富。最重要的是，这将使哈伯成为整个德国的英雄，因为这将为德国提供成为世界强国所必不可少的稳定的肥料供应。

氨是通往肥料的大门。这不仅是因为氨含有氮元素；更重要的是氨含有植物可以利用的氮。要理解这里的区别，你需要了解分子中将原子固定在一起的键。大多数分子只有单键（X—Y）或双键（X=Y），而氮气则由三键（N≡N）连

1 热力学第三定律又称“能斯特定理”，它的内容是系统的熵在等温过程中的改变随绝对温度趋于0。

接，这是自然界中最强劲、最不易折断的键之一。（折断1盎司氮气中的所有三键，释放的能量足以将一个100万磅重的哑铃举离地面15英寸。）该键的强度解释了为什么氮气在今天的空气中占绝对优势。上一章已经提到，大多数火山喷发气体中的氮气只是一种微量成分，比喷出的其他气体少得多。但是，大多数火山气体会随时间的流逝而消失，要么是因为它们相互反应，要么是因为被紫外线分解，而氮气的三键却能抵抗所有的破坏。因此，氮气虽然在每一次火山喷发所释放的气体中的比例都很小，却会随着时间推移而累积。（火山烟气中的氨气分裂时，也会形成额外的氮气。）换句话说，氮气之所以在今天的空气中占绝对优势，是因为它比火山喷出的其他气体都更持久*。

这一事件的最大后果是，地球大气层再次被改造了。回忆一下，2号大气层充满了恶劣的火山废气。但是到了大约20亿年前，这些恶劣的气体已经被分解，并且积累了足够多的氮气，可以算作新的大气层（地球的第三个明显的大气层——如果你仍在计数的话）。富含氮气的3号大气层更加温和，因为氮气不会像其他气体那样攻击生物分子，这一点至关重要。

但从某种意义上说，空气中的氮太过温和，太过被动。人体需要大量的氮元素。你体内的每一个蛋白质都有一串氮原子构成的主链，你有30万亿个细胞，每个细胞都有30亿个DNA碱基，每个碱基也都含有几个氮原子。但是，当我们的细胞需要储存氮时，氮气中的三键使它不参与反应。这真是一个残酷的讽刺。我们生活在氮气之海中：成吨的氮气一直盘旋在你头顶，悬浮在地面和太空之间。但我们无法利用一丁点儿氮气，这就好比渴死在汪洋大海之中。

那么，氮气如何离开空气、进入我们的身体？必须有东西来“固定”它，即打破三键并将其转化为较为活跃的形式。光照可以在空气中创造氮氧化物，从而固定少量的氮。绝大多数固定氮来自一种细菌，该细菌拥有一种特殊的固氮酶。酶是一种生物结构，它允许不寻常的反应发生；固氮酶分子中起作用的是一小部分铁、硫和钼原子。这些元素就像一个小型的“救生颚”，一层层地把三键撕开。这需要巨大的能量，同时也产生了严重的间接伤害：每次都有16个水分子被牺牲掉。但最终，固氮酶分裂了三键（N≡N），在上面接了一些氢原子，使氮原子无法重新结合，这就产生了氨。氨只有单键，因此更容易转化为蛋白质或DNA。

固氮细菌生活在特定植物的根部，在这里它们用氨换取其他营养物质——这是最好的共生关系。其他固氮微生物在土壤里自由工作，随后植物攫取其中的氮元素。为了获得氮，动物和真菌等生物体以这些植物或腐烂的植物残骸为食。（包括食物链上的食肉动物，它们吃的是食草动物。甚至还有“食肉植物”，比如捕蝇草，它吃虫子主要也是为了获得氮。）所以，归根结底，地球上几乎所有生物体内的氮都来自固氮细菌。没有它们，就不会有任何一种植物或动物，一种都不会有！在大多数生态系统中，土壤中的氮含量决定了生态系统所能承载的生命上限。

即便如此，几千年来，农民已经开发了一些突破土地限制的方法。他们开始轮作，加入大豆等植物的种植，因为这些植物的根系含有大量的固氮细菌。他们还在田里播撒尿液和粪便，这些废物被分解为可吸收的氮。一些聪明人甚至在粪便中掺杂血液等腐烂物，以此提高粪便的肥力。这些堆肥看起来像巨大的棕色面包，而且还散发着热量；当混合物尝起来有辛辣味的时候，农民就知道可以去播撒了。

然而，家畜的粪便和尿液是有限的。到了19世纪初，大多数工业化国家不得不从其他国家进口肥料以满足对氮的需求。英国非常依赖印度，印度贫穷的低种姓劳工用脚把牛粪和尿液踩成糊状，制成供出口的肥料。其他欧洲国家开始从世界各地的岛屿大量开采鸟粪。秘鲁附近的钦查群岛*上的鸟粪贸易变得有利可图，几个南美洲国家甚至为这些鸟粪开战。美国也因为鸟粪而大举投入殖民主义。1856年，美国国会通过了《鸟粪岛法》，该法案授权任何美国公民对世界上任何一座无人岛拥有主权，只要岛上有几块鸟粪。这为美国在加勒比海和太平洋地区夺取近百个小岛提供了法律保障。许多岛屿是被上帝抛弃的岩石，没有任何价值。但其中几座岛屿，包括约翰斯顿岛和中途岛，在第二次世界大战期间成为重要的军事基地。

与此同时，德国错过了获得鸟粪的好机会。不同于欧洲的竞争对手，德国直到最近（在哈伯的童年时期）才摒弃长期以来的内部割据，以单一国家的形式统一起来。因此，德国错过了在亚洲和美洲的大规模殖民掠夺，也没有多少殖民地可以用来开发廉价鸟粪。雪上加霜的是，德国本土的土壤很贫瘠，急需氮肥。到20世纪初，德国每年都要进口90万吨氮肥。

尽管德国土地贫瘠，但这方水土却滋养出了科学天才。一位德国化学家在19世纪40年代提出了人造氮肥的激进想法，这就是所谓的“化肥”。几十年过去了，人们才开始认真对待这个想法，原因是南美洲的鸟粪来源并不稳定。到了19世纪90年代，肥料产业面临着危机，因为矿工几乎采完了钦查群岛等地的沉积物。似乎只有科学家才能阻止大规模饥荒的发生。铺垫了这么多，让我们再次回到弗里茨·哈伯，一个才华横溢、野心勃勃以至于不顾体面的人。

在被能斯特羞辱之后，哈伯从一家名为巴斯夫（BASF）的德国化学公司获得了一笔资助，用于探索几种可能的固氮技术。其中一项技术涉及在瓶子里创造真正的闪电（在一大桶空气中产生巨大的电火花），从而融合氮气和氧气。然而，哈伯倾向于专注考量自己以前的想法，即融合氮气和氢气，这是因为他发明了一种新方法：提高压强。

高温和高压都会促使气体更迅速地反应。在分子层面上，提高气体的温度会使分子以更快的速度移动。（事实上，测量温度本质上就是测量分子的速度。）这种额外速度带来的动力使分子更容易分裂和重组，从而促进反应。但哈伯知道，增加额外的热量也会破坏氨分子，使更快的反应速度变得毫无意义。这就是为什么他专注于压强。高压使分子更紧密地接触，进而使它们有更多机会交换原子。

一些化学家已经尝试过提高氮气和氢气的压强，例如，有人使用了改装的自行车泵。但可笑的是，这样的设备达不到哈伯提出的标准——比大气高几百倍的压强，这个压强能够粉碎现代潜艇。为了实现这样的压强，哈伯设计了30英寸的石英管，并用铁套加固。通过这种方法，他可以将反应温度降低几百华氏度，并保存更多的氨气。

除了研究温度和压强，哈伯还关注第三个因素——催化剂。催化剂可以加速反应，但本身并不会被消耗；汽车消声器中分解污染物的铂就是催化剂。哈伯知道金属锰和镍可以加速氮氢反应，但它们只在1 300华氏度以上起作用，而这个温度会破坏氨气。所以，他四处寻找替代的催化剂，让氮气和氢气流过几十种不同的金属，看看会发生什么。他最终找到了76号元素锇，一种曾经用于制造灯泡的脆性金属。它将必要的温度降低到“只有”1 100华氏度，这给了氨气一个难得的机会。

利用他的对头能斯特的方程，哈伯计算出，如果将催化剂锇与高压夹套结合使用，氨的产率可以提升至8%，这是一个可接受的结果。但他必须在实验室里证实这个数字，才能去能斯特面前夸耀自己的胜利。因此，1909年7月，在经历了几年的胃痛、失眠和羞辱之后，哈伯将几个石英罐串在一起放在桌面上。然后他打开几个高压阀门，让氮气和氢气混合，并焦急地盯着远端的喷嘴。

这需要一段时间：即使在锇的催化下，氮气也只是不情愿地打破自己的键。但最终，几滴乳白色的氨水从喷嘴中滴出。看到这一幕之后，哈伯在他所在部门的大厅里狂奔，喊着："看！快来看！"最后，他们获得了整整1/4茶匙氨水。

他们最终把它扩大为真正的"油井"——每两小时一杯的氨水。即便是这样的小产量也说服了巴斯夫公司购买该技术，并迅速推广。哈伯为他的团队举办了一个史诗般的派对，他经常在庆祝胜利时这么做。一位助理回忆说："结束的时候，我们只能沿着有轨电车的轨道走回家。"

事实证明，哈伯的发现是一个历史转折点，就像人类第一次将水引入灌溉渠，或者将铁矿石冶炼成工具。正如当时人们所说的，哈伯把空气变成了面包。

不过，哈伯的进步仍然只是理论上的：他证明你可以用氮气制造氨（从而制造肥料），但其设备的产出甚至不足以培育一株西红柿，更不能养活像德国这样的国家。要扩大哈伯方法的规模，使其能一次生产成吨的氨，需要另一类天才——将有前途的想法付诸实践的能力。巴斯夫公司的大多数高管不具备这种天分。他们认为氨只是他们投资组合中附加的另一种化学品，可以用它稍微提高利润，聊胜于无。但是，对于新成立的合成氨部门，他们任命的负责人、35岁的工程师卡尔·博施，有一个更宏大的愿景。他认为氨有可能成为新世纪最重要、最有利可图的化学品，能够提高全世界的粮食产量。就像大多数值得拥有的愿景，它既鼓舞人心，又充满危险。

化学家卡尔·博施，氮氨生产的策划者

博施决定独立解决氨生产中的许多子问题。第一个问题是获得足够纯净的氮气，因为普通空气中含有氧气等“杂质”。为此，博施向一个人们意想不到的地方求助：健力士啤酒公司。健力士啤酒公司开发了地球上最大的制冷设备，强大到可以液化空气。（和所有物质一样，如果把空气中的气体冷却到一定程度，它们就会凝结成液体。）博施对相反的过程更感兴趣——获得冷却的液化空气，并使其汽化。奇怪的是，尽管液态空气中混合着许多不同的物质，但每一种物质加热时都会在不同的温度下汽化。液氮恰好在零下320华氏度时汽化。因此，博施要做的就是用健力士的冰箱液化一些空气，将产生的液体加热到零下319华氏度，并收集氮气的烟雾。今天每一袋化肥都应该归功于健力士黑啤。

第二个问题是催化剂。虽然锇能有效地启动反应，但它在工业上是行不通的：作为一种矿石，黄金甚至比锇更便宜、更充裕。想要购买足够的锇，并按照博施设想的规模来生产氨气，这可能会使公司破产。博施需要一个廉价的替代品，为此他找来了元素周期表的所有元素，测试了一种又一种金属。他的团队总共进行了两万次实验，最终确定了氧化铝、钙和铁的混合物。科学家哈伯一直在追求完美——最好的催化剂，而工程师博施选择了一个杂牌货。

然而，如果博施无法克服最大的障碍，即所涉及的巨大压强，即便拥有纯洁的氮气和廉价的催化剂也毫无意义。大学里的一位教授曾经告诉我，实验室中最理想的设备是在你获取最后一个数据时就会崩溃的设备：这意味着你尽量少浪费时间维护它。（真是典型的科学家！）博施的设备必须无故障地运行数月，而且是在足以使铁发光的温度和比火车蒸汽机高20倍的压强下。当巴斯夫公司的高管第一次听到这些数字时，他们瞠目结舌：一个人反对说，他所在部门的烤箱前一天爆炸了，其运行的压强仅为大气压的7倍，是提议压强的1/30。博施怎么可能建造一个那么坚固的反应容器?

博施回答说，他不打算自己建造。他求助于克虏伯公司，该公司是传说中的大炮和野战火炮的制造商。克虏伯的工程师欣然接受了这个挑战，很快就为他建造了相当于大贝莎[1]的化学装置：一组8英尺高、1英寸厚的钢桶。然后，博施用混凝土包裹这些容器，防止进一步爆炸。做得很好，因为第一个容器在测试的第三天就爆炸了。但正如一位历史学家评论说："不能因为一点儿弹片就停止工作。"博施的团队重建了容器，为了防止高温气体腐蚀内部，他们在里面涂上一层化学涂层；为了承受高压，他们发明了坚硬

1　第一次世界大战期间德国使用的一种420毫米超重型榴弹炮，由克虏伯公司设计和制造。

的新阀门、泵和密封件。

除了这些新技术，博施还帮助引入了一种新的科学方法。传统科学一直依赖于个人或小团体，一个人负责整个过程。博施采取了流水线的方式，同时运行几十个小项目，就像30年后的曼哈顿计划。与曼哈顿计划一样，他取得成功的速度也快得惊人——而且超越了大多数科学家能够设想的规模。在哈伯率先制备出氨液滴之后的仅仅几年，巴斯夫的合成氨部门就在奥堡附近建立了世界上最大的工厂之一。该工厂有数英里长的管道和线路，使用的气体液化器和平房一样大。它有独立的铁路枢纽来运输原材料，还有另一个枢纽运输它的10 000名工人。但奥堡化工厂最令人震惊的是：它可以正常运行，而且它制氨的速度和博施承诺的一样快。几年内，氨的产量翻了一番，然后又翻了一番。利润增长甚至更快。

尽管取得了这样的成功，在20世纪第二个十年的中期，博施认为自己的眼光还是太窄了。他敦促巴斯夫公司在洛伊纳开设一家更大、更豪华的工厂。这里需要更多的钢桶、更多的工人、更长的管道和线路，可以得到更高的利润。到1920年，建成的洛伊纳化工厂宽2英里、长1英里——“一台和城市一样大的机器”，一位历史学家惊叹道。

奥堡和洛伊纳开启了现代化肥工业，此后基本上没有放慢过速度。即使在1个世纪后的今天，哈伯-博施法仍然消耗了世界能源供应的整整1%。人类每年生产1.75亿吨的氨肥，这些肥料间接制造了世界上一半的食物！换句话说，如果没有哈伯-博施法，今天活着的人可能有一半会消失，也就是36亿人。再换一种说法，如果你照镜子，你的一半身体会消失；若非哈伯的刻毒天才和博施的贪婪眼光，你的DNA和蛋白质中一半的氮原子仍然会在空气中无用地飞来飞去。

我多么希望哈伯和博施的故事能在这里结束，轻松、简单而且愉快，让这两位德国化学家成为人类的救世主。但事与愿违，骄傲和野心最终玷污了他们的成功。

氨使哈伯变得富有。他拥有专利，每生产1磅氨，他就可以挣几美分，巴斯夫公司制造的氨很快就像尼亚加拉瀑布湍急的水流一样，每年生产高达数万吨。但在出售专利权之后，哈伯或多或少地忽略了氮的研究。相反，1911年，他利用自己突然得来的名声，在柏林新成立的威廉皇帝学会（Kaiser Wilhelm Institute）担任行政职务。作为董事，他可以与政治家及皇室成员打交道，这让他非常高兴。他甚至帮助招募阿尔伯特·爱因斯坦来柏林工作，尽管他们的政治立场截然相反（哈伯是保守派，爱因斯坦是自由派），但两个人成了亲密的朋友。事实上，爱因斯坦的某些事迹为我们展现了哈伯温柔的一面。当爱因斯坦的第一次婚姻破裂，他的妻子带着两个年幼的儿子离家出走时，哈伯整夜陪着爱因斯坦哭泣。

哈伯同情爱因斯坦，部分是因为他自己的婚姻正在破裂。哈伯和他的妻子克拉拉第一次见面时，他们还是化学系的学生，当年他18岁，她15岁；15年后，哈伯邀请她参加一个化学会议，只是为了见她一面。尽管有一个浪漫的邂逅，但这段婚姻很艰难，克拉拉反对将他们的生活“连根拔起”搬到柏林。他们还因为哈伯日益发展的沙文主义发生了冲突。哈伯自幼就是如此，当他的新工作让他接触了德意志皇帝之后，哈伯更加狂热地信奉“德意志高于一切”。有一次，一位同事发现哈伯独自在办公室里练习鞠躬，以备有一天德意志皇帝邀请他共进午餐。这位同事看到，哈伯在后退时撞碎了一个花瓶。

第一次世界大战爆发时，哈伯把学会改造成一个小型的军事前哨。的确，私底下哈伯认为战争是徒劳的，军事领导人是笨蛋，但他也意识到，赢得战争将使德国获得荣誉，因此他加入军队，剃了光头，穿着合身的制服去上班。他还用铁丝网围住了自己的大楼，并将科学研究转向了军事目的。其中一个项目涉及在俄国的冬天不会结冰的汽油，另一个项目是调整他的氨工艺来制造炸药。第三个最糟糕的项目是，哈伯开始将来之不易的气体知识用于制作一种新型武器。

毒气战可以追溯到几千年前的古希腊人，他们在城邦中使用硫黄烟雾相互熏烤。但总的来说，毒气攻击的效果远不如向别人喷洒沸油。甚至在第一次世界大战的头几个月，当法国和俄国用毒气攻击德国时，这些攻击几乎都失败了：德国人甚至还没有意识到被“攻击”，法国的气体就随风飘散了，而俄国的气体在寒风中液化，无害地凝结在泥土上。

即便法国和俄国成功了，他们的毒气（全部是基于溴元素）所造成的伤害也比不上现代的催泪瓦斯。哈伯构思了更邪恶的以氯元素为基础的毒气。我们从食盐和公共游泳池中知道了氯，但它也会形成一种双原子气体（Cl_2）。不同于温和的氮气，氯气具腐蚀性：氯原子之间只有一个单键，它们很乐意摆脱这个键，去攻击其他的原子。在哈伯那个时代，每磅氯气的成本只有1美分，而且由于它比氧气和氮气重，释放在空气中的氯气会下沉。所以，氯气云会冲进战壕，而不会飘走。

最开始，哈伯上尉的毒气战部门只雇用了10名化学家，安装了一台普通的设备。这10个人里面包含3个未来的诺贝尔奖得主，真是一个恐怖的人才集中地。哈伯的老对手能斯特甚至也想为了德国的利益参与进来。哈伯把他挤到一边，想独揽所有的荣誉。

然而，化学界的一些同人认为毒气研究既不光荣，也不光彩——哈伯的妻子就是其中之一。克拉拉也是化学家（或者说曾经是，直到家庭主妇的责任中断了她的职业生涯），她认为化学武器背叛了化学的崇高使命——造福人类。其他同人的反对意见更加务实。诺贝尔奖得主埃米尔·费歇尔“从爱国的心底”希望哈伯失败，因为他意识到如果哈伯成功了，法国和英国将用他们自己的氯气武器进行报复。

然而，哈伯认为协约国永远不会有这个机会，并不是因为氯气非常非常致命。哈伯知道，尽管氯气有毒性，但它永远不会像兵器一样杀死一部分士兵。他认为，氯气真正的战术价值在于制造恐怖：敌军士兵看到绿色的氯气云向他们冲来，就会惊慌失措、逃离战壕，为德军的进攻开辟战线。他吹嘘说，一次及时的毒气攻击可以赢得整场战争。见鬼，他觉得从长远来看，他可能是在拯救生命。

为了这个崇高的目标，哈伯愿意在短期内忍受一些伤亡。1914年12月，毒气战小组的一名成员失去了一只手，另一名成员

1915年4月22日，第一次世界大战期间，伊普尔附近的第一次成功的毒气攻击俯瞰图

因为一支试管爆炸而死亡。哈伯在葬礼上号啕大哭，但拒绝暂停研究。在后来的现场试验中，哈伯骑着马进入一个污染区，差点儿被呛死。尽管有了这些关于毒气的第一手经验，或者说也许正是因为这些经验，他迫不及待地想向敌人释放氯气。1915年春天，他终于在伊普尔（今属比利时）得到了机会，当时的行动被冷酷地命名为“手术消毒”（Operation Disinfection）。

就像博施的氨气，哈伯计划以没有人敢想象的规模进行毒气攻击——5 730个罐子，装有168吨氯气。每个毒气罐都埋在地面以下，并且连接着一根蜿蜒至地面的软管。由于风向不对，释放工作推迟了数周，但在4月22日，正当德国将军们失去耐心的时候，阵风终于转向对德军有利。下午5点，经过专门训练的部队悄悄往前走，并打开了阀门。嗞嗞……一片50英尺高、4英里长的绿色风暴云开始轰隆隆地向法国和加拿大的防线移动。

当氯气刺入你的鼻孔，它会引起一种反射，使你屏住呼吸。最终你会喘气，入侵的氯原子与你口腔、喉咙和肺部的水反应，产生盐酸（HCl）和次氯酸（HClO）。这些酸性物质在你的肺部毛细血管里横冲直撞，剥去肺泡的内壁——肺泡是吸收氧气的小囊。肺泡中有大量的可攻击的组织——如果完全展开，你的肺部的表面积足以覆盖一个网球场——而且来自毛细血管和肺泡的液体开始积聚。这些液体阻止氧气进入你的肺部，随着时间的推移，呼吸变得越来越困难。受害者基本上是在旱地淹死的。

那一天，法国和加拿大军队最开始的反应是惊奇——他们从未见过绿色的雾。在闻到一丝气味之后，惊奇就变成了恐惧。马向后方奔跑，口吐白沫。步兵很快就跟了上来，他们大声咳嗽、跌跌撞撞，有些人丢了步枪，有些人甚至丢了制服。整条防线很快就崩溃了。和哈伯预测的一样，战壕清空了。不幸的是，哈伯所担心的德国最高指挥部的愚蠢，也同样应验了。由于不相信这次攻击会奏效，德国将军没有集结任何部队来利用这次突破，也没有调来任何部队进行支援。虽然对伤亡的估计有很大的差异，但那天可能有几千人溺死；而这一切都是徒劳的，因为德国几乎没有攻占任何土地。

尽管如此，德国将军们对他们所看到的情况很满意，并在几天后下令进行第二次毒气攻击。他们仍然没有从中获得什么，但还是提拔了哈伯，并安排他在东线对俄国发起一场类似的攻击。

在前往俄国之前，哈伯上尉在家里待了几天。他很快就后悔这么做。克拉拉与他对峙，要求他放弃毒气研究。哈伯拒绝了。相反，他打算举办一个庆祝派对，就像他把氨的制备方法出售给巴斯夫公司时一样。

克拉拉在派对中淡定自若，但客人们散去后，她觉得自己很落寞。哈伯吞下了一些安眠药，醉醺醺地睡着了。在这寂静的环境下，克拉拉做了一个决定。她首先写了几封信，安排好世俗事务。然后她偷了丈夫的军用手枪，偷偷地进入花园。她试探性地开了一枪，然后把枪口对准自己的胸部。他们13岁的儿子赫尔曼飞奔下楼，在她死前只来得及说了一句再见。（几年后，赫尔曼也自杀了。）

第二天早晨，哈伯感性的一面爆发了，他对着克拉拉的尸体哭了起来，说自己已经极度疲惫。无论作为丈夫多么糟糕，他都没有完全忘记18岁时爱过的那个女孩。但他心中的民族主义抑制住了这些情绪，克拉拉的葬礼甚至还没有举行，哈伯就已经前往俄国。（1917年，哈伯与一个更年轻的女人再婚，建立了新的家庭。他在婚礼上戴着一顶木髓遮阳帽。）

和预测的一样，法国和英国很快就部署了他们的报复性毒气。为了报复敌军的报复，哈伯的团队（到战争结束时已经发展到1 500名科学家）研发出了更危险的毒气剂，比如芥子气和光气。（如果说氯气闻起来像游泳池，那么芥子气闻起来像辣根，光气闻起来像干草。）为了应对这些新威胁，防毒面具很快就成为双方的标准配置；在紧要关头，士兵还可以在手帕上撒尿，捂在嘴边，因为尿液中的化学物质可以中和毒气剂。然而，无论在防止肺损伤方面多么有效，防毒面具都无法中和毒气的恐怖。对于战壕里的士兵来说，飘过来的任何气体，哪怕是春天的花香，都可能预示着一种更糟糕的新死法。因此，哈伯的气体不仅没有结束战争，反而使僵局更加恶化*。

尽管在科技上有优势，德国最终还是耗空了国力，于1918年崩溃了。（具有讽刺意味的是，其中一个问题是缺乏食物和肥料，因为军方征用了大部分氨来制造炸药。）然而，即便流血事件停止了，敌对状态仍在继续。法国在战争中遭受的损失比其他任何国家都要大，于是在凡尔赛和平谈判中，法国领导人决心让德国大出血。他们索取相当于5万吨黄金的赔偿，这个数额大约是当时世界黄金储备的2/3。（作为比较，诺克斯堡[1]大约只有5 000吨黄金。）

科学界有自己的账要算。几个国家的科学家谴责哈伯是战犯。哈伯认为这很荒谬，而且他也在据理力争。毒气攻击在战争期间造成了125万人受伤，但只有9.1万人死亡——仅仅是死在战场上的850万士兵的1%。那么，为什么谴责他而不谴责那些制造枪支炮弹的人呢？然而，随着反对他的声浪越来越高，哈伯逃离德国前往瑞士，他花钱获得了公民身份，并（有点儿可笑地）留起胡须来伪装自己。没有哪个国家对他提出指控，但战争罪的污点，就像一缕氯气，跟随哈伯度过了余生。

1 美国陆军的一处基地，美国金库位于该地。

即使在今天，历史学家也不确定该如何看待哈伯。在他活着的时候，他的制氨法拯救了数百万处于饥饿中的人；如今它又养育了数十亿人。这使他成为真正的科学英雄，就像那些开发疫苗的人。但哈伯也发明了史上最令人毛骨悚然的武器，并欣然用它对付人类同胞。他的行为在道德底线上来回摇摆。1919年，哈伯获得了诺贝尔化学奖，这让事情变得更加复杂。诺贝尔化学奖巩固了他作为科学天才的地位，但由于公众的抗议，他不被允许在官方仪式上接受奖章。所以他不得不等待6个月，瑞典国王也没有亲自为他颁奖。

不过，这样的冷落并没有困扰哈伯，他做的所有事情都是为了他的祖国，这个理念让一切都变得正当。事实上，他在战后继续为德国奉献自己的力量。为了减轻赔偿的负担，他尝试从海水中提取黄金，在游轮上设立秘密实验室来收集样本。整个想法似乎很疯狂，但用空气合成化肥的行为最初也被认为是疯狂的。

哈伯还继续秘密地研究毒气战。他掩盖了这份工作，声称自己正在研究如何销毁现有库存或将其转化为杀虫剂。但是，如果有人怀疑他对化学战争的热情，或者怀疑他缺乏悔意，只需要参观一下他的书房。在那里，他保存着一份装裱好的新闻报道，内容是世界上第一次在伊普尔成功进行的毒气攻击，据说上面有德意志皇帝的签名。

卡尔·博施在第一次世界大战后的日子也不好过。1918年德国投降后，法国官员要求“检查”巴斯夫的合成氨工厂——表面上是为了确保德国停止生产炸药，实际上是为了窃取博施的技术。不过，只要检查员敲响前门，博施就会让工人放下工具，关掉所

有机器，这样法国人就看不到它们如何运转。在检查期间，博施的工人运气也很好。关键的阀门和仪表在检查员到来之前不断损坏，一些机器的梯子也莫名其妙地不见了。有一次，一整段楼梯消失了。博施从来没有拒绝检查员的访问，但他使每一次访问都变成一场闹剧。

受挫和愤怒的检查员把博施（当时他已经在巴斯夫晋升为主管）传唤到凡尔赛和平谈判，在那里氨技术是一个争论焦点。抵达后，博施和几名同事被关在一家用铁丝网围起来的酒店里。经过几天的"谈判"，博施意识到，他无论如何都必须放弃氨技术。为了获得尽可能好的条件，他冒着被捕的危险，在一个夜晚翻越铁丝网，参加了与法国制造商的秘密会议。他签署了一项协议，帮助在法国建立一个工厂——条件是法国人不干涉巴斯夫公司。

不过，法国人没有遵守诺言。到20世纪20年代初，高额的赔偿金导致德国经济陷入瘫痪：1个面包一度售价10亿德国马克（是的，你没有看错）。最终，德国政府停止了支付，请求宽限一些时日。大多数国家同意了，但法国要求占有巴斯夫在德国的工厂，以替代赔款。当博施再次指示他的工人关闭机器时，法国政府起诉了他，并在缺席审判的情况下判处他8年监禁。就这样，在哈伯-博施法背后的两个人中，只有博施最终成为被定罪的战犯。

1931年，博施也获得了诺贝尔化学奖，他重新获得了一些国际尊重。由于哈伯已经因为氨的研究得过奖，所以给他授予这个奖项让许多人感到惊讶，但诺贝尔奖委员会更多的是奖励博施在高压化学方面的成就。诺贝尔奖委员会这样做是合理的，因为在那时，博施已经或多或少地放弃了对氨的研究。巴斯夫公司继续制造氨，但随着其他国家得到授权或偷窃该技术，公司利润已经大大减少。因此，博施将他的高压化学知识应用于一个新领域——

石油和汽油。

20世纪20年代中期，世界上的原油似乎正在耗尽（当时的想法现在看来很有局限性）。早期的油井均已枯竭，巴斯夫、法本这样的公司正在竞相开发合成的替代品。博施越来越相信，将煤液化并精炼成汽油是最好的选择。但事实证明，这项工作比想象的要艰难。科学家把气体和液体都归类为流体，因为气体和液体都在压力下流动。但液体流动的阻力比气体大得多——可以对比在水下挥手和在空气中挥手的区别。事实证明，液态煤特别黏稠，博施使用的每一个管道和阀门都黏糊糊的。

更糟糕的是，俄克拉何马州和得克萨斯州的投机钻探者在20世纪20年代发现了史上最大的几处油田。随着石油价格在接下来的10年里开始暴跌，博施意识到，他永远无法将液化煤的成本降低到可以与石油竞争的程度。不幸的是，博施（当时是法本公司的董事）已经将公司的未来押在合成汽油上。在面临破产的情况下，他开始不遗余力地争取政府合同，竭尽所能地获得资金，这使他找到了阿道夫·希特勒。

说实话，纳粹让博施感到恐惧。他特别反感《恢复专业公务员法》（Law for the Restoration of the Professional Civil Service），该法在1933年4月通过后，政府中的犹太人遭到排除。作为一家私营公司，法本能够而且确实留用了它的犹太雇员。博施也帮助许多犹太人在国外找到工作。同时，他与希特勒私下会面，全神贯注地听着他滔滔不绝地谈论汽车，以及他希望获得优质的雅利安合成汽油。（当然，希特勒也想为迅速扩张的军队提供燃料，但他很精明，没有告诉博施这一点。）在会面时，博施请求希特勒赦免一些犹太科学家，但这种呼吁独裁者保持体面的做法，得到的结果会和你想象的一样。希特勒咆哮道："如果物理和化学如此需要犹太人，那么我们就只好在没有物理和化学的情况下生活

100年了。”博施满怀歉意地退缩了，为了弥补过错，他在报纸上赞扬了纳粹政权，并参加了悬挂纳粹旗帜、呐喊“胜利万岁”（Sieg Heil）的集会。法本公司得到了燃料合同，世界得到了战争。

第二次世界大战结束时，博施设计的工厂为德国提供了1/4的汽油。希特勒认为这些工厂对帝国至关重要，所以他把欧洲最好的导弹防御系统部署在工厂周围；甚至连柏林都没有如此严密的防卫。确实，博施使纳粹的闪电战成为可能，他不仅开发了液化煤的技术，而且在纳粹陷入泥潭时施以援手。

公平地说，博施的行为并不比其他行业的同人更恶劣，他们为纳粹提供枪支、发动机和橡胶。但比起他的科学家同人，博施的行为就相当恶劣了。爱因斯坦、马克斯·普朗克、能斯特和其他诺贝尔奖得主（他们中的大多数人在第一次世界大战期间毫无保留地支持德国）拒绝向希特勒臣服。即使是渴望看到德国再次崛起的哈伯，也将纳粹党人斥为人渣。事实上，就在哈伯似乎注定成为道德败坏者的时候，他敢于对抗希特勒的态度在一定程度上挽回了他的名声。

作为政府研究所的负责人，哈伯不得不在1933年4月解雇了所有的犹太雇员。这是一个沉痛的损失：犹太人仅占德国人口的1%，却占科学家的20%。哈伯本人有犹太血统，但他保住了工作（法律豁免了第一次世界大战的退伍军人），几个星期以来，他都在为自己继续留任的决定辩护，告诉自己纳粹的疯狂定会过去。但到了4月30日，他不再自欺欺人，而是写了一封激动人心的辞职信。他写道：“40多年来，我选择我的合作者是根据他们的智力和品格，而不是根据他们的祖母。”哈伯的辞职信在德国成为头条新闻，让希特勒很尴尬：与爱因斯坦等人不同，没有人会把哈伯当成一个头脑发热的和平主义者。

然而，这些头条新闻并没有给哈伯个人带来多少宽慰。他为德国倾注了如此多的心血，德国却弃之如敝屣。伤心欲绝的哈伯准备移民到瑞士开始新生活，但纳粹在背后给了他一刀，没收了他从氨生产中挣的钱。穷困的哈伯开始在其他国家找工作，但一无所获。尽管他得过诺贝尔奖，尽管他勇敢地对抗了希特勒，但没有人能够忽略他身上的毒气战的“臭味”。他最终在剑桥大学找到了一个没有薪酬的职位，但当他赶到的时候，英国科学界的元老欧内斯特·卢瑟福拒绝跟他握手。

面对绝望，哈伯向最后一位同人卡尔·博施发出请求。两个人虽然并不是朋友，但博施经常向哈伯表示感谢，并承诺会在他需要的时候给予帮助。“我把你说的话放在心上，”哈伯在1933年写信给博施，“你能不能让我……在和平体面的情况下……度过剩下的岁月？”博施没有回复。哈伯别无选择，尝试再次搬家，从英国搬到巴勒斯坦，1934年1月，他在途中心脏衰竭。他的遗愿很感伤，希望葬在克拉拉身边。

哈伯的悲惨结局*传遍了整个欧洲。在他去世1周年的时候，他的老朋友马克斯·普朗克决定举办一个公开的纪念仪式。纳粹官员警告普朗克取消这一活动，但他还是为此租了一个500座的礼堂。当晚，普朗克很失望地看着稀疏的人群——大多数是不敢出席的其他科学家的妻子。所有客人都远远地待着。最后，哈伯的一些老袍泽走了进来，人群开始变得活跃。就像几十年前的氨生产一样，当卡尔·博施来到现场时，涓涓细流汇聚成了洪流。博施很显然是觉得愧疚的，他自己就召集了几十名巴斯夫的员工。礼堂的所有座位逐渐被坐满了，落单的人只好站在后面。

不管是不是巧合，在纪念哈伯的集会之后，博施开始公开反对纳粹，尽管很谨慎。不幸的是，他也开始酗酒，也许还滥用了止痛药。最糟糕的是，他在一个博物馆的开幕式上发表了一篇醉醺醺的、口齿不清的演讲，捍卫思想自由，结果只让自己感觉难堪。

法本公司最终在20世纪30年代末将他赶出公司，并继续为希特勒生产合成汽油。博施在1940年去世时，纳粹德国仍处于上升阶段，但他不敢想象事情会变得多么糟糕。“能够预见未来是一个可怕的天赋，”他在临终前说，“我一生的工作将被摧毁。”

不过从长期来看，未来比博施想象中的要好。在他去世时，他那颇具规模的工厂为纳粹军队昼夜不停地生产，在第二次世界大战期间，这些工厂成为盟军轰炸机的主要目标，遭到了严重的破坏。在战后，他创建的公司因为与纳粹勾结而遭人唾弃。但在更重要的意义上，博施努力一生的工作从未被摧毁。它延续至今，事实上还在蓬勃发展，而且可能会持续到人类文明的终结。抛开他们的个人成败不论，博施和哈伯找到了将空气转化为食物的方法。可以毫不夸张地说，人类从未发明过比这更重要的化学反应。

插曲：焊接危险武器

甲烷（CH_4）——目前空气中的含量为2ppm，你每次呼吸会吸入2.5×10^{16}个分子

下一个出现在地球大气层中的重要气体是氧气（O_2），它从大约20亿年前开始累积。然而讨论氧气之前，我们先了解一下氧气为什么如此重要。简而言之，氧气是煽动者：它启动了许多不同类型的化学反应，否则这些反应就不可能发生。其中一个反应是燃烧。纯净的氧气甚至能使金属燃烧——借助这一事实，德国的一名罪犯在19世纪末谋划了大胆的抢劫案。

他是骗子，是飞贼，却也是科学的倡导者。1890年圣诞节前几天，一个自称“史密斯”的男人住进了德国汉诺威市的一家酒店，这家酒店楼下就是下萨克森银行。他的花言巧语使得接待员给他开了一间特定的房间（也许他要求有特定的视野）以及两侧的房间。（他声称，这是为他妹妹和父亲准备的，他们很快就会来。）

然后他就去休息了，毫无疑问，他小心翼翼地不让行李在楼梯上发出叮当声。

史密斯等了几天，然后在圣诞节的凌晨，他从行李中拿出一把伞和一把锯子，在地板上凿了一个小洞。下面的银行没有人，所以他把伞从洞里塞进去，接住地板碎片，然后敲出一个更大的洞。他从行李箱中翻出一个绳梯，顺着绳梯爬下去，肩上还挂着一个麻袋。

接下来是行窃。银行没有雇警卫看守保险库里的700万德国马克，而是装了一个花哨的电子安全系统。保险库位于地下室，去那里必须经过一个螺旋梯，所以银行职员在楼梯上安装了警报器：最微小的压力，哪怕只是一个脚步，都会触动电警笛。然而史密斯已经探过路，他知道他只需要松开连在台阶上的几根电线。警报器因为断电解除了防护，他大步地走下楼。

现在是科学问题。在地下室，史密斯从他的麻袋里拿出几个叮当作响的氧气罐。他还拿出了一个细长的工具，由2个长约18英寸、直径0.5英寸的金属圆筒组成；每个圆筒的一端都连接着一根橡胶管。他将一根橡胶管连接在银行的煤气灯供气系统上，该系统泵出富含甲烷的混合物。另一根橡胶管固定在一个氧气管上。气体开始嗞嗞地通过每一根橡胶管，然后他从麻袋里拿出最后一样东西：一盒火柴。史密斯手中的割炬已经点燃，他把喷嘴对准了铁制的保险库。

在18世纪，一些化学家通过解释物质燃烧的方式和原因，（无意中）为这次犯罪奠定了理论基础。也许最关键的是，化学家发现燃烧需要三种东西：燃料、能量以及所谓的“氧化剂”。氧化剂从其他物质中窃取电子，这一点很重要，因为所有的化学反应都是由电子驱动的——化学本质上是研究原子如何窃取、交换和分享电子。顾名思义，氧气是一种优秀的氧化剂，它从甲烷燃料中窃取电子，使甲烷变得不稳定。然后，不稳定的甲烷与氧气立即发生反应，经历一系列快速的化学变化，最终产生被称为“氧化物”的化合物（如二氧化碳）。需要注意的是，如果没有最初的热能，氧气就不会攻击燃料——所以才需要火柴。但是，一旦氧气开始攻击，发生的反应将释放出更多的热量，这个过程就能够自我维持下去。

总而言之，燃烧就是：给一些氧气提供能量，让它攻击一些燃料，然后站在旁边看。但史密斯需要采取进一步措施，因为即使现在有了燃烧的甲烷火焰，他仍然需要穿过铁制保险库。

要理解这一步，我们可以求助于著名的法国化学家安托万-洛朗·拉瓦锡，他在1776年发现了铁的一个有趣特质。所有金属都会在某个特定的温度熔化，它们也会在另一个特定的温度燃烧。（此处的“燃烧”意思与之前相同，这一次是把金属作为燃料。）大多数金属的熔化温度低于燃烧温度，但铁正好相反。它在1 800华氏度左右燃烧，却在2 800华氏度熔化。这个新奇的现象还潜藏着一个意外的好处。再说一遍，燃烧会释放热量。所以想象一下，把火焰加热到1 800华氏度，并使一小块铁开始燃烧。释放的热量会把周围的铁加热到2 800华氏度以上，使其熔化。结果就是，在一个小型连锁反应中你“免费”获得了额外的1 000华氏度：少量的燃烧造成了大量的熔化。

19世纪80年代后期，一位名叫托马斯·弗莱彻的秃顶白胡子工程师终于发现了这种反应的实际应用：一种割炬，使用的是氧气和富含甲烷的天然气。结果并不像是切黄油的热刀（没那么犀利），但弗莱彻还是可以在没有刀片的情况下切开铁，这是一个巨大的进步。事实上，弗莱彻期望从他的发明中获得财富。但是，当他在1888年的一次贸易展览上演示这一发明时，一群保险箱和保险库制造商包围了他的展台。有人大发雷霆：“这种方法只能用于犯罪，所以应该禁止。”他们要求弗莱彻终止研究。弗莱彻拒绝了，几年后，神秘而有胆量的史密斯以某种方式得到了弗莱彻的割炬。

那个圣诞夜的切割过程比史密斯预想的更久，部分是因为洞的几何形状。他在保险库的墙上切割了一个12英寸×20英寸的长方形。对于同样的面积，圆的周长会更小，因此使用的燃料也会更少。另一方面，长方形的对角线更宽，在这种情况下，他可以更容易地钻进去。他赌了长方形，希望三罐氧气就够用了。到凌晨1:30，他已经用完了两个，第三个后来也用完了。

不过，最终他使那块长方形的金属松动了。他把它放在一边，把手伸进孔隙中，本以为指尖可以触摸到成堆的柔软的德国马克。但是，他的手碰到了冰冷而坚硬的东西——更多的铁，这是一个双层保险库。呸。

史密斯飞速上楼，从绳梯蹿向他的房间。然后他打起精神，变回原来的样子，走到前台，向接待员解释说他有急事，必须坐火车去科隆——就现在，圣诞节的凌晨2点。史密斯向接待员保证，他很快就会回来取行李和结账。再见……

没有人再见到史密斯，但这个案件有一个有趣的结尾。在接下来的几十年里，工程师设计出了新的割炬，化学家发现了更多可以使用的爆炸性气体，气体切割技术迅速发展。一些科学家还重新审视了拉瓦锡实验的化学反应，并开发了一种巧妙的快速切割铁的新技巧。

这种技术叫氧气切割，涉及将高压氧气流向热铁的表面。前面已经说过，热铁与氧气在超过一定温度时就会燃烧；也就是说，它们会发生化学反应，释放出热量并发光。但可以用另一种方法思考这个过程。当铁和氧气发生反应时，它们形成各种化合物，称为“铁氧化物”。某些铁氧化物的别名是“铁锈”。那么在某种程度上，生锈和燃烧是类似的活动，在化学上大致相似*。

当然，最大的区别是速度：生锈可能需要几年时间才能把一辆汽车变成骨架。但在超过1 800华氏度时，铁氧化物会迅速形成。更重要的是，铁形成铁氧化物的速度比熔化快很多。因此，如果想把一块钢切成两半，你最好用化学方法使铁沿着切口“生锈”，而不是用物理方法熔化它。这正是氧气切割的原理——它沿着切口加速生锈。这个过程不同于弗莱彻的割炬，因为弗莱彻使用氧气的目的是点燃甲烷；然后甲烷火焰会燃烧一小块铁，这将进一步熔化这块铁附近的铁。至于氧气切割，你仍然是点燃火焰并加热金属。但是，氧气切割的割炬不是等待热量以物理方式熔化铁，而是将独立的氧气流直接导入金属表面。这种额外的氧气会启动快速的化学“锈切”。从某种意义上说，气体本身就像是刀片。

但不可否认的是，熔切（melt cutting）和锈切（rust cutting）之间的区别非常细微，而且20世纪初有不少企业家为了追求利润而欣然忽视了这一区别。你看，氧气切割技术的出现正值世界对摩天大楼和邮轮的需求无法得到满足的时候。谁拥有各种切割技术的专利，谁就可以收取巨额费用。到20世纪第二个十年，几个国家已经因此发生了争执。

有一场争执涉及弗莱彻的老式割炬。一方认为，弗莱彻的割炬只是熔化了铁，就这么简单，所以较新的氧气切割专利技术是有效的。另一方则坚持认为，抛开细微的化学差别，弗莱彻的方法肯定同时涉及熔切和锈切，你无法将两者分开。而且，如果弗莱彻早在19世纪80年代就发明了该方法，那么新的专利就不再适用。不幸的是，弗莱彻已于1903年去世，无法澄清这一问题。

在争执的过程中，有人想起了汉诺威市几乎成功的盗窃事件（这是第一起用割炬抢劫银行的未遂事件）。由于史密斯从保险库墙壁上取下来的板子最终被送进了博物馆，法院传唤工作人员把这块板子送来检查。你可以想象，十几位白头发的法学家拿着放大镜检查它的边缘，寻找铁锈片或熔化的珠子。最后法院裁定，弗莱彻只是熔化了铁，因此锈切的专利仍然有效。就这样，19世纪最大胆、最具科学意识的犯罪之一最终变成了“污点证人”，在20世纪开创了新的判例。

不过，在某种程度上，这个结果是合适的。史密斯在这次犯罪中的主要伙伴——氧气，数十亿年来一直在创造新的化学先例：没有其他物质能够像它这样扩大地球上发生的反应范围，无论是在大气中，还是在生物体内。既然我们已经了解了氧气煽动反应的力量，现在是时候探索这种化学物质从何而来，以及它如何彻底地改变我们的星球了。

第三章

氧气的诅咒和祝福

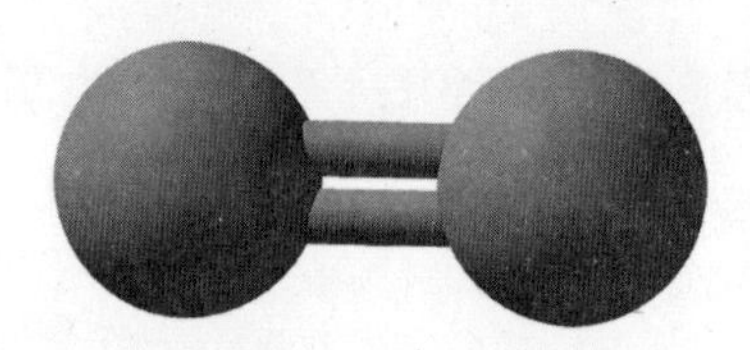

氧气（O_2）——目前占空气的21%（在空气中的含量为210 000ppm），你每次呼吸会吸入大约2×10^{21}个分子

1791年，伯明翰的暴徒烧毁了约瑟夫·普里斯特利供职的教堂，然后骂骂咧咧地前往他的家，准备把他活活烧死。你可以想象，在得知他已经逃走后，他们有多么失望。但是，来都来了，这些暴徒兴奋地砸坏他的家具，毁掉他的化学“实验室”。另外，他们还在草坪上焚烧了一尊戴着白色假发的普里斯特利雕像，然后将其斩首。与此同时，真正的普里斯特利在附近山上的一处避难所看着“自己”被杀死——作为氧气的共同发现者，他是当时活着的人里面为数不多的能解释为什么火焰如此明亮的人。

几年后，在法国大革命期间，普里斯特利最大的对手发现自己也成了暴民正义的受害者。10年前，安托万-洛朗·拉瓦锡阐明了火、氧气和呼吸之间的联系，宣称呼吸是发生在肺部的缓慢而克制的燃烧。这是史上最重要的化学发现之一。但拉瓦锡也是个不折不扣的贵族：他为法国国王征税，曾经花了相当于28万美元的钱买了一幅他与妻子和他的化学设备的肖像画。[1]尽管对氧气有深刻的见解，但他对人缺乏同等的洞察力。特别是，他从来没有意识到被压迫者心中的反叛之火可以燃烧得多么炽热，为此他被送上了断头台。

氧和氮是元素周期表上的邻居，这两种元素在空气中形成双原子气体。但是，如果说几十亿年前氮气的积累带来了最有益的3号大气层，那么氧气的到来则开启了更具爆炸性的4号大气层。氮气几乎不反应，甚至到了昏睡的程度；而氧气是易变的、狂躁的，在几乎所有化学反应中都是疯子。事实上，它毒害了很多种形式的生命，造成了地球上的生命曾面临的最大危机，也就是20亿年前所谓的"氧化灾变"。

但不知何故，生命扭转了这种危险，以前的"毒药"现在变成了必需品。虽然听起来很老套，但这种逆转总是让我想起老生常谈的那句话：中文里的"危机"一词由两个字组成，一个字代表"危险"，另一个字代表"机会"。汉学家否认了这种说法，但这个观点是成立的：氧气很容易在细胞内引爆，所以它摧毁了早期生命；然而，当生命学会了控制氧气，这种反应性就成了它最大的资产。考虑到氧气在整个历史上造成了巨大的破坏，这种元素毁灭了每一个参与发现它的化学家，这种说法是很合理的。氧是元素周期表中的"希望钻石"[2]。

氧气的发现与人类关于空气的最重要的发现紧密相连，即空

1 这里指的是法国画家雅克-路易·大卫的著名肖像画《拉瓦锡夫妇》。本书后文提到的拉瓦锡像即来自这幅画。

2 "希望钻石"是世界上现存最大的一颗蓝钻石，藏于美国自然历史博物馆。传说中这是一颗受诅咒的宝石，会给拥有者带来厄运。

气由几种不同的气体混合而成。在此之前，科学家懒得去区分不同类型的气体:对他们来说，任何烟雾或蒸汽都只是“一种空气”。

最终在17世纪初，一位名叫扬·巴普蒂丝塔·范海尔蒙特的医生和炼金术士纠正了这个错误，他拥有得天独厚的条件。范海尔蒙特和其他炼金术士已经摈弃了古希腊的体系，该体系将气、土、火、水定义为四种原始元素（不能进一步分解的物质）。特别是，炼金术士宣称土和火并不是真正的元素：土是大杂烩式的物质；火更像是一个事件，而非一种物质。一系列的实验让范海尔蒙特也对气产生了怀疑。他注意到，加热不同的物质（木头、煤炭、矿物）会产生与空气性质不同的烟雾；例如，有些烟雾不支持燃烧。同样，他注意到了从矿井、潮湿的地窖和人们打嗝时的腹部散发出来的明显的气体。最后，范海尔蒙特创造了“gas”（气体）一词来形容这种混合物，这个词源自希腊语中的“chaos”（混沌）。

考虑到气体分子的无拘无束,“混沌”这个词源确实很适合它；但范海尔蒙特有点儿用力过猛了，他开始把气体形容成“不可征服的野性精神”。他甚至把气体和灵魂等同起来，并宣称科学家永远无法将气体限制在地球上的任何容器中。（范·海尔蒙特显然不会游泳，或者至少从未在水下憋过气。）后来的科学家抹去了范海尔蒙特的形而上学，但保留了他的好想法——空气（air）和气体（gas）是不同的东西，空气是一种物质，气体是物质的一种状态。

17世纪中期，爱尔兰科学家罗伯特·波义耳通过研究空气的物理、化学和生物学性质，迈出了空气研究的重要一步。以物理性质为例，波义耳探索了空气的弹性——他可以轻易地压扁空气。他最终确定，如果压缩一种气体的体积，它的压强就会上升。（反过来也成立：气体体积膨胀，压强就会减小。）至于化学性质，波义耳注意到，放在钟罩下的火焰熄灭了，仿佛它们需要空气的滋养。在生物学方面，波义耳开创了一个漫长而不太光彩的传统，即科学家把动物（云雀、老鼠、猫、蛇、干酪蛆）放在钟罩下面，记录它们窒息的时间。

波义耳主要用牛膀胱来收集和研究气体，但他之后的科学家发现，将气体倒入装有水或水银的桶中，然后用倒置的烧瓶收集气体，效果会好得多。有了这些新工具和新技术，18世纪一位名叫约瑟夫·布莱克的苏格兰医生在气体研究方面取得了飞速的进展。

在这些连篇累牍的介绍中，布莱克似乎是比其他科学家都更加有趣的人。他与亚当·斯密、大卫·休谟都来自爱丁堡著名的“扑克俱乐部”，这是一群在大木桶旁边喝着红葡萄酒和雪莉酒的“文学野蛮人”。布莱克还发表生动的公开演讲。他用粗糙的气球收集较轻的气体，让它们飘到天花板上；观众惊呼，一定有看不见的线。然后，他在容器中收集较重的气体，把这些看不见的气体“倒”在蜡烛上，熄灭火焰。

1754年，布莱克发现了这种熄灭蜡烛的气体——二氧化碳。这是第一种被分离出来的纯气体。1764年，在一个讽刺性的实验中，他首次确定人类呼出二氧化碳。一个冬天的清晨，布莱克爬上当地一间教堂的房梁，在上面放了一杯澄清的石灰水。澄清的石灰水在接触二氧化碳时会产生乳白色的沉淀物。10个小时的礼拜结束后（苏格兰人很重视宗教），布莱克偷偷回到那里，发现牧师的夸夸其谈确实使液体变白了。

布莱克的两个学生也对气体理论做出了重要贡献。1772年，23岁的丹尼尔·卢瑟福（沃尔特·司各特爵士[1]的舅舅）从一个

1　沃尔特·司各特爵士，英国小说家、诗人，浪漫主义的代表人物之一，对欧美文学的发展产生了重大影响。

装有空气的封闭容器里抽出所有的反应性气体，首先在容器内引燃火焰，然后让剩下的气体通入熟石灰，直到只剩下不反应的气体。今天我们把这种气体称为“氮气”。但由于它杀死了困在钟罩下的所有老鼠，卢瑟福称之为“有毒空气”。（多年来，氮气还被称为“腐烂空气”“烧焦空气”“腐败空气”。这不是一种受欢迎的气体。）

布莱克的另一个学生亨利·卡文迪什做出了更大的贡献。卡文迪什一生中在英格兰银行的存款比其他同时代的任何英国人都要多。除了参加皇家学会的会议，他没有任何朋友或社交。即便去了皇家学会，如果有人想跟他说话，他就会像鹿一样逃开；他通过便签与佣人沟通。1810年，临死之时，卡文迪什把其他人赶出房间，以便心无旁骛地记录这一过程。现在回想起来，卡文迪什大概率患有自闭症或相关精神障碍，但无论如何，英国也没有几个比他更出色的人了。他从来没有离开伦敦的豪宅，但他只用了4个铅球和几根石英丝就测量了地球的密度（从而也测量了地球的质量）。1766年，他还通过酸和金属的反应发现了氢气。卡文迪什称氢气为“易燃空气”，因为当它暴露在空气中，火焰就会熊熊燃烧。

除了分离氢气，卡文迪什还有一个重要的发现。有一天，他把氢气和普通空气混合在一个玻璃容器中，并用一种新型的（无疑是非常昂贵的）发电机点燃这种混合物。后来，玻璃杯底部形成了一些“露珠”。这些露珠与最开始的实验毫无关系，但卡文迪什和历史上伟大的科学家一样，坚持不懈地探究这种异常现象。他非常惊讶地发现这些露珠就是水。由于当时还不存在现代化学理论，卡文迪什不可能理解这里的所有细节。但他确实明白了，两种气体（而且是两种易燃气体，空气和氢气）结合形成了液态水。这是与火焰几乎相反的过程。

即使在今天，你也很难理解这一点；而在当时，这让人完全摸不着头脑。从更广泛的意义上说，这个实验消解了古希腊最后的古典元素。土和火的基础性质在几个世纪前就已经被揭穿。而气的身份一直维持到17世纪中期关于气体的正式实验。到目前为止，水还没有暴露；但几滴露珠和敏锐的实验眼光，已经撕下了它的化合物面纱。卡文迪什最终推翻了一个统治了自然科学2 000年的体系。现在必须有能够取代该体系的东西。由于关系到声望，科学家之间的竞争变得非常激烈，足以烧毁所有参与的人。

虽然氧是空气中最重要的元素，但没有人知道它的存在，直到18世纪70年代初，一位名叫卡尔·舍勒的瑞典药剂师开始焙烧各种矿物，并收集释放出的气体。由于蜡烛在这些气体中燃烧得非常明亮，他把这种气体称为“火空气”（现在已知是氧气）。舍勒还发现，在钟罩内呼吸这种气体的动物能活得更久。相比于其他气体带来的副作用，这是一个令人耳目一新的变化。

不知道为什么，舍勒把他的研究结果搁置了多年，然后选择了一个懒散、狡诈的印刷商，拖延了好几年才出版。他最终在1777年发表了他的研究，而几年前，其他两位科学家已经提出了关于氧气的主张。不幸的是，由于两个坏习惯，舍勒在接下来的10年里无法捍卫自己的优先权：他在不通风的房间里工作；他品尝自己合成的每一种化学品，连氰化汞也不例外。（这有点像用放射性子弹射自己——会死很多次。）毫不奇怪，舍勒在44岁时就去世了，无人知晓、无人纪念，这是被氧气诅咒的第一个受害者。

化学家约瑟夫·普里斯特利，氧气的共同发现者，“普里斯特利暴动”的起源

在历史上，发现氧气的功劳大多归于一位名叫约瑟夫·普里斯特利的牧师和煽动者。普里斯特利是家中6个孩子中的长子，他的母亲在他6岁时就去世了。（如果你忽略了这道数学题的话，这意味着她在6年内生了6个孩子。）之后，普里斯特利和他的姑姑生活在一起，他的姑姑属于新教的一个自由主义派别，她引导有才华的侄子做牧师工作。让她永远后悔的是，普里斯特利在成为牧师后不久就变得很激进，甚至质疑基督的神性。他很快就在全英国声名狼藉，漫画家热衷于讽刺他。有人把他画成啄木鸟，嘲笑他的喙鼻和口吃；有人在他头上画牛角，称他为“撒旦”。因此，普里斯特利和其家人在他的职业生涯中辗转于不同的教区。他在信仰上总是很可靠，在财务上却截然相反。

普里斯特利开始涉足科学有几个原因。首先是好奇心——他想了解上帝的造物。其次是友谊，科学家并没有因为他的非正统神学而回避他。他甚至结交了本杰明·富兰克林，后者激发了普里斯特利最开始对电的科学兴趣。（1769年，普里斯特利在写一本关于电的书，他决定自己画示意图，但要十分辛苦才能把它们画对。纸在当时是很昂贵的东西，他舍不得扔掉，就想办法把铅笔写上的字从纸上擦掉。最终，他偶然发现了印度橡胶——这是最早的橡皮擦。）

信不信由你，普里斯特利进入科学领域也是为了赚钱。为了辅导学生，他买了一些数学书和地球仪，然后尝试了科学写作这一需要勇气的职业。奇怪的是，科学写作被证明花销十分高昂：研究所需的书花了一大笔钱。因此，他找到了一种更便宜的方法——自己做实验并记录。（这可真让今天的科学家羡慕，设备和实验品竟比书还便宜。）

在1767年转到利兹的一个教区后，普里斯特利发现了自己的科学热情——研究“空气”。他当时正好搬到一家啤酒厂的隔壁，啤酒桶里冒出的气体（二氧化碳）让他着迷。在一次实验中，他把一些乙醚洒进一个大桶，破坏了整批啤酒，最终他被禁止进入啤酒厂。（教堂会众也不喜欢他把所有时间都花在那里。）很快，普里斯特利就把他的研究转移到了他所谓的“实验室”。

作为一个贫穷的牧师，普里斯特利不得不用日常设备做这些实验*。他在一个炮筒里加热物质，这就是当时的试管——一个不会破裂的坚固容器。为了收集释放出的气体，他会在炮口上插一个烟斗，把蒸汽输送到洗衣女工的盆或烧水壶里。他会用一个瓶子收集从水里冒出来的气体，然后释放到被困在啤酒杯下面的老鼠身上。万一出了差错，恶臭的烟雾就会淹没他的房子，让他的家人四散奔逃。但科学界永远感谢他的妻子和孩子表现出的宽容：在1770年之前，科学家只知道两种纯气体——二氧化碳和氢气。在接下来的几十年，仅普里斯特利就发现了9种新的气体，包括氨气、二氧化硫和一氧化二氮（笑气）。

在利兹工作一段时间后，普里斯特利找到了一位赞助人来支持他的科学研究，即谢尔本伯爵威廉·佩蒂。1774年8月，他做了一个最终使他成名的实验。那个场景一定很漂亮。普里斯特利用一个12英寸的透镜，把一些（罕见的）英国阳光聚焦在一个玻璃罐上；罐子里放着一小堆红色粉末（氧化汞，HgO）。当太阳光加热红色粉末时，罐底涌出了液态汞，逐渐生长，变成了微小的水银球。与此同时，一种透明的气体从红色粉末中蒸腾而上，在空气里摇摆——氧气。

人们有时候并不确定普里斯特利对这种气体有何理解，但他肯定不认为自己发现了一种新元素。相反，他用一种古老的科学理论来描述氧气，这种理论被称为“燃素”。现在，撇开这个滑稽的名字不谈，燃素实际上是科学史上一段迷人的插曲：这个理论虽然是错误的，却将科学推向了创新。但我不打算跑题去写个30页，我只想提及这个故事中两个突出的事实。第一，科学家认为燃素是一种看不见但实际存在的物质，会随着燃烧释放到空气中；第二，普里斯特利比大多数科学家更笃信燃素，他用燃素解释自己所有的发现——包括氧气，他把氧气称为“脱燃素空气”。（不要追问。）

和舍勒一样，普里斯特利发现蜡烛在“脱燃素空气”中燃烧得很明亮。他还很欣喜地看到，这种气体不会使老鼠窒息。事实上，老鼠显得很开心，所以普里斯特利决定亲自吸几口这种气体；结果表明它正如他预期的那样迷人。“我感觉我的胸部特别轻松自在，”他报告说，“假以时日，这种纯净的空气可能会成为一种时髦的奢侈品。”（想想看，仅仅两个世纪后，迈克尔·杰克逊就睡在高压氧舱里了。）抛开幻想不谈，这些实验的确揭示了燃烧和呼吸之间的更深层次的联系，因为这种新气体对这两个过程都有促进作用。

与舍勒不同的是，普里斯特利从不吝惜时间宣传他的工作。

因此，1774年10月，也就是第一次氧气实验后几个月，谢尔本伯爵为他支付去巴黎的旅费，普里斯特利与法国科学院的几位学者共进晚餐，公开了他所知道的一切。在他充满错误的一生中，这是他犯过的最大错误。

历史并没有记录他们的菜单，但考虑到当时的背景（革命前巴黎的堕落、法国最富有的夫妇的宅邸），我们可以想象这场盛宴：松露烤鸭、香槟酱火腿、榅桲、糖果及奶油。不过，对于安托万-洛朗·拉瓦锡和他的妻子安妮-玛丽来说，当晚的菜肴只能排在第二位。他们聚精会神地听着他们的客人约瑟夫·普里斯特利滔滔不绝地讲述他从一种红色粉末中释放出了一种强大的新气体。

化学家安托万-洛朗·拉瓦锡，他革新了自己的领域，却在法国大革命期间被处决

狡猾的拉瓦锡没有提到他在1个月前做过类似的实验。他当时没有注意到任何逸出的气体，但普里斯特利一离开巴黎，拉瓦锡就被这种气体迷住了，以至于他试图把这项发现据为己有。拉瓦锡和普里斯特利在晚餐上成为朋友，但氧气很快使他们成为敌人。

在这场竞争中，拉瓦锡有一个巨大的优势——钱。他出身富贵，与安妮-玛丽的婚姻使他拥有了更多的财富，而在购买了总包税所的一半股份之后，他变得更加富有。总包税所是一家为国王征税的私人公司，每一年国王的顾问都会告诉总包税所，政府希望从大麦和烟草等商品中获得多少收入。然后，总包税所向法国各地的农民和烟草商勒索钱财，并将超收的部分作为盈利。总包税所管辖着成千上万种商品，它的成员甚至不需要滥用职权：这个制度的设计就是为了让他们令人讨厌地变得富有。这是拉瓦锡做过的最好的投资，他赚了相当于500万美元；但这也是他做过的最糟糕的投资，因为他为此付出了生命。

拉瓦锡用来燃烧钻石的巨大透镜

1772年，拉瓦锡29岁，他开始把大部分财富投入科学领域。他最出名的实验是用阳光燃烧钻石——他将一个巨大的透镜安装在一个带轮子的平台上，完成了这一壮举。这台设备看起来像望远镜与攻城车杂交的后代。虽然很浪费（除了旧政权的贵族，谁会去烧钻石呢？），但这个实验的确显示了阳光的巨大威力。（下次你忍不住要盯着太阳看的时候，就想想这个实验吧。）这也让他开始思考物质的基本性质：在燃烧的时候，钻石是消失了，还是转化成一种不同的状态？

同一年，拉瓦锡偶然得知了比他大10岁的普里斯特利的研究。几年前，普里斯特利发明了碳酸水，方法是让二氧化碳气泡通过水。法国海军认为这种汽水可以治疗坏血病，他们请拉瓦锡进行调查。*最终拉瓦锡发现这个理论并不成立，但拉瓦锡对普里斯特利产生了深刻的印象。不知是不是巧合，他在不久之后也开始研究气体。

拉瓦锡与他的妻子合作进行这项研究。安妮-玛丽在很小的时候就失去了母亲，她在修道院里长大，这是当时为数不多的能让女孩接受教育的地方。她离开修道院后嫁给了拉瓦锡，尽管他们年龄相差较大（她13岁，他28岁），拉瓦锡在很大程度上把妻子视为一个与他智力平等的人。特别是，由于她会说多国语言，拉瓦锡让她把一些关于燃素的论文翻译成法语。在这个过程中，安妮-玛丽强调了燃素理论的矛盾之处，拉瓦锡也察觉到了疑点。

1772年11月，他偶然想到了有力的证据。作为一种实际存在的物质，燃素应该是有重量的。当木材和蜡烛燃烧时（据说是失去了燃素），它们确实减轻了重量。但当拉瓦锡用巨大的透镜燃烧金属时，它们的重量却增加了，这说不通。对于这一反常现象，一些化学家的解释是，燃素有时具有“负重量”；但大多数科学家认为这听起来非常愚蠢。尽管如此，这个矛盾并不能推翻燃素理论，因为没有人能更好地解释事物为何燃烧——直到拉瓦锡在晚餐时听到普里斯特利的胡言乱语。

拉瓦锡怀疑普里斯特利在不知不觉中释放出了一种新的气体，于是他回到实验室进行研究。（奇怪的是，这间位于巴黎兵工厂的实验室有一个观众席；有时候确实有观众在看拉瓦锡做实验。）拉瓦锡分离出了这种气体，最终将其命名为“氧气”。经过几次实验，他断定氧气比燃素能更准确地解释燃烧的化学过程。也就是说，燃烧总是涉及氧气与某种物质结合，释放出热量并发光。例如，木材和煤炭中的碳元素与氧气结合形成二氧化碳，然后二氧化碳飘走了。氧气以类似的方式联合燃烧的金属中的原子。但与二氧化碳不同的是，金属和氧气的化合物太重了，无法飘走。这解释了为什么金属在燃烧时重量会增加——它们吸收氧气。有了这一见解，燃素就变得多余了，因为拉瓦锡不需要燃素就可以解释燃烧。

拉瓦锡的下一轮实验是关于氧气和呼吸的，他的观众一定觉得更有趣。但他的同事阿尔芒·塞甘大概不会这么觉得。一连几天，拉瓦锡用塔夫绸把塞甘绑成木乃伊，在他身上涂满乳胶，从而把他密封起来。他把一根管子粘在塞甘的嘴上，管子的另一头连接着一瓶氧气。在实际的实验中，塞甘做着不同的任务——静坐、消化一顿大餐、踩脚踏板锻炼——同时拉瓦锡监测他消耗了多少氧气，呼出了多少二氧化碳。这项研究揭示了气体消耗和呼吸之间的明确联系：塞甘越努力，他吸入的氧气就越多，呼出的二氧化碳也越多。同样，不需要用燃素来解释呼吸。

（顺便一提，这些实验为一个古老的难题提供了第一个真正的答案：当你锻炼和减肥时，“减掉的”体重去了哪里？大部分以二氧化碳等气体的形式释放到空气中。这进一步证明你来自气体，且将回归气体。）

拉瓦锡曾将一名同事绑成木乃伊来研究呼吸（图片来源：惠康基金会）

有了这些证据，1775年9月，拉瓦锡在巴黎的一次科学会议上提交了关于氧气的研究结果，这时距离普里斯特利向他提供线索只过了一年。这是一次阿波罗式[1]的表演，充满了事实和优雅的逻辑，对化学领域产生了深远的影响。但在结束之后，拉瓦锡和他的妻子有点调皮地表现出了他们狄俄尼索斯式的一面。首先，他们雇了演员，上演了一场模拟审判，涉及的角色分别是氧气和燃素。（谁是主角，谁是反派，一看便知。）拉瓦锡夫人随后打扮成一名异教徒的女祭司，烧掉了几本关于燃素的教科书，以示驱除。当拉瓦锡夫妇推翻一个理论时，他们做得很有风格。

并非所有人都表示赞许。普里斯特利很生气，因为他觉得拉瓦锡夺取了发现氧气的功劳；关于谁是氧气的真正发现者，这个争论持续至今。毫无疑问，舍勒最先分离和收集氧气，随后普里

1　尼采在《悲剧的诞生》中提出了两种艺术风格：一种是阿波罗式艺术，代表诗歌、预言、美和光明；另一种是狄俄尼索斯式艺术，代表生命力、喜剧、狂喜和醉酒。阿波罗是希腊神话中的太阳神，狄俄尼索斯是希腊神话中的酒神。

斯特利独立地完成了这个过程。同样毫无疑问，在被普里斯特利提醒之前，拉瓦锡从未注意到氧气。一些历史学家认为，讨论到此为止，拉瓦锡应该被排除在外。但另一方面，舍勒和普里斯特利都不理解自己的发现。想象一下，一名化石猎人挖掘出一个头骨，他宣布自己发现了某种古老的灵长类动物；再想象一下，一位古生物学家瞥了一眼，意识到这其实是一个更好的东西：一个灭绝的人类物种，一个全新的人类分支。严格来讲，第一个人发现了头骨，但只有第二个人理解它。相对于普里斯特利和舍勒，拉瓦锡也处于类似的地位。

而且在某种程度上，谁发现了氧气并不重要。相较于关心氧气，拉瓦锡更关心氧气对化学的启示。例如，在他之前的几位化学家曾提出呼吸和燃烧有一些共同点，但只有拉瓦锡确定氧气是支持这两种活动的气体。历史学家也指责拉瓦锡抄袭其他化学家的成果，但这忽略了一个事实，那就是拉瓦锡几乎总是超越他们。和亨利·卡文迪什一样，拉瓦锡曾经在一个容器里点燃氧气和氢气，产生了水一样的露珠。和卡文迪什一样，拉瓦锡也比较了反应前的两种气体的质量和反应后的水的质量，发现它们相等。（拉瓦锡为此设计了一个精确得离谱的天平，其精度为0.000 5克。）但与卡文迪什不同的是，拉瓦锡看到了更广阔的前景。他推断，在任何化学反应中，同样的等式都应该成立：生成物的质量恒等于反应物的质量。在此基础上，他制定了化学的一般规律——质量守恒定律。它说的是，在任何反应中，即便原始物质改变了颜色或形态，或者以奇怪的方式重新组合，反应前后总质量一定、必定、肯定是相同的，即质量是守恒的。

（说来古怪，一些历史学家认为，拉瓦锡在总包税所征税的工作可能启发了他在这里的科学观。要想出质量守恒定律，需要称量大量的反应物和生成物，使所有物质在化学“资产负债表”

上达到平衡。会计以同样的方法追踪借方和贷方——在这两种情况下，钱和原子都不会凭空消失。因此，如果你曾经对化学课上的配平方程式有可怕的记忆，就怪经济学这个沉闷的学科吧。）

这只是拉瓦锡对化学的贡献的开端。他是最早解释一种物质（例如水）在不同的温度下可以表现为固体、液体或气体的化学家。他还提出，所有的物质要么是元素（如氧、碳和铁），要么是元素的组合——这可能是化学最基本的理念。正如19世纪的一位化学家所说："拉瓦锡没有发现新的物体，没有发现新的性质，没有发现未知的自然现象。他的不朽荣耀在于，他给科学注入了一种新的精神。"

拉瓦锡在他的《化学基本论述》（*Traité Élémentaire de Chimie*）中提出了这种新精神，这本书是化学对《自然哲学的数学原理》和《物种起源》的回应。[1]一个奇妙的巧合是，《化学基本论述》在1789年首次亮相，而这一年法国发生了另一场革命。历史学家难以抗拒地指出，拉瓦锡的化学革命迟早也会同样深刻地震撼世界。不幸的是，拉瓦锡没有活到这个时候，无法看到它们的成果。

——◦——

现在空气中的大部分氧气来自光合作用的植物和细菌——科学家非常了解这一点。他们不确定的是，生物最开始为什么会产生氧气，以及这一过程如何将昔日的富氮大气转化为我们今天所呼吸的空气。

最早的生物可能出现在海底火山口附近，并且可能利用那里的硫来驱动新陈代谢。我们把这种生物称为厌氧细菌*，类似的微生物至今仍然存在。（它们也导致了早晨令人不悦的口气。）然

1 达尔文的《物种起源》出版于1859年，实际上晚于拉瓦锡的《化学基本论述》。

而，在大约30亿年前，一种厌氧细菌进化成了蓝细菌，驱动蓝细菌的能量来自阳光，而非海底火山。蓝细菌（又名“蓝藻”）并不是最早把光转化为能量的微生物——这个过程被称为“光合作用”。事实上，当时很可能存在几种吸收阳光的微生物，它们有不同的颜色，可以吸收不同波长的光。（在我的想象中，当时的海滩和潮滩看上去就像罗斯科[1]的画作一样，紫色、绿色和红色交织在一起。）蓝细菌之所以独特，不是因为它可以利用阳光这件事，而是因为它利用阳光剥离了水分子中的电子。我们之前已经看到，电子驱动了化学反应。现在蓝细菌捕获电子是利用地球上最普遍的分子之一，而不是依赖于硫这样的稀缺元素，这大大提升了它们的生产速率。

把阳光转化为有用能量的过程从叶绿素开始，叶绿素是一种绿色分子，它像生物天线一样吸收来自天上的光。在这之后，生物化学就变得有点儿复杂了。但大体上来说，蓝细菌利用阳光分解某些分子，然后创造其他分子来储存能量，以供日后使用。例如，蓝细菌可能将水（H_2O）分解成H和O，然后将其中一些碎片与二氧化碳等分子结合，制成葡萄糖等糖类。

然而，关于光合作用还有一件事需要记住，喜欢化学计算的安托万-洛朗·拉瓦锡会立刻注意到这一点。制造1分子葡萄糖需要6分子二氧化碳和6分子水：$6CO_2 + 6H_2O \longrightarrow C_6H_{12}O_6$。但是请注意，葡萄糖（$C_6H_{12}O_6$）只含有6个氧原子；说得更确切些，最开始有18个氧原子，它只含有其中的6个。质量守恒定律说，原子既不能凭空创造，也不能凭空消失，所以我们可以得出结论，光合作用的副产品一定包括自由氧。事实上，随着蓝细菌开始繁荣并扩散到全球，地球上首次有了自由氧的累积。

自由氧在今天看来似乎没什么问题，但对当时的生物来说却

1　马克·罗斯科，美国画家，他的作品被认为是抽象表现主义的典范。

是有毒的。问题在于，当紫外线照射氧气时，气体会产生变化，形成氧自由基，而氧自由基会破坏DNA和蛋白质，把它们撕成碎片。自由氧也破坏了许多固氮细菌的能力，因为氧会“扯下”固氮酶核心的铁原子。氧气在当时是非常反生命的。

对于这些脆弱的微生物，幸运的是，自由氧一开始很难累积，因为它几乎会与水中和空气中的所有东西发生反应（氮气是一个例外）。尤其是海洋中的氧气会与溶解在海里的铁反应，形成铁锈沉淀。随后，这些小薄片沉至海底，经过几千年的累积，形成了所谓的“条状铁层”——只要那个时代的古海床被抬升到旱地上，世界各地的露出地面的岩石中就会存在这种红色的铁层。世界上90%的铁资源出自这些铁层，而这一切都要归功于微生物。

只要溶解的铁依然存在，氧气污染就是最轻微的。但一年又一年、一世又一世[1]，蓝细菌剥离了海洋中的铁。一旦它们耗尽了铁，事情就变得糟糕了。自由氧开始在海洋中累积，缓慢地扼杀海洋生命。然后它向上冒、侵入大气，相当于尼奥斯湖的致命气体云的微生物版。科学家把几亿年来氧气的累积称为“大氧化事件”[2]，就像创世宇宙的“宇宙大爆炸”和创造月球的“大撞击”，这个名称实际上是一个轻描淡写的纪念碑。生命从未面临过如此严峻的威胁——将其描述为一场“浩劫”也不为过。生命之树的每一根枝丫都濒临灭绝。

这里我们留点悬念，不透露地球上的生命是否挺过来了。我可以说的是，一些微生物开始反击这只气体野兽。有些微生物形成了更坚硬的外膜，完全阻止氧气的进入。有些微生物建立了特殊的内壁，保护固氮酶这样的脆弱分子。还有些微生物什么都不做，反而很幸运：当氧气冲过它们的细胞膜，它们并没有痛苦地

1 “世”是地质学和考古学中的时间单位。按照地质年代的说法，目前人类处于显生宙—新生代—第四纪—全新世。

2 和前文所说的“氧化灾变”是同一事件的不同名称。

死去，相反，它们的细胞机制意识到可以把这种气体开发为能量，将其爆炸性的破坏力转变为生产力。想象一下，几名法国士兵吸入了哈伯毒气攻击中的氯气，然后他们不仅活了下来，而且感觉充满活力——这是有可能的。但这些特殊的细菌（现在被称为“好氧细菌”）不知怎么就成功了。

我们动物都应该感谢好氧细菌，因为没有它就不可能有我们这种多细胞生物。所有动物的细胞都含有一种叫“线粒体”的小东西，它们是这种好氧细菌的后代。正是线粒体使我们的细胞能够利用氧气。事实上，要理解氧气与高级生命之间的联系，线粒体是关键。我的意思是，每个学童都知道动物的生存需要氧气，但我们很少了解动物为什么需要氧气。简单的回答就是，线粒体利用氧气分解葡萄糖等糖类，并从中提取能量。的确，我们的细胞可以在没有氧气的情况下消化一点点葡萄糖。但要真正从葡萄糖中耗尽最后一丝能量（吃干抹净），线粒体必须和氧气一起作用于葡萄糖。没有氧气，我们的能量储备会迅速耗尽，我们会在几秒钟内死亡。

（我还应该指出，植物也会呼吸氧气——尽管你可能还记得小学的知识。一般情况是，植物吸入二氧化碳并释放氧气，动物吸入氧气并释放二氧化碳。这句话本身是对的，因为植物在制造糖类时确实会排出氧气。但制造糖只是植物功能的一部分。它们还会生长、繁殖和摆脱捕食者，这些事情需要消耗氧气，它们通过表皮上的毛孔“吸入”氧气*。植物甚至利用和人类一样的线粒体来处理细胞中的氧气。）

除了使生命之树变异，氧气还改造了地球表面。一旦空气中积累了足够的自由氧，它就开始攻击甲烷等温室气体，把它从循环中清除。这反过来破坏了地球的恒温器，导致地表温度骤降——以至于我们可能进入了“雪球地球”期，赤道附近甚至也形成了冰川。同时，氧气也美化了地球。今天地球上大约有4 500种矿物，其中2/3只能在有氧气的情况下形成，包括一些珍贵的宝石，比如绿松石、蓝铜矿和孔雀石——没有氧气就没有这些珠宝。出于同样的原因，几种已知的矿物只能在无氧条件下形成，这意味着氧气基本上使这些古老的矿物灭绝了。如此说来，岩石可以像物种一样传播、进化和灭绝，这都取决于它们“呼吸”的气体。传奇的生物学家卡尔·林奈发明了科学家命名植物和动物的双名命名法（如智人：Homo sapiens；霸王龙：Tyrannosaurus rex），但实际上，他最初的框架包括了矿物。后来的生物学家故意回避了矿物，认为它们无关紧要，但氧气的力量足以唤醒岩石的“生命”。

现在氧气占地球空气的21%，其中大约一半来自植物，另一半来自微生物。但不同于空气中的另一种主要气体氮气，氧气并不是在几千年的时间里稳定累积的。它喷涌而出。氧气的第一次迸发是在大约23亿年前，当时海洋中的铁被消耗完了。在接下来的几亿年里，空气中的氧气浓度从万亿分之一跃升到五百分之一，几乎是10个数量级。为方便你理解：哈伯的氯气在浓度为百万分之一时就可以杀死人类，而当氧气浓度上升到五百分之一时，不呼吸氧气的生物则会有生命危险。

大约在18亿年前，氧气含量稳定了一段时间，这主要是因为陆地上的矿物吸收了氧气。也许并非巧合，生命似乎也在这段时间故步自封，不再进化。（地质学家有时将这一时期称为“无聊的10亿年”。）但是，大约6亿年前，陆地上的矿物变得饱和，氧气浓度开始再次上升，化石记录中也开始出现第一批复杂的植物和动物——能够奔跑、战斗、狩猎、交配和杀戮的生物。

在此后的几亿年，氧气含量发生了剧烈的变化，低至15%，高达35%。这又产生了几个不寻常的影响。在高点，最轻微的火花或灰烬都会燃烧，毁掉附近的一切。在低点，即使火山和雷击也很难点燃附近的任何东西。事实上，我们在化石记录中没有看到火的证据，直到几亿年前出现了第一批黑炭的迹象。这也标志着历史上的第一个时间旅行节点：时间旅行者可以在他的时间机器外走动，而不会感觉气喘吁吁。（当氧气含量低于17%时，我们的思维就会模糊不清，行动也会有困难。）

当氧气含量较高时，所有动物中受益最多的可能是虫子。由于没有肺，大多数昆虫、特别是小昆虫，不能真正吸入氧气；氧气是通过昆虫外骨骼上的孔被动地扩散到它们的细胞中。这种机制效果很好，除非昆虫长得太大。这是几何学的问题：表面积的增长比体积的增长慢，在某一时刻，体表的小孔无法吸入足够的氧气。这揭示了为什么现在的大多数昆虫都很小——免得窒息。可是，在氧气含量为35%的辉煌岁月，这种限制不重要。如果我们的那位时空旅行的朋友在3亿年前踏出虫洞，她会见到近1米长的千足虫、海鸥大小的蜻蜓以及轮胎那么大的蜘蛛。它们是虫子中的巨无霸，这多亏了氧气。

在目前的氧气含量下，一个人每4秒就需要呼吸一次，每天大约呼吸20 000次。这意味着我们每个人每24小时要消耗10^{24}个氧气分子。地球上有70亿人，还有无数需要氧气的生物，你可以看到我们这些动物有多贪婪。如果地球上所有的植物和制造氧气的细菌明天都消失了，人类和其他动物可能会在1 000年内窒息而死——相比于地球上智能生命进化的时间，灭绝的时间不到百万分之一。

谢天谢地，植物和蓝细菌每天都会补充我们的氧气预算。的确，如果你观察一下不同生命形式之间的合作与让步，会发现一切都是完美的平衡。再说一遍，植物通常吸收二氧化碳和水，制造糖类和氧气；动物通常消耗糖类和氧气，产生二氧化碳和水。阴与阳，正与反，这都是完美的平衡。即使是拉瓦锡这样对“化学会计”十分着迷的人，也挑不出任何毛病。在物理学中，你会听到很多关于对称性和自然深处之美的讨论，它们都是真的。但在我看来，O_2和CO_2的对称性更具启发，因为它的演化需要很长时间，同时它又有很多活动部件，所以本来有很多种出错的方式，但它完全没有出错。橡树、天堂鸟和蓝细菌，我们和它们走在一起。

很难不同情约瑟夫·普里斯特利：拉瓦锡已经拥有了很高的权势和地位，他继续偷窃自己的实验成果，大肆宣扬关于氧气的发现。最糟糕的是，拉瓦锡还厚颜无耻地歪曲普里斯特利的发现，用氧气推翻他所钟爱的燃素理论。真正糟糕的是，拉瓦锡成功了。普里斯特利发现自己的盟友每年都在减少，而忠于拉瓦锡的队伍却越来越庞大。

然而，比起他的科学荣誉，普里斯特利很快就有了更严重的事情需要担心。虽然全英国人都知道他是“燃素博士”，但他一直认为自己首先是个牧师。1780年，他在伯明翰找到了相当不错的临时神职工作。他后来说，在那里，他度过了一生最快乐的时光。他吸引了一群富裕的会众；他发现了更多的新气体；他结交了詹姆斯·瓦特和伊拉斯谟·达尔文，并加入了他们的著名沙龙——月光社（Lunar Society）；他甚至通过制造和销售科学设备赚了一笔钱。

可是在伯明翰，并不是每个人都欢迎他。在整个18世纪，这座城市经历了骚乱，这里的民众被称为“赤贫的、无耻的、卑鄙的、无赖的、庸碌的、愚蠢的伯明翰暴徒”。没过多久，他们就盯上了这位新来的牧师。普里斯特利写过几本令他声名狼藉的书，包括标题直白的《基督教腐败史》（*History of the*

Corruptions of Christianity）。他还公开为法国大革命欢呼，而那些典型的伯明翰傻瓜却把法国大革命与教会和国王的破灭联系起来（并非毫无道理）。（他们并不是唯一鄙视法国大革命的人。政治家埃德蒙·伯克在寻找一个巧妙的比喻时，曾将危险的巴黎暴民比作"野蛮的气体"——引用了范海尔蒙特把气体视为纯粹混乱的观点。）

普里斯特利在伯明翰的90位朋友对这种情绪嗤之以鼻，他们计划于1791年7月14日在当地一家酒店举办豪华晚宴，庆祝攻占巴士底狱两周年。这是个坏主意。他们大快朵颐，举杯致敬所有能想到的激进观念——"法国的爱国者""人的权利""美国的自由战士"，这时300个暴徒和底层人士聚集在外面；街头公告员摇着铃铛跑来跑去。晚宴不得不结束，暴民向客人投掷石块，砸碎了酒店的窗户。然后他们前往普里斯特利供职的教堂，拆掉教堂

约瑟夫·普里斯特利的房子在普里斯特利暴动中被毁

的长凳，把教堂烧成灰烬。愤怒仍未平息，他们又走了1英里来到普里斯特利的家，想把他活活烧死。

普里斯特利一反常态地谨慎，没有去参加晚宴。事实上，当他听到逼近的怒吼声时，他正在玩双陆棋。朋友们赶来把他拉走了，他在附近的山上看着自己的房子被毁掉，自己的雕像被焚烧，他离得非常近，甚至能听到一个暴民在喊：“我们把普里斯特利假发里的粉抖下来！”在接下来的三天，这些人又毁掉了20多所房屋，烧毁了4间教堂；伯明翰的大部分地区只剩下木材和涂鸦。

搬到伦敦后，普里斯特利向政府申请赔偿，因为政府一直袖手旁观，也没有采取任何措施镇压暴民，但王室没有表现出多少同情。乔治三世宣称：“普里斯特利是受害于他和他的党派所灌输的教义，我不禁感到更高兴。”与此同时，普里斯特利试图与伦敦皇家学会的老朋友取得联系，发现别人都有意回避他，这让他很受伤。（科学界的友谊也不过如此。）法院最终判给他2 500英镑的赔偿金，比他要求的少了1 500英镑，主要涉及科学设备的损失费，他非常重视这些设备，法院却认为它们一文不值。

由于在英国已经一无所有，1794年4月，61岁的普里斯特利启程前往美国。他的3个儿子都已经移民到那里，他们向他保证，宗教自由的传说是真的。虽然宾夕法尼亚大学（由他的老朋友本杰明·富兰克林资助）慷慨地提供了教授化学的机会，普里斯特利还是选择定居在宾夕法尼亚中部诺森伯兰县的乡村。抵达美国后，他再也没有戴过扑粉假发，决心把旧世界和它的麻烦抛在脑后。

然而，麻烦却从大西洋彼岸向他袭来，一个同在美国的旧政敌（笔名为“彼得·波库派恩”）开始在宾夕法尼亚州散发诋毁他的小册子，破坏他在新邻居中的声誉。普里斯特利还陷入了一场家庭丑闻，他的儿子威廉被指控毒害了几名仆人，其中包括两个年轻女孩。（此案一直悬而未决。）在混乱中，“燃素博士”继续做实验。他在这片土地上发现了最后一种气体——一氧化碳。当他最终于1804年去世时，托马斯·杰斐逊总统称赞他是“人类为数不多的珍贵头脑之一”。

拉瓦锡的结局更为恐怖。在法国大革命期间，雅各宾派夺取了法国的政权，并在1790年废除了总包税所。拉瓦锡突然失业了，便把注意力转向科学研究，比如开发新兴的公制系统。但征税的污点并没有洗刷掉，人们开始发牢骚。后来，有影响力的激进分子让-保罗·马拉利用拉瓦锡的科学技能来对付他。几年前，为了帮助总包税所征税，拉瓦锡提议在巴黎周围建一堵墙，设置收费站来控制进出的人流。一位现代历史学家将这个想法比作“40个最富有的美国人在纽约市筑起围墙，用纳税人的钱建造豪华的收费站，供国税局使用”。总包税所当然很喜欢这个想法，他们一边征收过路税，一边吸引着所有“无套裤汉”[1]的永久仇恨:多年后，愤怒的民众甚至在攻占巴士底狱之前，就已经开始攻击和烧毁这些讨厌的大门。马拉更进一步，谴责拉瓦锡建造城门是为了阻止空气进入巴黎——仿佛拉瓦锡可以控制人们呼吸的氧气。从科学上讲，这是十分荒谬的想法，但作为宣传则非常有力。

尽管被人痛恨，但拉瓦锡仍然是自由人，直到1793年雅各宾派终于下令逮捕他和其他27个总包税所的“水蛭”和“吸血鬼”。拉瓦锡在卢浮宫里藏了几天，然后在平安夜自首。他进的第一个监狱其实是很舒服的；他和他的狱友喝着葡萄酒，吃着梨，玩着

1 无套裤汉（Sans-culottes，意即没有裙裤或短裤）指18世纪法国的底层阶级。

双陆棋。在这个阶段，总包税所的许多成员仍然抱着希望：拉瓦锡安慰自己说，即使失去了财富，他也可以成为一名药剂师，这是他最喜欢的职业。但是，当这些囚犯被转移到更肮脏的牢房时——这可能是他们有生以来第一次接触老鼠和跳蚤——他们才意识到情况有多么糟糕。出于对自己命运的怀疑，总包税所的一些成员找来了致命剂量的鸦片，但拉瓦锡劝他们不要自杀。

审判从1794年5月8日上午10点开始。3名法官都穿着黑色长袍，打着白色领带，戴着饰有羽毛的帽子；他们面前还摆着一瓶葡萄酒，仿佛这是一桩文明事件。进门时，囚犯的个人物品都被拿走了——拉瓦锡的一把小金钥匙也被没收。法官第一次详细说明了对他们的具体指控：操纵利率，稀释烟草，贪污1.3亿里弗尔（相当于今天的50亿美元）。最糟糕的是，政府指控总包税所阴谋对抗法国人民，这是一项死罪。在拉瓦锡看来，这些指控都站不住脚——这就像是氧气和燃素之间的模拟审判的重演。但法庭不接受这种逻辑，法官判处所有28名被告上断头台。

当天，死刑犯坐着大车前往断头台，骑马的士兵从嘲讽的人群中挤出一条路。下午5点左右，28名死刑犯双手绑在背后登上了断头台，挨个跪在刀口前。拉瓦锡排在第四。一位朋友悲伤地说："他们一眨眼就砍下了那颗脑袋，但100年内再也找不出第二个了。"约瑟夫·普里斯特利当时在大西洋的另一边，过了几个月才听到这个消息。他一定会想，他挚爱的法国大革命不仅毁掉了自己的生活，而且终结了他的最伟大的科学对手。

在拉瓦锡死后的几年，出现了几则关于他最后时刻的传说。其中一种说法是，在被判处死刑后，拉瓦锡请求缓期执行，以便完成一些科学工作。据称，法官驳回了他的请求，并宣称，"共和国不需要科学家"。这从未发生过，尽管有些人的确这么想。

当卡尔·博施请求希特勒放过几名犹太科学家时，希特勒也表达了同样的看法。

更著名的传说涉及拉瓦锡的最后时刻。据说，在排队上断头台的某个时候，拉瓦锡让一位同事尽可能地靠近断头台，帮他做最后一个实验。可能与你的想象相反，断头台不会立即杀死你；头颅在被切断后还可以存活几秒钟。显而易见，没有人试验过究竟能活多久，而拉瓦锡认为自己的死提供了很好的试验机会。所以他告诉助手，一旦感觉到刀刃挨着脖子，他就会开始一直眨眼，直到体内的氧气供应不足，失去意识。助手所要做的，就是忽视那些血迹、围观的民众和内心的厌恶，保持计数。有人说拉瓦锡偷偷眨眼了13次，也有人说是15次。

人头落地的速度非常快——所有28个人都在35分钟内死亡——这个故事很可能是假的。但作为一个迷思，它仍然具有很大的力量：它向我们展示了一位科学家如何献身于自己的职业，哪怕他已经死了。它激动人心的程度，无异于苏格拉底在饮下毒堇汁时仍在研究哲学。的确，如果这真的发生了，那将是拉瓦锡一生中最伟大的实验——完全原创，适合观众，只涉及他惊人的头脑和心爱的氧气。

插曲：比狄更斯更火热

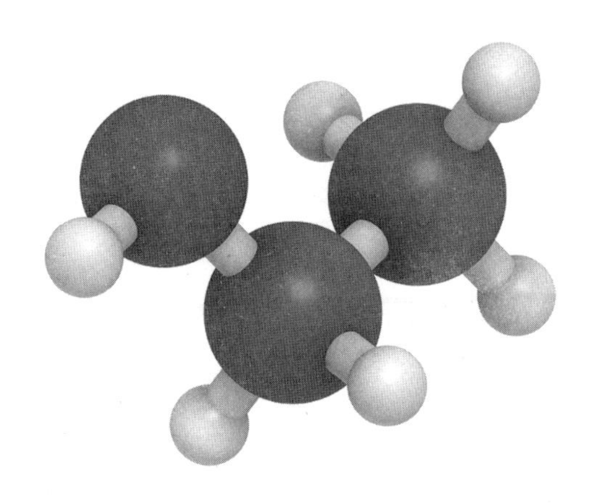

乙醇（C_2H_5OH）——目前空气中的含量0.000 05ppm，你每次呼吸会吸入6 000亿个分子

他们首先注意到的是气味，仿佛有人在煎不新鲜的羊排。两个男人坐在伦敦市中心的公寓里，不安地谈论着他们与楼下的老酒鬼克鲁克先生约好的午夜会面。但不祥的征兆一直打断他们。黑色的煤烟像魔鬼的头皮屑一样在房间里旋转，弄脏了一个人的袖子。另一个男人靠在窗台边，他的手上也沾着黄色的油渍。还有那个气味！他们每多等1分钟，腐肉的气味就会变得更加浓烈。

终于到了午夜，他们走下楼梯。克鲁克先生的商店里堆满了破布、瓶子、骨头等垃圾，即使在白天路过的时候也很不舒服。今晚他们察觉到了某种邪恶的东西。克鲁克先生的卧室靠近商店的后面，一只黑猫从里面跳出来，发出嘶嘶的叫声。卧室的墙壁和天花板上沾满了油污，仿佛是涂上去的。克鲁克的外套和帽子放在椅子上；桌子上还有一瓶杜松子酒。但唯一有生命迹象的是那只嘶嘶叫的猫。他们拎着灯笼，四处寻找克鲁克。

他们终于在地板上发现了一堆灰烬。他们呆呆地盯了一会儿，然后转身就跑。他们冲到街上，大喊："救命啊，救命啊！"但为时已晚。老克鲁克已经死了，死于自燃。

1852年12月，当查尔斯·狄更斯发表这一幕时——节选自他的小说《荒凉山庄》——大多数读者直接相信了。毕竟狄更斯写的是现实主义的故事，他煞费苦心地描写了天花感染和大脑损伤之类的科学问题。所以，尽管克鲁克是虚构的人物，但公众还是相信狄更斯对自燃的描述是准确的。

但是，在读到克鲁克之死时，有些读者忍不住怒火中烧。当时的科学家正在努力揭穿一些陈旧的无稽之谈，比如千里眼、催眠术，以及人有时会无故爆燃的可怕想法。不到两周，怀疑论者就开始质疑狄更斯的作品，引发了文学史上最奇怪的辩论之一：氧气在人类新陈代谢中的作用。

领头反对狄更斯的是乔治·刘易斯，他是维多利亚时代的理查德·道金斯，随时准备反击迷信。刘易斯年轻时学过生理学，所以他了解人体。他在文坛上也有一席之地，他是评论家、剧作家，也是乔治·艾略特的长期情人。刘易斯把狄更斯当作朋友。

从刘易斯对《荒凉山庄》的回应中，你看不出来这一点。他承认，艺术家有时可以歪曲事实，但他抗议说，小说家不能无视物理定律。他写道："这些情况超出了虚构小说所能接受的限度。"此外，他还指责狄更斯卑劣地哗众取宠，以及"为一个庸俗的错误买单"。

克鲁克先生之死，出自查尔斯·狄更斯的《荒凉山庄》

狄更斯回击了。他那时正在按月连载《荒凉山庄》，所以在1月份的情节中，他有时间以他的方式进行反驳。在小说中，随着对克鲁克之死的调查展开，狄更斯嘲笑对人的自燃持批评态度者是盲目的书呆子，看不到明显的证据。“有一些权威人士（当然是最聪明的）认为……死者这样子死去实在没有道理。”狄更斯写道。但常识最终取得了胜利，小说里的验尸官宣布：“只是我们没法理解这些神秘的事情罢了！”

在写给刘易斯的私人信件中，狄更斯继续反驳，提到了历史上的几个自燃案例。他特别强调了1731年一位意大利女伯爵的自燃。据报道，她用白兰地沐浴来软化皮肤；在一次沐浴后的早晨，她的女仆走进她的房间，发现床上没有人。和克鲁克先生一样，空气中悬浮着煤烟，还有一层黄色的油雾。女仆发现伯爵夫人的腿——只有腿——离床几英尺远。床和腿之间是一堆灰烬以及烧焦的头骨。除了旁边的两根熔化的蜡烛，似乎并没有什么危险物。一位牧师记录了这个故事，所以狄更斯认为它是可信的。

狄更斯也不是唯一一个相信人体自燃的作家。在马克·吐温、赫尔曼·梅尔维尔和华盛顿·欧文的小说中都有人物发生自燃。和"非虚构"中的描述一样，受害者多为久坐不动的老酒鬼。他们的躯干总是被烧成灰烬，但他们的四肢通常完好无损。最诡异的是，除了地板上偶尔出现的焦痕，火焰只吞噬了受害人的身体。

信不信由你，狄更斯等作家的写作是有一点科学依据的。狄更斯写作《荒凉山庄》距离硝酸甘油的发现不到10年——硝酸甘油确实是一种可以自发引爆的爆炸油。更重要的是，自燃似乎与医学史上最重要的发现有关，它将燃烧、呼吸和血液循环这些看似独立的现象联系起来。

1628年，威廉·哈维最早提供了证据，证明血液在身体中循环流动，心脏的功能类似于泵。（在此之前，人们认为肝脏将食物转化为血液，人体器官像植物喝水一样"喝"血液。）同时，哈维对其他流体（比如空气）的循环做了一些可疑的猜测。他知道血液和空气都会流经肺部，但他坚持认为这两种流体不会在肺部混合。相反，他认为肺部只是通过搅动来冷却血液，就像你通过搅动来冷却热汤一样。换句话说，肺的功能是机械性的，并不改变血液的化学性质——只有心脏能做到这一点。

17世纪60年代，罗伯特·胡克和理查德·洛尔——他们都来自一个新的科学男孩俱乐部"皇家学会"——最终推翻了哈维的理论。为此，他们做了一系列令人毛骨悚然的实验，包括活体解剖一只狗。我就不告诉你最糟糕的细节了。他们在狗的肺部剪了几个小洞，让空气流过，还把风箱的喷嘴塞进了它的器官。反复抽动风箱使肺部不断充气，就像大风中的风向带。结果，肺每次只保持几分钟的静止状态，既不扩张，也不收缩。

尽管肺部静止不动，但只要空气不断流经肺部，心脏和其他器官就能正常工作。与哈维的观点相反，单纯的肺部运动毫无意义。胡克和洛尔还看到狗的血液在流经肺部后改变了颜色，从忧郁的毕加索蓝变成了鲜艳的马蒂斯红。所有这些都有力地支持了他们的理论，即肺部确实引发了血液中的化学变化，要么注入了某种物质，要么清除了废气。

事实证明，两者都有。我们在前面已经看到，18世纪末的化学家确定，肺部吸入氧气并排出二氧化碳。（至于说颜色，当氧气进入红细胞时，它会附着在血红蛋白分子上。血红蛋白含有铁原子，很容易与氧气结合，氧的加入会改变血红蛋白的形状。这转而改变了它的颜色，从淡蓝色变成鲜红色。）除了把氧气和呼吸联系起来，这些化学家还把氧气和燃烧联系起来。因此，当他们意识到血液为人体细胞输送氧气时，他们宣布，呼吸一定涉及我们体内的一种缓慢燃烧——持续的燃烧，以我们的身体为燃料。证明完毕。

如果我们体内一直有缓慢燃烧的火焰，为什么它们不能偶尔爆发出来，特别是在那些身体器官“浸泡”在杜松子酒或朗姆酒里的酗酒者身上？如果这样想，自燃一点儿也不荒谬。（另外，不要把这个问题说得太细，因为我们每天都会排出好几次易燃气体。）至于引发火灾的原因，也许是发烧，也许是火暴的脾气。狄更斯为自燃辩护，给一场缓慢燃烧的科学辩论火上浇油。

但刘易斯对此不以为然。他仔细阅读了狄更斯的历史记载，认为它们“幽默但不令人信服”，并指出其中一些案例已经有1个多世纪的历史。狄更斯也得到了一位著名医生的支持，但这没有什么帮助，因为该医生也在推广颅相学[1]。刘易斯还指出，这些“事实性”的描述都不是目击者本人写的。作者总是从表哥的朋友或房东的妹夫那里听到这些二手故事。

最要命的是，刘易斯更了解现代生理学。他指出，最近的研究表明，肝脏会代谢酒精，将其分解并消除，所以虽然酗酒者的呼吸可能闻起来像酒精，但他们的器官并没有泡在酒里。退一步说，人体中大约3/4都是水，因此无论如何都不会起火。而且当时医生就知道，发烧的温度不足以点燃任何东西。

毫不奇怪，狄更斯开始认真辩解。他与科学的关系一直很矛盾。他不否认科学创造的奇迹，但他从根本上来说是一个浪漫主义者，他认为科学扼杀了想象力。在艺术上，他认为克鲁克那场戏是他小说的核心内容（涉及一个毁灭性的法庭案件，该案“消耗了”所有当事人的生命和财富），以至于他无法忍受批评者的吹毛求疵。狄更斯越是辩护，刘易斯就越反感。他们继续争吵了10个月，直到1853年9月《荒凉山庄》的最后一部分出版，双方最终都放弃了这件事。

当然，历史认为刘易斯是赢家：在小报之外，从来没有人类自燃过。但在那个时候，自燃的想法并不像刘易斯所说的那么庸俗和荒谬；迟至1928年，有一篇医学文献还在讨论自燃案例。另外，不可否认的是，狄更斯在一件事情上是正确的：在人类的各种事务中，自燃是很可能发生的。狄更斯和刘易斯最终修复了关系，但在1853年的那10个月里，伦敦的火烧得很旺。他们会第一个告诉你，友谊和声誉可以瞬间点燃，然后化为灰烬。

1 一种心理学假说，认为根据头颅形状可以确定人的心理和特质。目前已被证伪。

第二部分

利用空气

人类与空气的关系

至此，我们已经回答了关于空气的两个主要问题：地球的大气来自哪里，它的主要成分是什么——后一个问题的答案是氮气和氧气。但是，在每次吸气的时候，你也会吸入100种其他气体，这些气体为我们的呼吸增加了泛音和余味；如果忽略了它们的故事，我们对大气的理解仍然是肤浅的。这些气体也提供了一个新的机会：除了记录每一种气体的来源，现在我们还可以研究空气与人类的关系——我们如何利用这些气体改善我们的生活。这其中有数百种方法，让我们先从医学开始。

第四章

创造奇迹的快乐气体

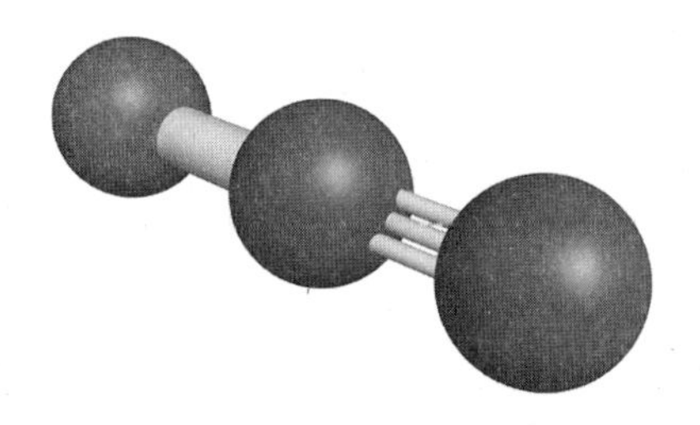

一氧化二氮（N_2O）——目前空气中的含量为0.33ppm，你每次呼吸会吸入4×10^{15}个分子

1791年的一个早晨，牛津大学教授托马斯·贝多斯很高兴地听到两个陌生人正在议论他。他当时在一家驿马酒店吃早餐，无意中听到了自己的名字。坐下来后，他发现同桌的两个人都不认识他。贝多斯玩性大发，怂恿他们继续说；听到年轻男子说贝多斯刚刚在英格兰发现了三座新火山，他笑了。那位女士虽然也承认贝多斯是个科学奇才，却非常鄙视他的无神论和他对法国大革命的支持。她向他保证说："除了可能了解化石这种稀奇的东西，他完全是个愚蠢的、不可救药的异端分子。而且他又胖又矮，很适合表演（畸形）秀。"贝多斯听后笑着溜走了。

最重要的是，他的同桌对他只是一知半解。多年来，贝多斯以英国科学界最古怪的人而闻名。他让肺结核病人接触奶牛屁，声称可以清肺。他还吮吸银锭和铅锭。他向许许多多的人宣扬这些思想——这是中世纪以来任何一位牛津教授都不喜欢做的事情。最让他声名狼藉的是，贝多斯提倡使用致幻药物[比如一氧化二氮（N_2O，笑气）]来探索人类的意识。

尽管大多数气体在几年前才被发现，但到了18世纪末，已经有几种气体逃出实验室，成了流行的药物。这代表了气动化学的一个新转折：这些科学家不像前几代人那样只是测量不同气体的性质，而是着眼于帮助人类。不幸的是，这个领域也吸引了一些庸医——这在医学界是常有的事情。不同的庸医使用不同的气体来治疗各种疾病，包括斑疹伤寒、溃疡和糖尿病；哮吼、黏膜炎和胸膜炎；腹泻、坏血病和咽喉痛；甚至还有失明和失聪。但没有哪种气体能像一氧化二氮那样激起人们如此多的兴奋和恐惧。贝多斯对这种气体的研究跨越了科学和怪诞之间一条令人不舒服的界限。尽管他的笑气实验最终导致了医学史上最伟大的突破之一，但他直到去世时仍然认为自己是个失败者。

贝多斯受训成为一名医生，他的行医方式遵循苏格拉底实践哲学，批判他人则无视对方等级和地位。他痛斥绅士医生无视受苦的大众，他也同样强烈地谴责那些通过贩卖无用的镇痛软膏和酊剂来掠夺大众的人。贝多斯极力寻求一条中间道路。1791年的一天，他在一片泥泞的牧场上长途步行，突然意识到了如何实现这个目标。

那个时代的大多数医生认为，所有疾病都源自一些有毒的空气。[“疟疾”（malaria）的字面意思是“坏空气”。]这解释了经典小说中体弱多病的男男女女为什么总是涌向海边的度假胜地和山间的疗养院——那些他们可以轻松自在地呼吸的地方。贝多斯和其他人一样相信存在“好空气”和“坏空气”，但他也曾在二氧化碳的发现者约瑟夫·布莱克的指导下学习化学。有一天，当他

托马斯·贝多斯，医学界的牛虻

正在一片泥泞的牧场散步时，他突然产生了一个想法：为什么不自己制造空气，强迫病人呼吸呢？

有了这个想法，贝多斯开始寻找接触过不同气体的人，收集他们的病例报告；他还拿自己做实验。例如，他发现吸入氧气可以使他抵御低温的影响，并在短短几周内减轻了15磅体重。（遗憾的是，这也使他皮肤干燥，导致流出了令人担忧的鲜红色鼻血。）他最终整理了这些实验和报告，撰写了一本内容宽泛的书，其中包括一些可疑的主张——例如，气体可以缩小肿瘤，也可以使人不再需要睡眠。

与此同时，贝多斯粗略地计划建立一个研究中心——气动研究所，在这里他可以系统地试验气体。（而且，他即将被牛津大学开除，因为他写了支持法国大革命的传单。）在他的设想中，气动研究所既是治疗病人的医院，也是试验新疗法的实验室——这也许是世界上最早的医学研究中心。这并不是一项廉价的冒险，所以贝多斯在约瑟夫·普里斯特利的社交俱乐部、伯明翰的月光社中寻找赞助人。几位知名会员慷慨解囊，包括陶器界著名的韦奇伍德家族[1]；有名望的蒸汽机制造商詹姆斯·瓦特同意按成本价为他制造设备。

抛开慷慨不谈，瓦特在贝多斯的研究中也有私心。贝多斯的计划针对很多种疾病，包括肺痨（肺结核）。就像毒气战的受害者，肺痨病人会在胸部充满液体的情况下慢慢淹死。他们也会发冷、冒汗，在待死的过程中咯血。瓦特非常清楚这些症状，因为他的女儿杰西患有肺痨。她已经尝试了无数种治疗方法——毛地黄、鸦片酊、树皮茶、起水疱、放血，甚至"用绳子荡来荡去使她生病"。最后死马当活马医，瓦特让贝多斯用二氧化碳来治疗她。杰西不到一个星期就死了。

贝多斯感觉很难堪，害怕瓦特发火。瓦特名气很大，完全可以使气动研究所的筹建胎死腹中。但瓦特是一个善良且具有反思精神的人，他没有责怪贝多斯，反而加大了投入。为此，瓦特发明了一种带有各种蒸馏管和反应室的便携炉，可以按需制造新气体。他还发明了收集气体的巧妙方法，可以使用风箱（用于将气体泵入肺部），也可以使用带吹嘴的绿色丝绸袋（用于比较从容的呼吸）。整个装置只需要花14英镑，贝多斯很高兴地宣布，制备气体很快就会"像腌肉一样简单"。

有了资金和设备，接下来贝多斯集中精力寻找场地和一名能干的助手。场地选择在布里斯托尔，这座城市的天然泉水吸引了成群的肺痨病人。事实上，一位历史学家指出，布里斯托尔"已经成为'最后的机会沙龙'[2]，是穷途末路者的残酷终点……宾馆和旅店的老板往往兼任丧葬承办人"。贝多斯正确地得出结论，许

1 韦奇伍德陶瓷公司的创始人乔赛亚·韦奇伍德（1730—1795）是月光社的主要成员之一，查尔斯·达尔文是他的外孙。

2 "最后的机会沙龙"（Last Chance Saloon）经常被作为酒馆的名字，此处是这个词的隐喻：当一个人面临迫在眉睫的灾难、而避免灾难的机会越来越少时，他所做出的选择便被称为"最后的机会沙龙"。

多病人会绝望到尝试他的气体疗法。

至于助手，贝多斯再次求助于瓦特。18世纪90年代末，瓦特的儿子格雷戈里（也是肺痨患者）在英格兰西南部休假，寄宿在一个寡妇家里。该寡妇的十几岁的儿子汉弗里·戴维在当地有相当大的名声，他既是一位杰出的化学家，也是一个贝多斯级的怪物。他曾经用海难后冲上岸的灌肠注射器制造了一个气泵——这在当时是一件很复杂的设备。他用荧光磷在妹妹房间的墙上画妖精。他写了很多激昂、浪漫的诗句，他孤独地沿着康沃尔的悬崖走了很久，经常伤痕累累地回家。

一开始格雷戈里·瓦特很反感戴维，但几个月后，他们的关系越来越好。他们成了酒肉朋友（主要是喝白兰地），格雷戈里鼓励戴维写信给贝多斯。戴维很高兴能接触现实中的科学家，他给贝多斯寄去了200页关于热、光、电和气体的漫谈文章。大部分文章与医学无关，却显示出他敏锐的科学头脑。几个月后，贝多斯雇戴维在气动研究所做实验——贝多斯并没有见过戴维，而且戴维只有19岁。戴维以前从来没有走过离家超过1天的路程，但在1798年10月，他旅行200英里到达布里斯托尔；为了省钱，他买了最便宜的车票，而且不得不坐在马车顶。他对贝多斯的第一印象是又矮又胖。

诊所于1799年3月开业，到了4月初，戴维几乎想要自杀。他的大部分日常工作涉及制备气体和测量气体的化学性质。他把狗、猫、兔子和蝴蝶暴露在气体中，监测它们的呼吸和心率的变化。但最重要的是，戴维想亲自吸入气体。在第一次全面的实验中，他准备了几夸脱的一氧化碳。第三次吸入后，他开始脉搏加速，胸口发闷。他好不容易才踉踉跄跄地走进花园，一位惊恐的助手用氧气唤醒了他。那天剩下的时间，他一直躺在床上呕吐，头痛欲裂。

汉弗里·戴维，化学家，浪漫主义诗人，元素猎手

不过这并不要紧。休息一周后，戴维马上跳回他的研究，这一次他关注的是另一种被认为有毒的气体——一氧化二氮。他通过在一个密封的容器中加热硝酸铵晶体来制备一氧化二氮；为了防止爆炸，加热是缓慢进行的。然后他用风箱收集烟气。他的第一印象是这种气体尝起来很甜。又吸了几口，他开始头晕，但他的听觉变得敏锐。然后他注意到一种奇怪的触觉，“所有肌肉都受到了轻柔的压力”。这段经历的高潮是，他在房间里手舞足蹈，欢呼雀跃。贝多斯观察了这一切，他说戴维似乎有了“更高的高潮”；而戴维思绪万千，当晚几乎无法入睡。

经过几周的试验，戴维和贝多斯证明了一氧化二氮是无毒的，他们感觉有足够的信心让两名患者尝试。其中一个人的手臂因为几年前的一次无节制酗酒而半瘫痪。吸了几次一氧化二氮后他就恢复了正常，他的手臂不再受到限制，可以抓握东西。第二名患者的情况更糟——“一个碰到就很容易破碎的人型生物”，贝多斯回忆说。但他也对一氧化二氮有反应，他像拉撒路[1]一样站了起来，把拐杖扔到一边。

这种神奇气体的消息开始在镇上传播，不久之后，布里斯托尔的波希米亚人[2]向贝多斯和戴维提出，他们也想尝试一下，贝多斯欣然同意（这种新气体的精神属性使他着迷）。他还鼓励戴维认识的一些诗人来品尝一口一氧化二氮。诗人们那天晚上玩得很开心，之后又是一个夜晚。接下来还有一个夜晚。很快气动研究所就过上了双重生活。白天，这是一家体面的诊所，贝多斯治病，戴维做实验。到了夜晚，它就像是鸦片窟，作家和他们的追随者懒洋洋地躺着，从绿色丝绸袋里吸入笑气。

戴维忍不住在这些活动中加入一些科学知识。他让人们跟随蜡烛的火焰或倾听叮当的铃声，从而测试他们的感官反应。他还准备了装着普通空气的安慰剂，看看人们是否在假装兴奋，从而试验暗示的力量。（并非如此。）但最主要的是，他记录了每个人对笑气的不同反应。有些人变得吵闹，有些人开始胡言乱语。一个女人跑到外面，绊倒了一只大狗，后来这让她感到羞愧难当。在大多数情况下，人们瘫倒在地板上，只剩下咯咯的笑声。后来，戴维鼓励他们用语言描述自己的感受。当地作家塞缪尔·泰勒·柯尔律治将笑气的快感比作暴风雪后进入一间火热的房间。诗人罗伯特·骚塞在给朋友的信中说：“戴维发现了这样一种气体！……它使人感官强烈。而且非常快乐！无穷的快乐！啊，了不起的气

1　拉撒路，耶稣的门徒与好友。据《圣经》记载，他病死后埋葬在一个洞穴中，4天之后耶稣吩咐他从坟墓中出来，因而奇迹似的复活。

2　波希米亚人，指希望过着非传统生活的艺术家与作家，他们通常自由漂泊、居无定所，不受一般社会习俗的约束。

体袋！我相信天堂里的空气就是这种创造奇迹的快乐气体！”（显然，过量摄入笑气的一个症状是滥用感叹号。）最传神的是，一个人从快感中走出来，简单地说：“我感觉像竖琴的声音。”戴维并没有把这些情绪贬斥为非科学，相反，他通过分析这些情绪来寻找人类心理的线索。笑气似乎在人们的头脑中开辟了新的视野，他需要诗人和诗人的语言天赋来捕捉所有的微妙之处。

在这项工作的刺激下，戴维开始了每天14个小时的轮班。在这期间，他几乎没有吃一顿像样的饭。当他衬衫太脏、无法体面地见人的时候，他就直接在外面套上一件干净的衣服，然后继续工作。（袜子也是如此。）在漫长的一天之后，为了放松自己，他会匆忙制备6袋一氧化二氮，让自己过瘾。事实上，他对一氧化二氮上瘾了，连续几个月每天都要吸入这种气体。有时候，他在夜晚的乡间游荡，直接倒在满月下面昏睡过去。有时候，他待在家里配制“毒品”。他曾经试图以最快的速度灌下一瓶葡萄酒，然后大口大口地吸入笑气。结果他吐了。

有一天夜晚，他试验了詹姆斯·瓦特新设计的气体浸没装置。它是一个大箱子，里面有一顶轿子，戴维半裸着坐进去，腋窝夹着一支体温计，手里拿着一把羽扇，用来搅动里面的空气。在75分钟的时间里，一名助手向气体室内释放了300夸脱的一氧化二氮。戴维踉踉跄跄地走出来，满脸通红，体温高达106华氏度，但他坚持要从丝绸袋里再吸一口一氧化二氮，这使他获得了生命中的极致快感，达到了陶醉的新境界。在某一时刻，他宣称自己是“新创造的、高于其他凡人的崇高存在”。几分钟后，他含糊不清地说：“除了思想，什么都不存在！世界是由感官、观念、快乐和痛苦组成的！”简直就像一个精神错乱的贝克莱主教[1]。但戴维认为这种证言与他对心率和瞳孔扩张的观察一样有价值。

1 指乔治·贝克莱，爱尔兰哲学家。

贝多斯大多情况下让戴维独自做这些实验。一方面是因为贝多斯对获得快感不感兴趣，另一方面是因为他有自己的奇怪项目要忙。几年前，贝多斯就注意到，屠夫似乎从来没有得过肺痨。事实上，他们看起来就像是苍白无力的肺痨患者的反面——体格健壮且精力充沛。出于好奇，他四处打听，得知大多数屠夫把自己的健康归功于他们在切牛宰羊时吸入的气体。

无论这个想法在今天听起来多么荒谬，贝多斯认为它有一定的道理。几年前，他的同胞爱德华·詹纳注意到，感染了牛痘脓液的挤奶女工永远不会得更致命的天花。詹纳根据这一见解研制出了天花疫苗，那么，牛的气体为什么不能有药用价值呢？

为了验证这个想法，贝多斯在一间牛棚里安了几张床，让几名肺痨病人搬进去。起初，他让棚子里的牛随意走动，自由地放

嘲笑贝多斯和戴维的气体实验的漫画（图片来源：惠康基金会）

屁和打嗝。他向他的患者保证："和牛住在一起是你能想象到的最美好的事情。"他的患者并不认同。他们讨厌住在猪圈一样的环境里，坚持让贝多斯清理粪便和安装门帘。尽管如此，他们还是同意在牛棚里待上几个月，呼吸牛的废气。

虽然很无效，这种"牛棚疗法"从医学角度来看可能是无害的，但它确实最终损害了（或者说进一步损害了）贝多斯的声誉。贝多斯的无神论和激进政治主张已经在布里斯托尔引起了怀疑。（有一次，戴维订购了青蛙做实验。装青蛙的柳条箱破了，青蛙逃到镇子上，这时谣言四起，说贝多斯买这些青蛙是要喂给藏在地下室的法国间谍。）牛棚疗法又给了对手打击他的机会，就像之前的约瑟夫·普里斯特利一样，又矮又胖的贝多斯成了漫画的热门主题。每晚的笑气狂欢提供了更多的讽刺素材，贝多斯的研究计划很快就成为整个欧洲的笑柄。

然而，是科学而不是政治或讽刺，最终注定了气动研究所的失败。原因是，虽然病人确实很享受摄入一氧化二氮的快感，但很少有人真的好起来。在这里，我们可以再次与詹纳做比较。从表面看，詹纳用牛痘疮的脓液感染人的做法非常可疑，甚至非常危险，小报对詹纳的攻击远远超过对贝多斯的攻击。（有一篇报道说，当地的一个男孩在接种疫苗后变成了一头牛——长出了角和牛的其他所有特征。虽然很无知，但今天的反疫苗者甚至无法与昔日的不可知论者相比。）不过，无论那些自作聪明的人如何嘲笑，都无法改变一个事实：天花疫苗是有效的，成千上万的病人在排队接种。与此同时，一氧化二氮没有治愈任何人。即使是那些感觉症状暂时缓解的人，也会很快获得耐药性，并且再次生病。贝多斯和戴维还看到了越来越多的不良反应——患者出现头痛、嗜睡和乏力。一名妇女"连续地癔病性抽搐"，持续了几个星期。

尽管遭遇了这些挫折，贝多斯仍然继续推广他的疗法，并且坚定不移地相信，气体会以某种方式改变医学。但他不知道，他的密友戴维很快就会为他的对手提供所需的弹药；更糟糕的是，戴维本人很快便会倒戈。

戴维在研究中看到，气体会引起很明显的生理变化。但缺乏真正的治疗方法让他感到沮丧，而且他缺乏贝多斯那种不懈的乐观精神。在1800年出版的长达600页的书《化学和哲学研究》（*Researches, Chemical and Philosophical*）中，戴维公开了自己的怀疑。从书名来看，这是一本思绪飞扬的著作，从简单的化学实验，一直谈到塞缪尔·泰勒·柯尔律治关于嗑药过度的想法。但它的结论简单明了：气体毫无药物价值。

你可能认为这是对导师的背叛，也可能认为这是冷静而必要的纠错。不管怎么说，贝多斯很痛苦，两人不久就分道扬镳。凭借《化学和哲学研究》，戴维在伦敦找到了一份称心的科学工作，他即将把自己的研究拓展为新的课题。例如，他利用电力释放出6种新的化学元素（钠*、钾、钡、镁、钙、锶），这一世界纪录保持了150年之久。到19世纪20年代，戴维一举成了英国最著名的科学家。他永远不可能在陌生人议论他的时候无声无息地坐在驿马酒店里吃饭。

与此同时，贝多斯的声誉一落千丈。批评家从未停止对他的嘲讽，当1802年捐款枯竭的时候，气动研究所倒闭了。它只开了3年。而贝多斯本人，这个曾经无忧无虑的人，在6年后的平安夜死去了，他仍然对自己的失败感到痛苦。事实上，如果不是因为一件事，他和他的气动研究所可能早就湮没在历史长河中了。

少年时期的戴维花了很长时间在康沃尔的悬崖上漫步，回家时经常伤痕累累。事实证明，他在布里斯托尔的实验室里同样莽撞——他不止一次把自己的手指切到了骨头。然而他注意到，只要吸几口笑气，伤口就马上不疼了。头疼和牙疼也消失了。由于忙着其他工作，戴维没有从事这方面的研究，但他确实在《化学和哲学研究》的第556页写了一段话，这也是他写过的最有名的一段话。“一氧化二氮……似乎能够消除身体上的疼痛，”他指出，“因此它可能在外科手术中很有用。”又过了半个世纪，“麻醉”疗法的出现，气动研究所的声誉才得以恢复。

麻醉的故事就是一个骗子和他的污点的故事。在历史上的所有骗子中，威廉·莫顿对人类做了最大的贡献；但是，若非倒霉的霍勒斯·韦尔斯，莫顿永远不可能彻底改变医学。

在1850年之前，人们为了逃避外科手术经常选择自杀。这一点你不能责怪他们。手术室的地板上铺满了吸附血液和呕吐物的沙子，尖叫声时不时从天花板上的天窗传出——每一个细节都预示着痛苦。在患者的视线范围内，他们面对的是一盘盘钳子和锯片，更不必说一排排沾满鲜血的手术服。一旦开始“屠宰”，速度就成了主要的关注点，没有人会在意仁慈或审慎。最复杂的手术无外乎是剜出膀胱结石或切掉一条腿。

医生也不喜欢手术。年轻的查尔斯·达尔文目睹了对一个号叫的男孩做的手术，于是永远地退出了医学界。如果病人在手术前偷偷溜走，即便是经验丰富的外科医生都会承认自己如释重负。由于涉及冲撞、踢打和锋利的刀片，外科医生偶尔也会被杀死。一位观察者感叹道：“我并不奇怪病人有时会死去，我奇怪的是外科医生居然还活着。”

今天看来，很明显，笑气可以消除其中的许多问题，但由于几个原因，它并没有成为一种受欢迎的麻醉剂。关于气体的功能，贝多斯说了很多疯狂的空话，以至于任何关于消除疼痛的说法都像是夸大之词。而且，用一氧化二氮麻醉人需要一些技巧。低剂量的笑气会使人兴奋，这是外科医生最不希望看到的。

但这并不意味着人们忽略了一氧化二氮——恰恰相反。在听到柯尔律治等诗人对它的神秘描述后，公众对笑气趋之若鹜，笑气在欧洲和北美成为一种流行的药物。旅行推销员在街角以25美分的价格出售一小份笑气；富人在晚宴上用它替代葡萄酒。（化学家甚至在大气中发现了一氧化二氮——每次呼吸都有轻微的快感！）最常见的是，人们在巡回演出中遇到这种气体，志愿者会吸上几口，然后开始唱歌、跳舞或表演体操，从而取悦观众。

1844年12月的一个晚上，一个名叫霍勒斯·韦尔斯的稚气未脱的牙医，与一个朋友在康涅狄格州的哈特福德市参加了一场笑气狂欢。吸了几口之后，他们开始在舞台上摇摆，大脑一片空白。几分钟后，韦尔斯恢复了知觉——他惊讶地发现朋友的腿上全是血。这位朋友同样很惊愕；他不知道发生了什么。（目击者后来说，他撞上了一个沙发。）更令人惊讶的是，这位朋友已经意识到自己正处在极度痛苦之中，但直到他的快感消退，他才注意到这一点。

那天晚上，韦尔斯反复品味着他朋友说的话——直到疼痛结束，我才感觉到痛苦。第二天早晨，韦尔斯找到了这次狂欢的主持人，把他和另一名牙医拖进了自己的办公室。主持人准备了一大袋一氧化二氮，韦尔斯吸了一口，在牙科手术椅昏了过去，脑袋无力地耷拉着。牙医朋友迅速拿起钳子，干净利落地拔掉了1颗一直困扰韦尔斯的智齿。几分钟后，韦尔斯恢复知觉，用舌头感受了一下牙床。“我甚至连一丝刺痛感都没有。”他惊讶地说。

在接下来的几周，韦尔斯在哈特福德的各个地方试验笑气，结果似乎很可观。但他知道，真正的挑战是争取到波士顿的支持，

霍勒斯·韦尔斯，麻醉先驱，倒霉的商人

这里是全国领先的医疗中心。所以他联系了波士顿的一个商业伙伴威廉·莫顿，这是一个彻头彻尾的恶棍。

莫顿十几岁就辍学了，他在马萨诸塞州伍斯特市的一家酒馆工作，因为偷钱被抓了。多年来，他逐渐成为一名开空头支票、盗用公款和好用邮件欺诈的大骗子。他还抛弃了几个未婚妻，并被逐出教会。罗切斯特、辛辛那提、圣路易斯、巴尔的摩——他几乎被所有美国主要城市驱逐。尽管如此，他的长相、魅力和整洁的西装，使他无论在哪里漂泊都会受到热烈欢迎。

莫顿最终决定踏实过日子，并成为韦尔斯的学徒。他发现自己的牙医技术并不差：那时的牙医几乎不需要什么医疗培训，自

威廉·莫顿，麻醉先驱，成功的骗子

信和表达力（莫顿的强项）对他很有帮助。他很快就开了自己的诊所，娶了一个漂亮的女孩。但是，当韦尔斯发明了一种新型的黄金钣金并提议和莫顿一起做生意时，再次勾起了莫顿想赚快钱的老毛病。莫顿偷走了韦尔斯筹集的资金，自己花了这些钱。

在那之后，韦尔斯一定非常想在波士顿联系莫顿。与此同时，莫顿非常高兴能够参与到这个绝妙的计划中来。在美国和欧洲，每天都有成千上万的患者拔牙，莫顿想象着向每一家诊所兜售笑气。于是，1845年1月，韦尔斯还没有准备好，莫顿就在麻省总医院安排了一场公开演示。

麻省总医院的手术室很舒服，堪比一个小型的圆形剧场，有一排提供给观众落座的木凳。手术室的角落里摆着一具干尸，操作台后面的墙上钉满了挂钩、吊环和滑轮——目的是用绳子把病人固定住。

韦尔斯原本可以立即淘汰掉这些挂钩和滑轮，但命运另有安排。韦尔斯还没有来，原先的病人已经吓得一瘸一拐地逃走了，所以人群中的一名医学生自愿成为试验对象，拔掉他一颗烦人的牙齿。（那个年代似乎每个人都有一两颗坏掉的臼齿。）莫顿坐在观众席上看，韦尔斯先麻醉那个学生，然后开始扭动那颗牙齿。至于接下来发生了什么，众说纷纭。也许韦尔斯没有准备足够的笑气。（由于年轻人肝脏代谢更快，他们通常需要更多的麻醉剂。）或者韦尔斯过早地把气袋从学生的嘴边拿走。又或者他根本没有做错什么——有些人只是很难平静下来。无论如何，在韦尔斯拔牙的时候，学生开始呻吟。后来，当这名学生恢复知觉的时候，他坚称自己没有任何感觉；笑气起了作用。但为时已晚。观众一听到他的呻吟，就开始大喊："骗子！骗子！"韦尔斯被赶出镇子的速度甚至比威廉·莫顿还快。

面对这个挫折，莫顿只是耸了耸肩。比起巴尔的摩警察或被抛弃的少女的父亲，这些大嗓门的医学生又算什么呢？如果一氧化二氮不能作为麻醉剂，那么他可以找到更好的。而且糟糕的是，他真的找到了。尽管完全没有接受过化学或医学培训，但他不到一年就发现了乙醚。

乍一看，乙醚似乎并不能用作麻醉剂：麻醉剂通常是吸入的，而乙醚在室温下是液体（它的沸点是94华氏度）。乙醚很容易蒸发，这一特质很重要。液体的挥发性取决于两个因素，重量和极性。重量很容易理解。所谓蒸发，就是液体表面的分子向上跃起，成为气体；而当分子重量较轻时，它更容易进入空中。（体操运动员身材娇小是有原因的。）极性意味着电荷。原子通常是电中性的，但是当原子通过交换电子排列成分子时，它们就会带电。例如，氧原子通常从邻居那里窃取电子，获得负电荷。与此同时，氢原子通常会放弃它的电子，偏向正电荷。极性分子，比如水（H_2O），同时具有负电荷和正电荷的部分。因此，水的挥发性很低，而且它比非极性分子保持液体的时间更长，这是因为正负电荷的两极像磁铁一样相互吸引。由于这种吸引，极性分子很难向上跃起成为气体。

由于重量和极性的不同，各种物质有不同的挥发性。氮气和氧气这样的非极性气体具有非常惊人的挥发性，它们的沸点大约是零下300华氏度。相比之下，具有高度极性的水分子（尽管比氧气和氮气轻）在温度高出500华氏度，也就是达到200华氏度时仍保持液态。乙醚（$C_2H_5—O—C_2H_5$）介于两者之间。它很重，是水的4倍。但它几乎没有极性：乙醚分子的10个氢原子均匀地分布，所以表面大部分是正电荷。结果是，乙醚分子之间几乎没有亲和力：如果把一杯水和一杯乙醚放在工作台上，乙醚的蒸发速度会比水快10倍。这是作为麻醉剂的有利性质。

莫顿对这门科学一无所知。但他熟悉乙醚，这是一种能使人感觉迟钝的廉价快感*，是那个时代的大麻。于是，他开始在父亲农场里的动物身上试验乙醚：奶牛、马、蠕虫、家养的猎犬，甚至还有几条鱼*。这些试验很顺利，所以他又买了一批乙醚（为了掩饰自己的计划，他从不同的药剂师那里购买），给一位长了智齿的朋友注射。又成功了：这位朋友醒来时智齿已经没了，他甚至不知道手术是什么时候开始的。美元符号在莫顿眼前舞动，他再次跑到麻省总医院，在1846年10月安排了一次演示。

和他安排这次演示的是约翰·沃伦医生，沃伦在某种程度上是这个故事的主人公。沃伦很古怪，他花了很多空闲时间重建一头乳齿象的骨架；但他是美国最杰出的外科医生，他当时已经68岁了，原本可以轻松地退休。但他一直被给病人带来的痛苦困扰着。的确，当时存在一些止痛药。病人可以喝酒喝到麻木，也可以吸食鸦片。他们可以用冰块麻痹肢体，或者让医生给他们放血，直到失去知觉。一些医生还实施“脑震荡麻醉”：把病人的头裹在皮头盔里，用木槌敲打他的头骨。（如果失败了，就重重地给下巴来一拳。）但每一种方法都有缺点，有些甚至是显著的缺点。例如，酒精稀释了血液，增加了出血的可能性。而且没有一种方法能可靠地使病人镇静下来，或者抹去手术的记忆。

大多数外科医生只是叹了口气，开始相信疼痛是不可避免的，是生命的原罪之一。但沃伦避开了这种愤世嫉俗。大多数人过了他这个年龄就没指望做出什么重大发现了，但他仍然抱有希望，期待自己能以某种方式促进麻醉成为现实。所以，当莫顿找他谈论乙醚时，沃伦忍住了自己的疑虑。当地的一名油漆工需要切除左下颌的肿瘤，沃伦让莫顿在10月16日周五上午10点到场。

莫顿在一种不寻常的恐慌中度过了那个上午。他当然不反对帮助全世界的病人结束痛苦，但他致力于麻醉主要是为了挣钱。问题是，乙醚是一种常见的化学物质，这意味着他不能申请专利。所以，莫顿打算隐瞒这种气体是什么。乙醚的挥发性使其具备成为麻醉剂的可能性，但这种性质会毁掉他的计划。乙醚有一种甜腻的香味，而且很容易挥发，所以这种香味很容易察觉。这让他不爽。莫顿尝试用橙皮屑掩盖它的气味，但乙醚味儿总是很突出。所以，莫顿制造了一种特殊的呼吸装置，以增加获得专利的机会——在此之前，他只是把乙醚倒在一块布上让病人吸入。

莫顿不满意这个装置，于是他在演示前花了一天一夜设计了一个新的装置——或者更确切地说，他哄骗几个精通机械的朋友设计了一个。然后，他在黎明时分匆匆赶到一位机械师那里，把这些东西拼起来。最终的结果是一个玻璃灯泡，灯泡内有一个容纳乙醚的海绵，还有各种各样的让空气流通的阀门和管道。总之，这看起来就像一个大麻烟斗。完成它花了很长时间——莫顿跑出门的时候已经10点钟了——所以他到达麻省总医院的时候还没有来得及测试设备效果。

想想这有多么胆大妄为吧。一个从没有受过医学训练的男人，熬了一整夜，竟敢在全国最著名的外科医生的注视下，通过一种他从未使用过的设备，给病人服用一种基本上未经测试的药物。就连一向爱他的妻子也表示怀疑，她整天在厨房里来回踱步，深信莫顿会杀死病人然后进监狱。但莫顿一拿到新设备，他就重拾了作为老骗子的自信，嘴角又露出了笑容。

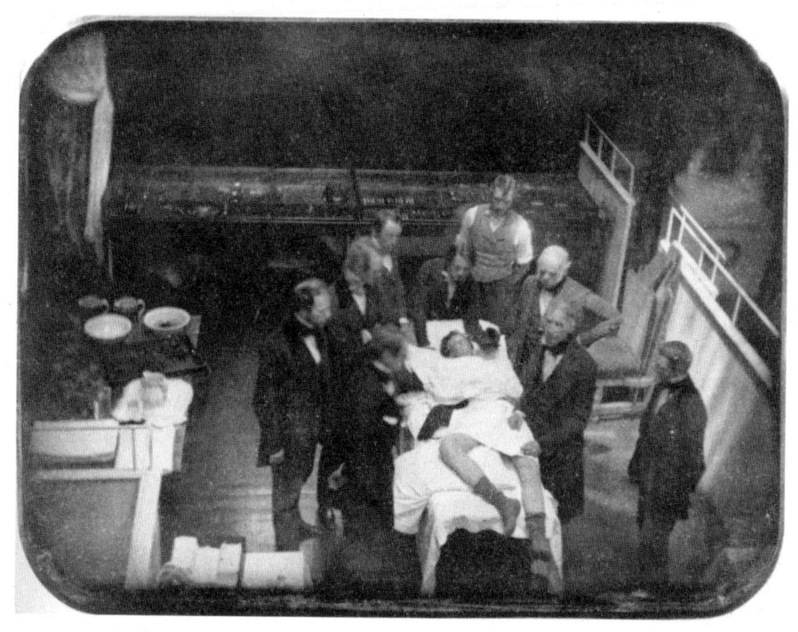

第一次使用乙醚麻醉的手术的重现

另一方面，沃伦医生很生气。观众已经聚集在手术室里；油漆工穿着罩衫和袜子，已经准备就绪。但10:10过了，还是不见莫顿的踪影。然后是10:20。连角落里的干尸都目瞪口呆。最后，沃伦拿起手术刀，叹了口气，然后转向病人，这个希望也破灭了。这个人颌下的肿瘤基本上是一根红肿的静脉，上面有斑点。肿瘤非常大，向上凸起——病人用舌头就能感觉到。切除手术会很漫长而且会很痛苦。油漆工绝望地向后一靠，抓紧床沿，准备让叫声冲破天花板。

就在这时，莫顿跳着走进门，魅力像乙醚一样从他身上飘散开来。作为一个骗子，他一生都在为这一刻做准备。沃伦转过身，尖刻地说："你的病人准备好了。"莫顿笑了笑，拿着乙醚枪靠了过来，像专家一样摆弄着阀门。几分钟后，油漆工迷迷糊糊地睡去。莫顿转向沃伦。"你的病人准备好了。"他轻松地说。

手术时间比预期的要长，但其他各方面十分顺利。油漆工一动也不动。那天的观众大部分是医学生，他们来的时候完全不知道会发生什么，但后来他们记住了最重要的一件事：寂静。没有尖叫，没有锤打，只有手术刀割肉的轻柔声音。那天早上，沃伦与莫顿之间的气氛还不太好，但在手术结束后，沃伦的最后一句话被载入史册。他宣布："先生们，这不是骗人的。"观众欢呼起来。

外科医生很快认识到，乙醚相比于一氧化二氮有几个优点，比如它能导致更深的无意识状态，而且掌握正确的剂量不需要太多技巧。由于这些原因，外科医生可以开发出时间更长、更复杂的手术，并且深入身体内部。从更广泛的意义上说，麻醉也帮助挽救了外科手术的声誉。几个世纪以来，其他医生都嘲笑外科医生是屠夫。这是一种并不公平但可以理解的评判。麻醉扭转了这一评判，让外科手术看起来很英勇。

即使是莫顿这样的无赖也对乙醚的人道主义潜力感到敬畏。

在证明乙醚价值的那一天，他4点钟才回家，发现他的妻子仍在焦虑地踱步，她仍然相信莫顿会进监狱。莫顿心事重重的表情似乎证实了她最担心的事情，但他其实正在思考刚刚发生的事情，思考刚刚开启的医学新时代。他不再像以往那样花言巧语，而是拥抱了他的妻子，平淡地说："亲爱的，我成功了。"

但他并没有成功地从他的发现中赚到钱。在接下来的一年里，莫顿成功获得了化学麻醉的专利，但即使是勉强及格的化学家也能闻出乙醚的气味，这个消息很快就传到了医生和牙医那里。在此后的历史中，没有哪种专利被如此广泛地侵权，而后果却如此轻微。莫顿还不如给水申请专利呢。最糟糕的时候是，美国陆军外科医生在美墨战争[1]期间使用乙醚但并没有给莫顿支付报酬，这意味着美国政府侵犯了自己的专利。

面临破产，莫顿叫嚣着要国会一次性付给他10万美元，以弥补他的损失。尽管他在众议院和参议院有一些支持者，但所有的努力都化为泡影。首先，大多数政客讨厌莫顿的肮脏和不诚实。（几年后，莫顿声称他曾亲自为20万内战士兵注射过乙醚，这很荒谬。）国会拒绝给他钱，因为有竞争对手突然出现*——他们发誓说比莫顿早几年就提出了麻醉疗法。佐治亚州的医生克劳福德·朗在1842年的外科手术中使用了乙醚：他用浸透乙醚的毛巾麻醉了一个男人，从他的背部切除了两个肿瘤；他还截掉了一个奴隶男孩的脚趾。考虑到这些案例，国会认为莫顿没有做过什么特别的贡献。他一直在为自己的10万美元奋斗，但最终，1868年7月，他在纽约市的一辆马车上中风，并失去了理智。（他要求驾驶员在中央公园停车，然后跳进一个湖里"冷静一下"。）几天后，他在一家精神病院里死去，关于他的遗产的争论仍在激烈地进行着。

1　1846—1848年美国与墨西哥就领土争端爆发的战争。

既然有其他几种说法，而且许多说法在历史上是站得住脚的，那么为什么发现麻醉的功劳还是算在莫顿头上？难道因为这是他最后、最伟大的骗局——欺骗历史吗？并非如此。的确，在莫顿之前，有十几个人提出过使用麻醉。但那又如何？莫顿真正在病人身上尝试了；而且如果他失败了，他将面临灭顶之灾。莫顿的功劳比韦尔斯更大，因为他很幸运，他的化合物起了作用，但韦尔斯的没有。如果你想归功于克劳福德·朗，这是有道理的，但科学并不是私人企业。科学是公共事业，在某种意义上，未被公开的科学发现是不作数的。怯懦、不自信、害怕佐治亚州的邻居指控他使用巫术（这是真的）——由于各种各样的原因，朗隐藏了自己的想法；与此同时，成千上万的人遭受着痛苦。最后，莫顿确实给人留下了讨厌的印象；几乎所有认识他的人都后悔认识他。但他有胆量或非理性的自信去研究麻醉。虽然他死的时候并不开心，但如果你信奉功利主义（为最多的人争取最大的幸福）那么在将麻醉变成医学现实方面，威廉·莫顿对人类的贡献几乎超过了所有活着的人。

莫顿曾经的合作伙伴霍勒斯·韦尔斯死于更可怜的情况——非常讽刺的是，那个世纪的另一种伟大的麻醉剂摧毁了他。

氯仿进入医学领域，要归功于苏格兰医生詹姆斯·辛普森，一个长得像洞穴巨人的产科医生。他想减轻产妇分娩时的痛苦，但发现乙醚不合适：乙醚生效很慢，它的气味让产妇呕吐，而且需要大剂量才能起作用。于是，辛普森开始在不上班的夜晚四处寻找替代品。他的实验并没有严格遵循科学方法：他把随机的化学物质滴入一杯热水，用鼻子吸入烟气，直到他感觉晕眩为止。

一位历史学家说他的方法更像是“吸胶毒少年的壮举”，而不是真正科学的行为。他的一个朋友经常在早餐时间过来拜访，看他是否在夜里死掉了。但在1847年，辛普森偶然发现了氯仿（$CHCl_3$）。和乙醚一样，氯仿几乎没有极性——分子的表面大部分是负电荷。但氯仿的重量大约是乙醚的2倍，所以氯仿更加呆滞，蒸发速度稍慢，医生能够更好地控制病人的吸入量。

虽然在外科手术中很有用，但在辛普森的专业中，氯仿引起了争议。一些产科医生认为，母亲必须经历足够的痛苦，才会与孩子建立联系。还有人担心，麻醉会以某种方式将疼痛转化为快乐，仿佛分娩突然变成了巨大的高潮，至于他们有什么证据我们并不清楚。许多人还担心违背上帝的旨意，因为分娩的痛苦是上帝对夏娃的诅咒，以惩罚她将罪恶带到世间。一些医生甚至提出，在麻醉下出生的孩子不得接受洗礼。辛普森直接引用《创世记》中的一句话驳斥这些反对意见：创造夏娃的时候，在取下亚当的肋骨之前，“上帝让亚当陷入沉睡”——这显然是指麻醉。1853年，维多利亚女王的第7个孩子利奥波德王子出生时，约翰·斯诺（以“死亡地图”闻名的对抗霍乱的医生）给她注射了氯仿，这场争论才最终平息。在那之后，医生对氯仿的赞美越来越多。

不幸的是，就像之前的乙醚和一氧化二氮，氯仿会使人成瘾，而最著名的瘾君子可能就是霍勒斯·韦尔斯。在麻省总医院的耻辱之后，韦尔斯辞掉了牙医工作，转而从事其他行业：兜售淋浴头，走私异国鸟类，把假画卖给美国的暴发户。因为后者他到了巴黎，令他震惊的是，巴黎的医生因为他早期的麻醉工作而尊他为天才。路易-菲利普一世邀请韦尔斯担任王室牙医，但他拒绝了。

1847年，回到美国后，韦尔斯撇下妻子和儿子，一个人搬到了曼哈顿。法国之行重新点燃了他对麻醉的兴趣，他弄到了一些氯仿，开始在自己身上试验。唉，他在法国的时光并没有减轻他的耻辱和痛苦，他开始每天把自己溶解在氯仿的雾气中。

氯仿成瘾，加上满足上瘾的需求，导致韦尔斯认识了一些流氓，这导致了他的悲剧命运。1848年1月，一个流氓冲进韦尔斯的公寓，抱怨一名妓女刚刚向他泼硫酸，弄坏了他的披风。他让韦尔斯配制一瓶硫酸，准备去报复。韦尔斯已经沉沦，他认为这听起来很公平；他甚至决定陪朋友一起去。复仇者们成功了——他们毁掉了那个女人的衣服。这个朋友提议把这个恶作剧扩大到其他女人身上，韦尔斯表示反对。

然而，这件事一直萦绕在他的脑海里。几天后，在氯仿导致的幻觉中，他拿起壁炉架上的药水瓶，冲到街上。他把硫酸浇在两名妓女身上，烧毁了一个人的衣服，烧焦了另一个人的脖子。韦尔斯神志不清地继续跑着，完全不记得接下来发生的事情。最终，另外两名女士收缴了他的武器并把他抓起来，她们对警察说，她们看到韦尔斯把硫酸泼到一个年轻女士的脸上，那位女士被送进医院，并且留下了终生的疤痕。

法院设定了巨额的保释金，但允许韦尔斯在警察的护送下回家取一些洗漱用品。趁着警察分心的时候，韦尔斯躲进浴室，拿到了剃须刀片和最后一瓶氯仿。第二天晚上，在监狱参加完主日礼拜之后，韦尔斯给康涅狄格州的妻子写了一封信——她不知道韦尔斯已经被捕了。韦尔斯把自己的事情安排妥当，然后将一块手帕浸入氯仿，再塞进嘴里，用另一块手帕固定住。麻醉生效后，他用剃刀刺进了自己的大腿，切断了股动脉。第二天早晨，警卫在黏稠的红色水池里发现了他的尸体。

那天晚些时候，一名警察决定找到那个被泼了硫酸的可怜女人，告诉她韦尔斯的死讯，给她一个交代。但是最近的医院没有符合描述的人，所以他去了另外一家医院。然后他又找了几家医院。没有人知道他在说什么。后来才知道，这个故事是妓女编的。

这是最后一个肮脏的细节。韦尔斯想出了如何消除全世界的痛苦，但他永远无法征服自己的痛苦。

一氧化二氮、乙醚和氯仿都是单一化合物制作的单一药物，而现在的麻醉剂通常是由几种药物混合而成，每一种药物都针对不同的生理功能。有的减缓呼吸，有的麻痹肌肉；其他的则缓解焦虑或干扰记忆。因此，从某种意义上说，我们非常了解这些药物的作用，因为我们可以精确地测量它们对血压、体温等十几种体征的影响。

但从更广泛的意义上说，我们对这些药物的原理一无所知，因为我们不知道它们是如何影响大脑的，这有点儿吓人。我们的确知道，麻醉混合物优先溶解在脂肪性脑组织中，它们显然会以某种方式干扰神经元的功能。除此之外，呃……问题在于，麻醉会扰乱意识（本质上是暂停意识），而首先我们对意识的运作原理只有一个模糊的概念。

但最近关于麻醉的几项研究揭开了一些神秘的面纱。令人惊讶的是，大脑并不会在麻醉的影响下关闭。设想一个人躺在手术台上，被注射了大量的镇静剂。如果外科医生切了什么东西然后说："哎呀！"其实病人的耳膜仍然能捕捉到这个声音，大脑的听觉部分仍然活跃。气味也是一样：如果外科医生忘记使用除臭剂，病人大脑中的嗅觉中枢会记录下来。即使注射了镇静剂，我们也不会对周围的世界毫无察觉。

即便如此，麻醉确实会干扰认知。对于一个完全清醒的人，声音和气味信号会迅速传递到大脑的其他部分，并刺激一个反应——"呀"或者"唠"。但在镇静状态下，这些信号永远没机会出现；它们会变成一条直线，大脑的其余部分永远都听不到。（神经科学家可能会说，她的大脑已经接收到信号，但没有感知到信号。）换句话说，虽然麻醉并没有完全关闭大脑，但它确实抑制了大脑不同部分之间的交流。

这些研究也揭示了人们如何从麻醉中苏醒过来。凭直觉，你可能认为麻醉状态是"逐渐消失的"，你会以稳定的速度从深度睡眠中醒来。但事实并非如此。相反，大脑似乎从一个"稍微少一点儿"的阶段直接跃迁到下一个阶段，总共有6个阶段，每个阶段持续几分钟。科学家知道这一点，是因为他们可以在每个阶段检测到不同的脑电波。在深度麻醉下，基本的感觉信号表现为短暂的低频脉冲——很简单的东西。当病人开始苏醒时，大脑重新产生交流，出现了更高频的电波。很快你就看到了一连串的信号，它们在遥远的区域之间来回传递，而不是迅速消失。这些信号变得越来越复杂，直到病人完全清醒，整个大脑都在嗡嗡作响。

除了暗示意识的运作原理，这项研究还可能有实际的用途。它可能有助于医生判断昏迷病人的精神状态，并确定他们是否在某种程度上依然"存在"——哪怕无法与他们沟通。这些研究可能还有助于消除现代外科手术的一个恐怖现象：人有时会在手术中醒来。这种"麻醉觉醒"很少发生，大概每1 000次手术只有1次，但一旦发生就太可怕了。受害者可以感觉到外科医生切开他的腹部，移动他的内脏，吸出他的血液。由于注射了肌肉松弛药，他们无法提醒别人注意他们的痛苦。他们只能默默忍受，有时长达几个小时。

麻醉觉醒的受害者很少在事后回忆这段经历；它仍然是朦胧而不真实的。但少数人记得所有的事情，包括疼痛。在创伤后的噩梦里，他们被活活剥皮，有人最后甚至会因此自杀。就个人而言，我想不出比麻醉觉醒更残酷的折磨。（如果但丁知道，他肯定会把它塞进《地狱篇》里。）了解大脑如何在不同的意识阶段之间切换，有助于在未来消除这种恐怖。

同样重要的是，这项研究有助于解决最伟大和最古老的哲学谜团之一：大脑中如何产生意识。托马斯·贝多斯和汉弗里·戴维可能没有用气体治愈任何疾病，但归根结底，他们想要了解人类的心理。如果麻醉真的能描述人类意识的深度，那么我们将有最充分的理由来赞美这些创造奇迹的快乐气体。

插曲：派托曼

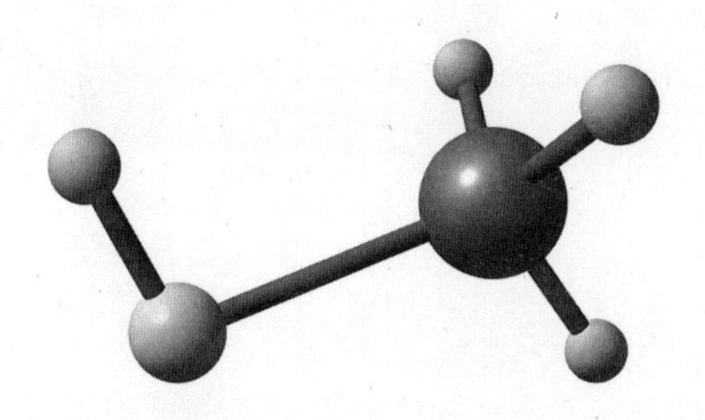

甲硫醇（CH_3SH）——目前空气中的含量为0.000 001ppm，你每次呼吸会吸入100亿个分子（除非你周围有人放屁）

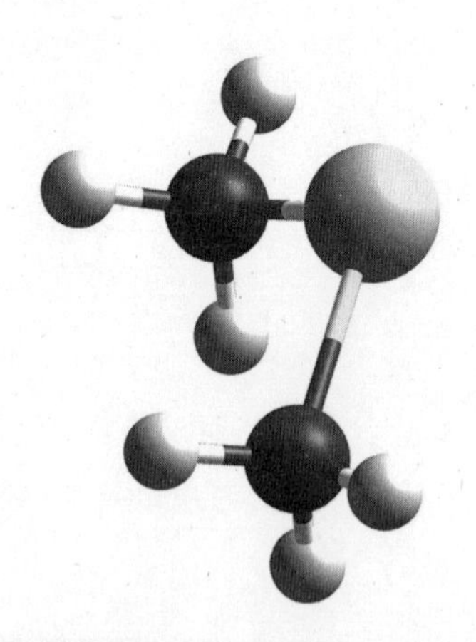

二甲硫醚（C_2H_6S）——目前在空气中的含量为0.000 01ppm；你每次呼吸会吸入1 000亿个分子（除非你周围有人放屁）

前文研究了气体如何影响我们的生命机理，从简单的呼吸到深层的大脑功能。但是你可能已经注意到了一个明显的遗漏：我们几乎没有讨论过肠胃气胀。不要表现得你好像没有想过这件事。这是一本关于各种气体的书，而我们最常想到的气体莫过于我们排出的气体。所以我们不妨放松一下，承认我们都很好奇，并且对这个话题感兴趣。约瑟夫·普约尔当然做到了……

很久以前，在法国南部，一个名叫约瑟夫·普约尔的少年正在海上冲浪。当他弯腰准备潜入海浪时，他深吸了一口气——感觉一股寒冷的冰柱从体内刺向他。他越来越惊恐，意识到自己不知如何“吸入了”一屁股水。

过了一会儿，水从他的直肠里喷涌而出，他感觉很好。不过他还是跑去找家庭医生，医生笑着让他忘掉这件事，但男孩做不到。从此他拒绝再去游泳，对整件事只字不提，直到20岁出头时他进入法国军队。年轻男孩聚在一起的时候，总是会聊一些粗俗恶心的话题；在军队中，普约尔描述了那天在海滩上发生的事情。他的袍泽认为这件事很滑稽，鼓励他再试一次。好奇战胜了恐惧，他在下一次休假时来到海滩，发现他可以随意地给自己来一次海水灌肠。

所有这一切原本只是一件奇怪的逸事，直到有一天（谁也不知道是如何发生的）普约尔发现他可以利用空气玩同样的把戏。他首先弯下腰，这会使他呼吸困难。然后他堵住口鼻，收缩膈肌，这扩大了腹部的容积。对气体来说，体积和压强密切相关：当其中一个上升时，另一个会下降。所以，扩大他的肺部必然会降低内部的压强，形成部分真空。通常情况下，当膈肌收缩时，空气就会冲进来，填满我们的肺。但由于普约尔弯着腰、堵着嘴，空气反而从肛门冲进来。最棒的是，在吸入空气后，普约尔放出了他一生中最为气势恢宏的屁。他很激动，跑去向他的袍泽展示。

在接下来的几年中，普约尔不断完善这项“技能”，直到他可以连续放10~15秒的屁。他发现自己还可以改变屁的音调和音量，就像演奏音符一样。凭此“技能”，他表演过戏剧，经常唱歌跳舞。在军营里磨炼了他的剧目之后，他蓄起胡子，在19世纪80年代中期开始了他的演艺生涯。他给自己起了个艺名叫“派托曼”（Le Pétomane），意思是“放屁狂人”。

1892年，他终于鼓起勇气参加了巴黎著名的红磨坊夜总会的试镜。面试中，他脱下裤子，通过吸水来清洗他的“乐器”（他通常每天给自己灌肠5次），然后给老板演奏小夜曲。老板大吃一惊，当场雇用了他。

观众一开始不知道派托曼是怎么回事，但不到两年，他就成了法国收入最高的演员，有些演出的收入达到了2万法郎，是传奇女演员萨拉·贝纳尔的2倍以上。当幕布拉开时，派托曼穿着黑色缎面礼服、戴着白色手套、披着红色斗篷出现在舞台上。（他之所以穿礼服，一方面是为了制造反差，另一方面是为了掩饰一次次强迫自己放屁的压力。）第一轮笑声过后，他就开始模仿：小女孩短促高亢的嘟嘟声、丈母娘粗嘎的声音、新婚之夜的新娘（害羞的呢喃细语），然后是结婚几个月的“河东狮”（一声惊雷）。他模仿公鸡、猫头鹰、鸭子、蜜蜂、蟾蜍、猪，还有一只被门夹住尾巴的狗。他用屁股演奏长笛，博得满堂喝彩。接近尾声时，他走下舞台，然后重新出场，肛门里插着一根管子，就像尾巴一样。派托曼嘴巴里叼着一根点燃的香烟，烟圈同时从两边喷出来。最后，他献上了一曲激动人心的《马赛曲》，然后用屁吹灭了几英尺远的一支蜡烛。

女性观众，特别是穿着束腰带的女性观众，经常笑得昏过去，甚至还有一个男人笑到心脏病发作了。（红磨坊夜总会利用了这一点，在剧场周围安排了护士，并张贴了演出危险的警告——当

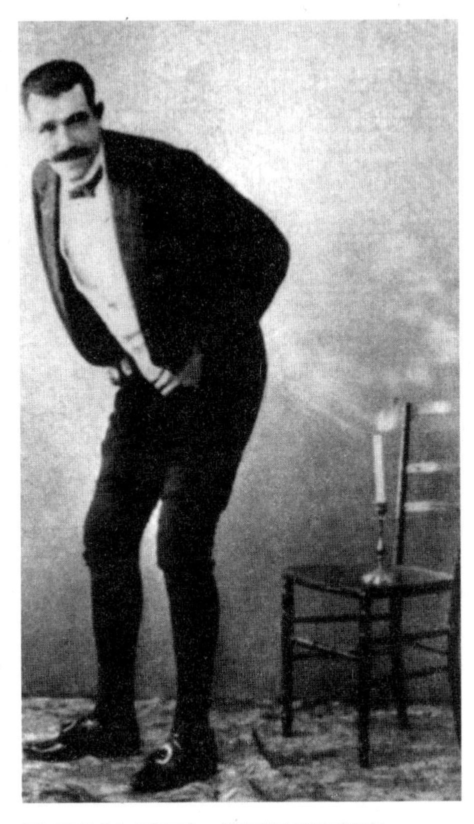

“放屁狂人”派托曼，他可以用肛门演唱

然，这只会让人更感兴趣。）为了防止你因为被厕所幽默逗笑而感到内疚——或者因为太古板而不觉得好笑——你需要知道，派托曼与勒努瓦和马蒂斯交好，拉威尔很崇拜他[1]。传说弗洛伊德在墙上挂了一幅派托曼的照片，而且在发展“肛门固着”理论时借鉴了他。甚至比利时国王也来观看过一次“放屁狂人”的表演，虽然只是“微服私访”。

派托曼后来经历了什么？首先我们研究一下屁是什么。屁的一部分是空气，每次你吞咽食物或水，都会吸入几毫升的空气。其中大部分会以打嗝的形式排出。但还有一部分会进入肠胃，并

1　勒努瓦和马蒂斯都是法国画家，拉威尔是法国钢琴家。

开始向下迁移——特别是当你躺着的时候。

每个屁中大约有75%是由肠道中的细菌通过发酵过程“在室内”产生的。我们普通人通常把发酵和啤酒联系起来，但实际上它还有更深的内涵：发酵包括各种各样的情况，概括起来就是，碳水化合物被消化并分解为更小的代谢物。以屁为例，发酵屁的细菌吞下碳水化合物链并将其分解为二氧化碳、氢气和甲烷；然后这些微生物把它们吐出来，让我们的肠道充满气体。有些食物被我们称为“胀气食物”（例如牛奶中的乳糖、卷心菜和西蓝花中的棉子糖），它们含有不在胃里分解的碳水化合物，为我们肠道中的微生物提供了一场盛宴。

成年人平均每天放大约20次屁，总共大约3品脱。不过，这些数字可能相差很大。每次屁股呼吸时，派托曼都会吸入近6品脱气体；医学文献中提到，有一个男人每天放屁高达120次。这么多气体如果找不到出口，势必会导致肠道破裂。在一个可怕的案例中，外科医生正在灼烧一名男子的结肠，却点燃了一团气体，结果他的腹部被炸出了一个6英寸的洞。

令人惊讶的是，屁中99%以上的气体是没有气味的。即便是甲烷也没有气味——虽然它名声不好。相反，大多数刺激性气体来自少数微量成分：硫化氢（H_2S），散发着臭鸡蛋的气味；甲硫醇（CH_3SH），发出腐烂蔬菜的恶臭；二甲硫醚（C_2H_6S），闻起来是令人作呕的甜腻，它们统称为“挥发性硫化物”。它们一次又一次出现在细菌过量的肚子里，这些气体也是早晨口臭的原因。（尽量不要想太多。）

以上就是放屁的原理。但你可能会惊讶地发现，这与派托曼没有任何关系。记住，他并不是通过吃西蓝花或大口喝牛奶使自己的肠道填满气体。他只是每天吸入新鲜的空气，然后把它们排出体外。所以，至少在舞台上闻不到“放屁狂人”的屁。事实上，派托曼在节目中回避了他认为很庸俗的厕所幽默。相反，他认为自己是介于歌手和印象派之间的人物，就像“拥有千种声音的人”[1]。

这就引出了一个令人吃惊的严肃问题。身体的两端都有管道允许空气通过，那么，为什么我们不能用屁股“说话”？*没有生理上的原因。当然，肛门没有声带，但这些声带并不特殊，它们只是防止食物和水进入气道的皮瓣；肛门括约肌可以像小号手的嘴一样发出声音，而且几乎是一样好的。更重要的问题是，我们的屁股没有嘴唇和舌头（谢天谢地），是这两个器官用气流塑造出语言。但事实上，我们的交流并不需要如此复杂的口腔设备。总的来说，进化很容易在很久以前就掉转方向，在我们的肛门周围形成更多的褶皱，用于直肠交流。据报道，有几种鲱鱼确实通过放屁来交流。

在红磨坊夜总会度过了辉煌的几年之后，派托曼与老板发生了一些法律纠纷。首先，为了帮一个朋友招揽生意，他在市场上的一个煎饼摊前低声演奏时被当场抓获。夜总会老板起诉他违反合同，声称只允许派托曼在夜总会里放屁。（新闻报道认为这很荒唐。）最后，派托曼辞职成立了自己的夜总会，这引发了更多的法律纠纷，特别是当红磨坊夜总会的老板找到一个女放屁狂人来取代他的时候。（后来她被证明是一个骗子：她在裙子底下藏了一个风箱。在职业生涯的早期，派托曼面临过同样的质疑，不过他在几位医生面前脱光衣服接受了检查。）

尽管不再是法国收入最高的演员，派托曼在他的新夜总会舒适地度过了20年的职业生涯，直到1914年欧洲发生了天翻地覆的变化。没人有时间再欣赏这种无聊的事，甚至连派托曼家也是如此——他的两个儿子在前线伤残了。经历了第一次世界大战中的臭名昭著的化学武器攻击，以气体为基础的戏剧表演似乎显得

1　指美国配音演员梅尔·布兰克。

非常没有品位。

战后，派托曼安顿下来，开了一家面包店，他做的麸松饼显然是最好的。1945年第二次世界大战欧洲战场胜利纪念日前的1个月，派托曼去世了。几位医生问他的家人是否可以检查一下他的肠道，看看他为什么能以这种奇异的方式吸入气体。遗憾的是，我们永远无法知道，因为他的家人拒绝了。他的一个儿子解释说："生命中的有些东西必须待以敬畏之心。"

第五章

受控的混沌

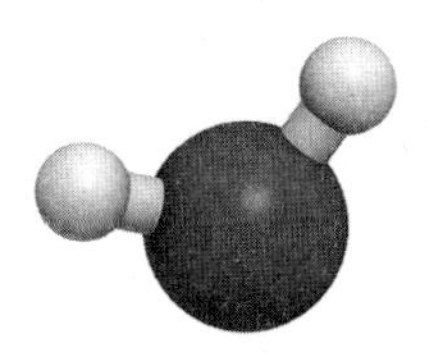

水（H_2O）——在空气中的含量是个变量，取决于地理环境和天气；不过无论你身在何处，你每次呼吸都会吸入几十亿到几百万亿个分子

在神圣罗马帝国皇帝面前接受审判通常不是一件值得庆祝的事情。但是，德国马德堡市市长奥托·格里克坐在往南行驶的嘎吱作响的马车里却感觉信心高涨。毕竟，即将上演的可能是历史上最伟大的科学实验。

格里克是一位典型的绅士科学家，他着迷于探究真空，真空就是内部什么都没有的封闭空间。当时大多数人对真空的了解仅限于亚里士多德的格言——自然厌恶真空*，自然不会容忍真空。但格里克认为大自然更加开放，于是他在17世纪50年代初开始尝试创造真空。在第一次尝试时，他用当地消防队的水泵从一个桶里抽水。最开始桶里装满了水，而且密封得很好，没有空气能进来。所以，抽出水后应该只剩下真空。但是，只抽了几分钟，木桶就漏了，空气还是冲了进来。接下来，他尝试用类似的装置抽空一个空心铜球。铜球坚持了更长的时间，但整个过程只进行了一半，铜球便向心聚爆，砰的一声被压扁了，让他的耳朵嗡嗡作响。

内爆的力量让格里克感到震惊，他的大脑开始飞速运转。不知为什么，仅凭气压——或者更准确地说，仅凭球内外的气压差——就把它压皱了。气体真的能强大到压碎金属吗？似乎不太可能。毕竟气体非常柔软。但格里克想不到其他答案，他此刻的思维跳跃被证明是人类与气体关系的一个转折点。也许这是历史上头一次有人意识到气体是多么坚固、多么强壮、多么彪悍。从概念上讲，从这里到蒸汽动力和工业革命只有一步之遥。

然而，在工业革命开始之前，格里克必须让他的同时代人相信气体的威力。幸运的是，他拥有完成这项任务的科学技能。事实上，在接下来的10年，他的一个演示在欧洲中部激起了非常荒唐的谣言，以至于斐迪南三世最终把格里克召到宫廷让他亲自演示。

在前往南方的220英里的旅程中，格里克携带了2个铜制半球；它们可以合成1个直径为22英寸的球壳。半球的壁很厚，足以承受这一次演示时的挤压，而且每个半球都焊有拉环，可以在上面系一根绳子。最重要的是，格里克在其中一个半球上钻了一个孔，并安装了一个巧妙的空气阀，只允许空气朝一个方向流动。

格里克来到宫廷时发现，等待他的是30匹马和一大群观众。那是一个会对罪犯实施“吊剖分尸刑”[1]的时代，格里克向众人宣布，他为铜球准备了类似的考验：他相信就算是斐迪南三世最好的马也无法把2个半球拉开。你可以原谅大家的笑声：如果没有人把它们固定在一起，2个半球就会因自身的重量而散架。格里克没有理会那些嘲讽者，他伸手到马车里拿关键的装置，一个放在三

1 起源于英格兰的一种酷刑，主要针对的是男性叛国者。这种刑罚在1870年被废除。

脚架上的圆柱体。它上面有一根管子，格里克把管子连接到铜球的单向阀上。然后他让当地的几个铁匠（他能找到的最强壮的人）开始转动机器的杠杆和活塞。每隔几秒钟它就呼哧呼哧地响一次。格里克把这个装置称为“气泵”。

它的原理是这样的。气泵内有一个特殊的气密室，气密室中装着一个上下移动的活塞。最开始，活塞被按下，意味着气密室中没有空气。第一步，一个铁匠把活塞抬起来。由于气密室通过管道与铜球相连，铜球内的空气现在可以流入气密室。为了方便讨论，我们假设最开始铜球内有800个空气分子。（这个数量非常少，但是一个不错的整数。）活塞被抬起来之后，可能有一半的空气流出来。这时铜球内只剩下400个分子，气密室内也有400个分子。

现在到了关键的一步。格里克关闭了球体上的单向阀，两边各有400个分子。然后他打开气密室的另一个阀门，让铁匠把活塞压下去。气密室坍缩，排出了所有的400个分子。最终的结果是，格里克排走了球体中原有空气的一半。

同样重要的是，现在格里克回到了起点，活塞处于被按下的状态。于是，他可以重新打开球体上的阀门，重复整个过程。这一次200个分子（剩下的400个分子的一半）流入气密室，200个分子留在球内。通过第二次关闭单向阀，他可以再次排出气密室中的200个分子。下一轮还会排出100个分子；然后是50个，以此类推。抬起活塞会变得越来越困难（因此需要强壮的铁匠们），但每泵一轮，铜球里的空气都会减少一半。

随着内部空气逐渐消失，铜球开始感受到来自外部的大力挤压。这是因为每秒钟都有无数的空气分子撞击它的表面。的确，单个的分子微不足道，但它们加起来就能产生数千磅的力（1磅力≈4.45牛顿）。正常情况下，铜球内部的空气会通过向外推来平衡这种压力。但由于铁匠排空了球内的气体，使得压力变得不平衡，外部空气开始把2个半球挤压得越来越紧：考虑到球体的大小，球在完全真空的情况下会产生5 600磅的合力。格里克不可能知道所有这些细节，我们也不确定他离完美真空有多近。但在看到第一个铜球壳塌陷之后，他知道空气非常强大，甚至比30匹马更加强壮——他打赌说。

铁匠们耗尽了空气（和他们自己的力气），然后格里克把铜球从气泵上拆下来，用绳子绕过两边的拉环，分别固定在一队马匹上。人群肃静。有些少女还举起丝绸手帕丢在地上。拔河开始！绳子紧绷，球体剧烈晃动，马儿喷着鼻息，蹄子奋力往下踩，脖子上青筋暴起。但铜球坚持住了——马匹无法把它拉开。之后，格里克拿起铜球，用手指轻轻打开第二个阀门，嗞嗞作响，空气冲了进来。1秒钟后，他手中的2个半球就散架了，就像是石中剑[1]，只有被选中的人才能完成这一壮举。皇帝对这个表演印象深刻，他很快就让奥托·格里克晋升为奥托·冯·格里克，成为正式的皇室成员。

随后几年，冯·格里克和他的助手又做了几项涉及真空和气压的戏剧性实验。他们发现真空玻璃罐中的铃铛摇晃时没有声音，证明声音的传递需要通过空气。同样，他们发现真空中红热的铁器不会使附近的黄油融化，证明热量无法在真空中对流。他们还在其他地方重复了半球的表演，广泛传播了冯·格里克关于空气力量的发现。最后这个发现对整个世界产生了非常深远的影响。地球上正常环境的气压为14.7磅力/平方英寸[2]（psi），这听起来没有多少，但它相当于每平方英尺有1吨的压力。并非只有铜半球

1 不列颠传说中的神剑。不列颠国王尤瑟王死后，国内出现了动荡。魔法师梅林说，伦敦的一块石头中有一把神剑，能拔出这把剑的人便是英格兰的国王。尤瑟王的私生子、后来的亚瑟王拔出了这把剑，并成为王位的继承人。

2 磅力/平方英寸，英制压强单位，也可以写作psi；公制中的压强单位通常用“帕斯卡”（Pa）表示，1 psi约等于6895 Pa。标准大气压大约是1.01×10^5 Pa。

奥托·冯·格里克（左上小图）开发的马德堡“吊剖分尸刑”实验（图片来源：惠康基金会）

能感受到这种压力。对于一个普通的成年人来说，每时每刻都有20吨的力向内压迫你的身体。你之所以没有注意到这个沉重的负担，是因为你的体内还有20吨的力在往外推。但即便你知道这里的受力平衡，一切似乎仍然不稳定。我的意思是，如果找到完美的平衡点，那么理论上一片铝箔可以在两条消防水管的冲击下保持毫发无损。但谁愿意冒这个险呢？我们的皮肤和器官在空气中面临着相同的困境，悬在两股恐怖的力量之间。

幸运的是，我们的科学前辈并没有因为这种力量而心惊胆战。他们吸取了冯·格里克的经验（气体有着惊人的强大力量）并迅速提出新的想法。他们参与的一些项目很实用，比如蒸汽机。有些项目很“轻浮”，比如热气球。还有些项目用气体的致命力量惩罚我们，比如炸药，但这一切都依赖于气体的原始物理力量。

工业革命始于一个破旧的玩具。18世纪50年代末，格拉斯哥大学聘请了一位喜怒无常的工匠制造和维护课堂演示的设备，这个工匠的名字叫詹姆斯·瓦特。其中一项任务涉及维修一台小型纽科门蒸汽机，这是矿井里用于抽水的蒸汽机的玩具版。它有2英尺高，由黄铜制成，从来没有正常工作过。负责的教授只想让瓦特修理这个蠢笨的东西，但瓦特对这个小型蒸汽机的研究越深入，就越能看到改进它的办法，这后来成为他毕生的执念。

人类用水驱动机器已经有很长的历史*，但蒸汽本身在工业上并没有多大用途，直到1696年，一个名叫托马斯·萨弗里的英国人为康沃尔的矿工制造了一台设备。康沃尔郡有成吨的锡矿和其他矿物资源，但挖了几英尺之后，矿井里就不可避免地充满了水。为了把水舀出来，需要将几十匹马或牛拴在一个巨大的轮子上，让它们把水桶拉上拉下——这是一项耗时、乏味且昂贵的工作。为此，萨弗里发明了一种设备。它由两部分组成，第一部分是格里克式的真空泵，用于初步提高水位；第二部分是另一个泵，利用压缩蒸汽将水位进一步推高。在向客户宣传这款设备时，萨弗里称它为“矿工之友”，就好像它是一只宠物狗。但它的造型其实更像一只宠物龙：高几十英尺，用肚子里燃烧的火焰制造蒸汽。事实上，在申请专利的时候，萨弗里给他的机器取了一个梦幻般的名字：“利用火提升水的发动机”。

虽然比牛强，但“矿工之友”也有缺点。第一个缺点涉及萨弗里的真空泵，它不能将水抬升到34英尺以上。造成这种限制的原因很微妙，与人们对真空泵工作原理的普遍误解有关。当时的大多数人认为，真空泵抬升水的方法是以某种方式将液体往上吸，但现实不是这样。严格来讲,真空泵不能举起或吸起任何东西——如果你仔细想想，这是有道理的。真空中什么都没有，它怎么能施加力或做功呢？实际情况是这样的：当你从真空室中抽走所有的空气，突然间就没有什么东西可以阻止试图从外部进来的液体。因此，这些液体可以畅通无阻地进入任何空隙。总之，真空泵不会把液体拉过来，它只是允许外部液体被推进来。

那么，当你抬升水的时候，是谁在“推”？是气压。设想下面这种情况：矿井的底部有一池水，地面上有一台真空泵，一根管子从真空泵通到水池里。只要你启动真空泵，水就开始在管道内上升。但这并不是因为泵以某种方式把水往上拉。相反，这是因为有气压施加在水池的表面。这听起来可能有点儿迷惑：向下压的空气会使水上升？但这是真的。打个比方，想象一个放在吧台上的面团。把你的手放在面团上，往下按。会发生什么？有些面会被压扁，还有一些面会从你的指缝中挤出来。换句话说，按压一些地方的面团会抬高另一些地方的面团。水和气压也是一样。大部分表面之上的空气往下压，但向下的压力会迫使水向上进入低压区域，比如管道内的真空。

真空与气压、推与拉之间的这些区别，乍一看可能是咬文嚼字。如果你说的是1根9英寸的吸管的原理，那么它们可能确实没什么差别。（请不要向人们指出，是气压而不是肺导致了他们每吸一口饮料，吸管中的液体就会升高。尽管你是对的。）但对于几十英尺的高度，这种区别就至关重要了。因为在这个高度上，向下的动力开始成为一个影响因子。

要理解气压和重力之间的斗争，可以想象一名矿工试图用萨弗里的真空泵抬升一些水。我省略了计算过程，但如果萨弗里的管道吸入了1英尺高的水，那么这些水受到的向下拉的重力相当于0.4 psi。支撑水柱的气压是14.7 psi，由于14.7大于0.4，所以气压获胜。如果他的管道吸入了2英尺高的水，重力压力将翻倍至0.4 psi——仍然小于14.7。随着吸入的水越来越多，在某个时候，向下的重力压力将超过14.7 psi，水柱将不再上升。如果你计算一下，这会发生在吸入34英尺左右高的水的时候。

这就是托马斯·萨弗里遇到的极限。事实上，地球上的真空泵*，即便是最完美的真空泵，也无法将水抬升到34英尺以上；我们的大气层缺乏这种力量。萨弗里的真空泵（它甚至没有接近完美）更糟糕，最多可以将水抬升不超过30英尺。

在这个时候，你可能想到了萨弗里蒸汽机的另一半，它利用一股蒸汽将水通过一根管道向上推。好消息是，这种方法没有固有的限制。只要你不断提高蒸汽压力，理论上你可以用这种方法把水泵上月球。问题是，17世纪90年代的阀门和接头承受不了太大的压力，再过30英尺，一切都会崩溃。总的来说，萨弗里的设备不能将水提升到60英尺以上。虽然效率比马更高，但并非达到一流水准。

18世纪第二个十年，一个叫托马斯·纽科门的铁匠发明了一种更强大的蒸汽机。它同样由两个部分组成。其中一个部分是内置活塞的腔室，活塞根据蒸汽压力的波动而上下移动。要理解它的工作原理，可以想象最开始的时候活塞在上面。活塞下面有一团柔软的蒸汽云，帮助支撑活塞的重量；只要蒸汽还在那里，活塞便不会移动。可是，就在活塞开始放松的时候，下面的一个阀门打开了，破坏了一切。这个阀门将冷水喷射到装有蒸汽的汽缸中，从而冲击蒸汽——就像有人往你的衬衫里倒冰，气体会皱缩并凝结成水，然后通过底座上的管道排出。（据报道，这一步从外部听起来像是有人在抽鼻子。）更重要的是，当蒸汽凝结时，支撑活塞的东西消失了。在外部气压的推动下，活塞开始大幅下落。不过，它还没有撞上汽缸底部，另一个阀门就被打开挽救了局面。蒸汽冲回腔室，推动活塞使其上升。危机解除了，活塞可以再次在蒸汽云上放松下来——直到那个“卑鄙的”阀门再次打开，喷入更多的冷水，开始新的循环。

严格来说，蒸汽机的活塞侧并没有泵出水，它只提供动力，真正的抽水发生在另一侧。活塞上方有一根巨大的木梁，像油井架一样上下摆动。（矿工从不列颠哥伦比亚省或波罗的海的原始森林进口这些40英尺长的庞然大物。）木梁的一端拴在活塞上，所以活塞每次循环时，“跷跷板”就会上升或下降。这种上升和下降轮流驱动“跷跷板”另一头的泵。但说实话，它几乎不能说是“泵”。许多只不过是一个水桶，每循环一次就把水向上推几英尺。但不同于花哨的真空泵，水桶没有因气压而产生的内在限制。而且，虽然水桶看起来十分简陋，但纽科门蒸汽机的业务端（蒸汽活塞）能够很好地集中动力，以至于矿工可以将水提升150英尺，这在18世纪初是一个不可思议的高度。

然而，尽管纽科门蒸汽机有这么多好处，但矿工很少把它视为亲密伙伴，因为安装这些蒸汽机需要1 000英镑，这非常昂贵。更糟糕的是，它们每天都要消耗大量的煤炭。大型矿井没法不使用它们，但仅燃料成本就会让这些矿井濒临破产。蒸汽机与其说是朋友，不如说是勒索者，但没有人能找到绕过它们的办法。

这里让我们把目光放回詹姆斯·瓦特身上。瓦特为大学修理破旧的设备，不禁注意到了纽科门设计中的几个低效之处——特别是过度的燃料消耗。现在我们会从热损失和能量浪费的角度来讨论这种低效率，但当时的科学家对这些概念并没有清晰的认识。瓦特说的是“蒸汽浪费”。他的措辞在今天听起来很奇怪，但其实非常有道理。在那个时代，蒸汽确实是一种珍贵的商品。

尽管缺乏科学训练，但瓦特还是一头扎进了杂乱无章的“蒸汽浪费”问题中。早晨，他会从茶壶里收集蒸汽，并尝试用热量熔化一些东西；晚上，他会埋头读有关燃素理论的书，或者做化学实验。在与发现二氧化碳的有趣的苏格兰化学教授约瑟夫·布莱克交谈后，他终于取得了一些进展。布莱克也研究了相变，即物质从固体变成液体或从液体变成气体的过程。瓦特正是从这项工作中拓宽了自己的眼界。

要理解为什么，请想象炉子上面有一壶冷水。我们现在开始加热，从32华氏度到33华氏度，从33华氏度到34华氏度，就这么一度一度地加热到212华氏度。很巧的是，每升高1度所消耗的能量是一样的，大约是每磅水含有的（食物）热量的1/4。但如果你试图把水加热到212华氏度以上，就会发生奇怪的事情。水的沸点是212华氏度，所以213华氏度的水就是蒸汽。根据之前所需的稳定的热量输入，你可能会认为，水从212华氏度升高到213华氏度所需的能量等于从211华氏度升高到212华氏度所需的能量，但事实上还差得远。液态水和蒸汽之间有着巨大的鸿沟。实际上，将一杯水从32华氏度加热至212华氏度所需的能量，远远小于从212华氏度转化为蒸汽所需的能量——大约是1/5。这就像一场终点设在山顶的马拉松：跑完最后的25英里比一开始的25英里更艰难，这是因为蒸汽吸收了太多能量。

布莱克把蒸汽中的额外能量称为“潜热”，瓦特用这个想法来解释纽科门蒸汽机为什么很低效。和之前一样，纽科门循环从活塞向上开始。然后，由于注入汽缸的冷水，支撑活塞的蒸汽凝结了。很明显的是，要实现这个目标，冷水必须将蒸汽冷却到212华氏度以下。不太明显的是，冷水也必须将活塞和汽缸冷却到212华氏度以下，否则凝结在这些热金属表面上的水滴就会嗞嗞作响地变回蒸汽。这意味着注入汽缸的冷水量远超过你的想象，这浪费了大量的时间和能量。但真正要命的是相反的过程。活塞落下后，蒸汽机必须用更多的蒸汽才能把它抬起来。不幸的是，刚刚被水冷却的金属表面现在会收缩，任何蒸汽一碰到它就会凝结。换句话说，冰冷的金属表面会像吸血鬼一样吸走蒸汽中的能量，留下无用的液滴。要解决这个问题，纽科门蒸汽机必须泵入更多的蒸汽，更多的蒸汽意味着煮沸更多的水，更多的水意味着燃烧更多的煤，更多的煤则意味着浪费更多的钱，而且这中间没有多少利润。根据瓦特的计算，纽科门蒸汽机浪费了80%的蒸汽。也就是说，每花的5块钱中就有4块钱被浪费了。这就是为什么瓦特对这种“蒸汽浪费”感到遗憾:蒸汽储存了如此多的潜在能量，任何损害蒸汽效率的东西都会损害机械的整体运转。

所以，瓦特必须设法避免反复加热和冷却汽缸。然而，还没有来得及做改进，为了养活妻子和孩子，瓦特不得不放弃摆弄蒸汽机，找了一份运河勘测的工作。不过这些年的工作时间并没有完全浪费。和矿井一样，运河洞在挖掘阶段经常被水填满，所以也需要排水，这样瓦特就有几年时间可以经常与纽科门蒸汽机一起工作了。但他经常感觉气恼，因为所有的蒸汽被日复一日地浪费了。

在这些年中，瓦特还开始与住在格拉斯哥以南250英里的伯明翰的一群绅士科学家通信。在某种程度上，伯明翰就是当时的硅谷（一个科学奇境），来自欧洲各地的游客络绎不绝，水车和自动织机让他们目瞪口呆。即便如此，这里并不是乌托邦。工人四处游荡，散发着油污味，眼睛充血，咳嗽不止。有些人的头发因长期冶炼铜而被染成了绿色。

瓦特出身工人阶级，但他结交了伯明翰的精英，尤其是伯明翰著名的知识分子俱乐部——月光社。（约瑟夫·普里斯特利、威廉·赫歇尔、伊拉斯谟·达尔文也是其中的成员。）月光社的成员每月聚会一次来讨论文学和哲学，他们总是在最接近满月的周一晚上聚会。根据月相来安排会面，抛开神秘主义不谈，这放在今天也是很吸引人的，但这种安排的理由却十分乏味：聚会结束后，成员们需要借助月光才能找到回家的路。

瓦特与其中一名成员关系密切，那就是制造商马修·博尔顿。博尔顿开了一家非常挣钱的工厂，生产鞋扣、银器、温度计和廉价的玻璃珠——探险家曾用这些玻璃珠骗走了印第安人的家园。每年冬天，驱动博尔顿工厂的溪流都结冰了，所以他要么选择停工，要么选择租几十匹马来转动水车。夏季的干旱也造成了同样的困境。于是博尔顿开始劝瓦特搬到伯明翰，开发能驱动他工厂中的机器的蒸汽机。

瓦特对这个提议犹豫不决，直到一场家庭悲剧说服他背井离乡，加入博尔顿的公司。他的妻子在1773年去世。瓦特知道只有一种减轻悲痛的方法，那就是投入伯明翰的蒸汽研究中，让自己精疲力竭地工作。（多年以后，当他的女儿杰西去世时，他以同样的状态投入气体医学的研究中。）正是在这期间，瓦特制造了著名的蒸汽机。

实际上在几年前，也就是1765年，瓦特就已经想出了核心的理念。前面已经说过，在纽科门蒸汽机中，活塞的升降取决于蒸汽压力的波动，这两个步骤发生在汽缸内的同一空间。但或许它们不需要这样。有一天瓦特意识到，也许可以把蒸汽移到其他地方冷凝——用管道把它引入一个单独的冷却室。通过这种方法移除蒸汽，活塞仍然可以在需要的时候落下。因此，他能够一直保持汽缸的温度，避免蒸汽过早地冷凝。

瓦特在一个星期天想到了这个“独立冷凝器”的构想。他无法直接冲进工作室，而是把这个想法搁置了一天，这让他很痛苦。他完全不知道需要花几年时间才能使独立冷凝器正常工作，然后

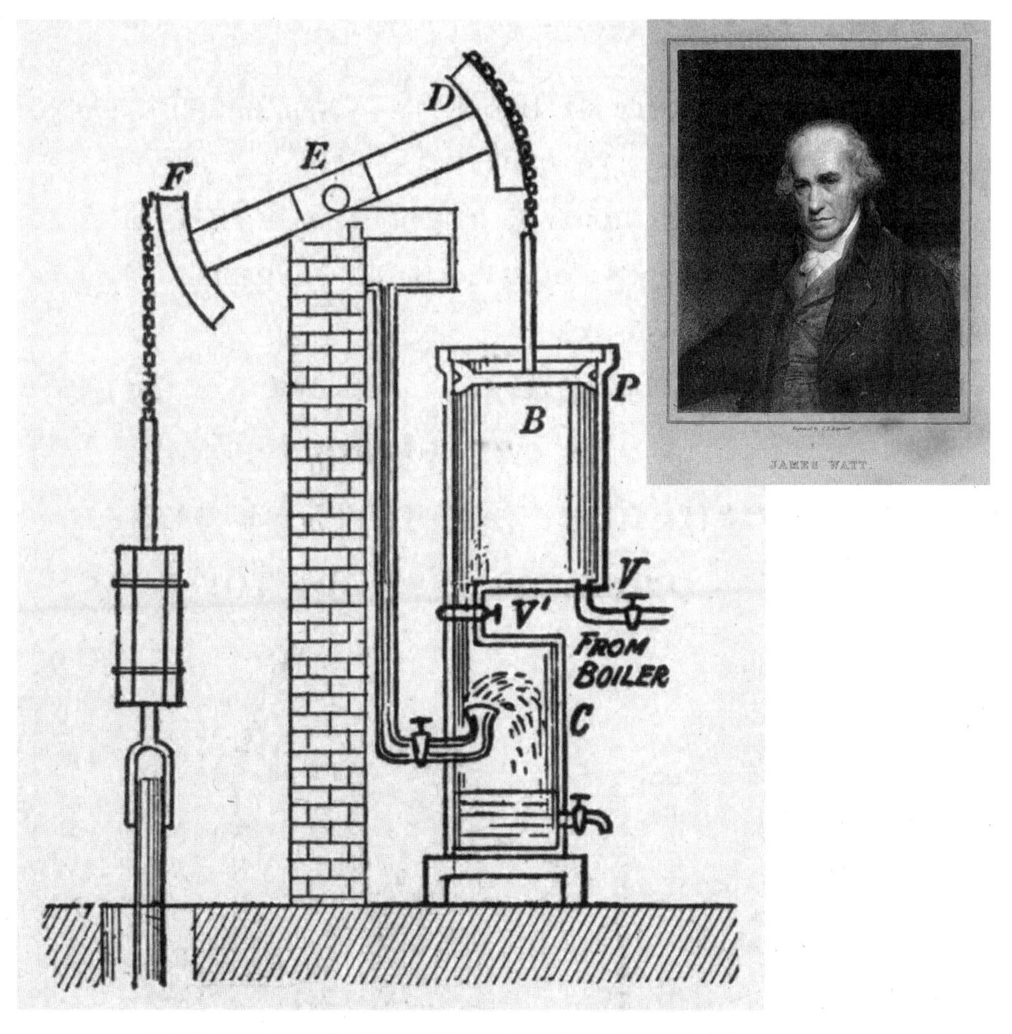

詹姆斯·瓦特（小图）的著名的蒸汽机（图片来源：惠康基金会）

再花几年时间和博尔顿一起制造一台成熟的蒸汽机。这些拖延主要是由瓦特造成的，因为他的强迫症让他忍不住修补其余的部分。他把活塞倒过来，在下面插入第二个蒸汽室，以便从两边推动活塞。他在独立冷凝器上增加了一个气泵，以便更快地吸走蒸汽。他给活塞安装了一个调节器，以便于自动调节速度，防止运行过快。齿轮中还有齿轮，管道里还有管道：只要能提高一丁点儿效率，瓦特就不害怕引入任何的复杂结构。

终于在18世纪70年代中期，瓦特组装了一台能工作的蒸汽机——如果你不介意我评价一下，我觉得最终的成果非常难看。我喜欢简洁的机械，格里克的气泵甚至纽科门的蒸汽机都具有这种品质。相比之下，瓦特的蒸汽机一点儿都不优雅，更严重点儿说，它是一堆胡拼乱凑的垃圾，但我不得不承认它取得了成功。不管独立冷凝器增加了多少杂乱的东西——额外的管道、额外的阀门、额外的泵，为了获得蒸汽中如此之多的潜在能量，这一切都是值得的。需要说明的是，瓦特蒸汽机提升水的高度并没有超过纽科门蒸汽机；但它只需要消耗1/4的煤炭，为矿主节省的日常成本是难以想象的。（想象一下，同样的一箱油，你的汽车能跑之前的4倍远。）瓦特并没有发明蒸汽动力；但如果他没有制造出经济实用的设备，工业革命很可能就会中断。

1775年，瓦特和博尔顿卖出了他们的第一台蒸汽机，尽管组装一台蒸汽机需要花好几个月的时间，但他们的设备在采矿市场上拥有绝对的优势。他们的势力范围最终也扩展到其他市场，特别是工厂。但这个过渡并没有听上去那么简单，因为工厂通常需要（由于历史原因）提供旋转动力的发动机，而不是像活塞那样提供往复动力。然而，经过几年的修补，瓦特想出了几个巧妙的设计来满足他们的需求。[1]

开拓新市场也使瓦特对蒸汽机有了更宏大的构想。对大多数人来说，蒸汽机只是用来完成特定任务的工具——抽水、驱动车床等。但瓦特设想的是，蒸汽机更像是一种通用能源——它能够为任何机械过程提供动力。打个（不合时宜的）比方，大多数人认为蒸汽机就像是计算器：精通一项任务，但除此之外一无是处。

1 这里很可能是指行星齿轮，它可以把往复运动转化为旋转运动。行星齿轮的实际发明者是后文提到的威廉·默多克，而不是詹姆斯·瓦特。

而瓦特梦想着制造一台相当于计算机的蒸汽机——能够适用于任何行业的多功能机器。

有了这些新想法之后，瓦特还需要拟一个新词。工厂主当然知道瓦特可以帮他们省钱，但他们都很谨慎，想要知道具体省了多少钱。现在一个矿工可以抽150英尺高的水——但这如何衡量木材厂和鞋扣厂从中获得的效益？他们的投资能换来多少米的鞋带或多少袋的面粉？

瓦特没有单独计算每间工厂的情况，而是发明了一种通用的比较标准——马力。他的定义非常直接：他观察几匹马推动水车，然后计算它们在一定时间内移动重物的距离（按英制，1马力等于550英尺·磅/秒，约为746瓦特）。这个单位从各个方面看都很聪明。通过引入马力，瓦特狡猾地提醒工厂主他们可以放弃什么——所有的燕麦草料、断腿的风险和兽医账单。客户也能直观地理解这个单位。如果以前他们的水车需要10匹马，那么现在就只需要一台10马力的蒸汽机。

从科学上讲，这个想法是很有先见之明的。在接下来的一个世纪，热力学（研究热量和能量）主导了化学和物理研究的发展。能量是科学中的一个很大的话题，经常出现在各种不同的场合中，科学家需要一个标准的比较单位来了解不同过程吸收和释放能量的速度，“马力”完全符合这些要求。但科学家们几乎不知道，整个想法始于詹姆斯·瓦特的一个营销计划。

（但随着热力学拓展到光和磁场等新研究领域中，“马力”这一名称就明显变得很荒谬——仿佛你可以把一匹马拴在仪器上。1882年，物理学家最终投票确定了一个新的通用的功的单位，它不仅适用于“利用火提升水的发动机”，也适用于灯泡和冰箱，他们称之为“瓦特”。）

唉，在瓦特的一生中，蒸汽从未如他设想的那样成为通用能源。部分是因为这位发明家在法庭的专利诉讼中浪费了越来越多的精力。（瓦特称专利侵权者为“撒旦的使魔”，他的法律攻势让一些人进了监狱。）但说实话，瓦特本人应该为蒸汽机的发展迟滞承担大部分责任。同时代的几个人想出了如何缩小瓦特的巨型蒸汽机，并设想把它安在轮船上。瓦特拒绝了这些想法，把所有的法律障碍抛在他们面前。1784年，博尔顿工厂里一位聪明的工程师威廉·默多克制造了一辆蒸汽动力火车模型，瓦特和博尔顿制止了他。月光社的成员伊拉斯谟·达尔文是一位杰出的医生，他每年都会在英格兰崎岖不平的道路上行驶几千英里（并且因此导致屁股疼痛），于是画了一幅蒸汽动力汽车的草图。瓦特最终为这一设计申请了专利——但很大程度上是为了阻止别人制造。

不过，即使瓦特站在历史的对立面大声喊：“停！”也无法永远阻止蒸汽动力技术的发展。蒸汽力量充沛，工程师无法忽视它。为了给瓦特应有的尊重，历史学家指出，他设计的蒸汽机在他死后75年里都没有改变过。想想在过去的25年里计算机等技术发生了多大的变化，你就会明白这有多么不可思议。

事实上，瓦特的蒸汽机的功能非常强大，以至于彻底改变了英国社会的运转方式。工厂不再受制于河流，可以带着数百万工人进入城市。（19世纪中期，英国成为当时第一个城市人口多于农村人口的国家。）妇女和儿童也进入劳动力市场，一个新的社会阶层——中产阶级诞生了。不同于法国的血腥革命，英国通过工业革命重建了社会，而詹姆斯·瓦特厥功至伟。

蒸汽最终在19世纪成为一种通用的动力来源，但在某些应用中比不过其他气体，以炸药为例。

几个世纪以来，人类只知道一种炸药——火药，即碳、硫和硝酸盐的混合物。燃烧时，这3种成分的反应大致为：$3C_{(固体)}+S_{(固体)}+2KNO_{3(固体)} \longrightarrow N_{2(气体)}+3CO_{2(气体)}+K_2S_{(固体)}$。但是请注意，开始的时候左边有6个固体分子，而结束的时候右边只有5个分子，其中4个是气体分子。正是这些气体推动子弹高速飞行。

尽管如此，从最开始的6个分子中只得到了4个气体分子，这并不是令人瞩目的性质。于是在1846年，意大利化学家阿斯卡尼奥·索布雷罗发现了火药的替代品。和当时的大多数优秀化学家一样，索布雷罗有点牛仔气质，喜欢与危险的物质打交道。在一项实验中，他把橡胶和乳糖等物质放入酸中，只是为了看看会发生什么。其中一种化学物质是甘油（一种糖），他把甘油滴在硝酸和硫酸的溶液中，产生了一种淡黄色的液体，索布雷罗将其比作橄榄油。因为整个反应涉及硝基（$—NO_2$）在甘油上的融合，因此他把这种物质称为“硝酸甘油”（$C_3H_5O_9N_3$）。

在一次测试中，索布雷罗将一滴硝酸甘油置于密闭的试管内，并将其放在火焰上。过了一会儿，他从脸上和手上取出爆破的玻璃碎片。我们可以通过化学反应了解试管为何爆炸：$4C_3H_5O_9N_{3(液体)} \longrightarrow 6N_{2(气体)}+10H_2O_{(气体)}+7CO_{2(气体)}+O_{2(气体)}$。关键在于，4个硝酸甘油分子可以产生29个气体分子，这样的投资回报率非常高。更妙的是，硝酸甘油几乎在百万分之一秒内释放出这些气体*。（相比之下，火药爆炸的时间需要千分之一秒。这意味着，如果把火药爆炸的时间拉长到1个小时，那么硝酸甘油的爆炸只需要4秒。）科学家现在已经知道，速度是这种爆炸如此致命的原因。以盎司而论，大多数炸药的化学键中储存的能量比不上汽油、煤炭甚至黄油（！）。炸药只是以极快的速度释放能量。炸药通过气体向外释放能量，正是这些气体造成了大部分的破坏。

索布雷罗试图把他的“糖弹”卖给意大利政府，但意大利政府拒绝了：在试验中，硝酸甘油的破坏能力太强了。但硝酸甘油得不到应用，是因为另一个问题——它非常不稳定。索布雷罗已经发现，热量有时候会使它爆炸。但有些时候，它即使燃烧了也不爆炸。还有些时候，它会在没有任何热源的情况下爆炸：只需要一个猛烈的颠簸。或者它几乎可以自燃，就像狄更斯笔下的克鲁克先生。由于这种不可预测性，硝酸甘油在日常生活中过于危险，不过这对化学牛仔来说却更有吸引力。他们一直盯着硝酸甘油，围着它转，寻找驯服它的方法。尽管花了20年时间，但一个名叫阿尔弗雷德·诺贝尔的孤独愁闷的瑞典人最终做到了。

诺贝尔的父亲伊曼纽尔制造炮弹、迫击炮、鱼雷等战争武器，这个家庭在和平时期经常遭受残酷的折磨。诺贝尔出生于1833年，这一年由于一场工厂火灾，他们家破产了。伊曼纽尔最终说服了俄国军方，让他为军方制造水雷。1842年他带着妻子和4个孩子从斯德哥尔摩搬到圣彼得堡。作为一个消化不良、经常咳嗽、心脏虚弱的孩子，阿尔弗雷德在这次旅程中可能感觉十分艰难。他不适合做剧烈的活动，于是专注于学术，并在几个科目上表现出色，精通德语、英语、法语、意大利语和俄语。考虑到自己的语言天赋，诺贝尔渴望写作，但他的父亲却把他推向了科学。诺贝尔尽职尽责但三心二意地开始学习化学。一天下午，圣彼得堡的教师安排了一次演示，这改变了一切。教师在铁砧上抹了一滴像橄榄油的东西，让所有人往后退。这个装置看起来并没有多么让人印象深刻，甚至引起了男孩们的几声冷笑，直到教师用锤子敲打铁砧。

爆炸声和闪光让诺贝尔大吃一惊，几乎要把他掀翻了。一滴液体就有如此强大的力量！这种物质让他着迷，当他的父亲在克里米亚战争[1]后再次破产，阿尔弗雷德说服了家里的大多数人跟他一起投资，专注于硝酸甘油。

虽然听起来很疯狂，但诺贝尔认为，使硝酸甘油更安全的方法是把它与火药结合起来。前面提到过，人们之所以惧怕硝酸甘油，是因为它似乎会随机爆炸。诺贝尔推断，硝酸甘油只是需要一个更可靠的引爆器，而最可靠的引爆器莫过于以前的火药。因此，他设计了一个由三部分组成的原型炸弹：一小瓶硝酸甘油，一个塞入硝酸甘油的密闭的火药筒，一根导火线。他的计划是，导火线首先点燃火药，释放出高温气体；然后高温火药气体会撞击硝酸甘油，并引爆它——这是历史上最早的两级炸药。诺贝尔在圣彼得堡附近的一条排水沟中测试该设备，他邀请他的兄弟们过来观看。他点燃导火线，把炸弹丢进水里，然后转身就跑。轰隆！污水像雨点一样落在他们的身上，溅在他们的衣服上。诺贝尔非常激动。

第二年，诺贝尔一家回到斯德哥尔摩。当诺贝尔最终回到硝酸甘油的研究时，他产生了引发更大的爆炸的想法：他颠倒了最初的装置，把一小瓶火药装在一个大硝酸甘油罐中。这一次他邀请了他的父亲、哥哥罗伯特以及弟弟埃米尔-奥斯卡过来观看；而且诺贝尔鼓起勇气，决定不在水中而是在空气中引爆这个装置。

在那个重要的下午，诺贝尔再次点燃导火线并跑开。三、二、一……然后——无事发生，炸弹失败了。火药"噗"的一声，消失在一缕烟雾中。硝酸甘油无害地溅在泥土中。所有人都目瞪口呆了1秒钟。接着伊曼纽尔和罗伯特大笑起来；他们笑得人仰马翻、流出眼泪。我猜这个笑话爆了，是吧，阿尔弗雷德？哈哈哈。诺贝尔十分恼火。他跺着脚走了，把自己关在实验室里，想弄清楚出了什么问题。为什么硝酸甘油-火药混合物在水下能够爆炸，

1 1853年至1856年在欧洲爆发的一场战争，俄国与英法等国争夺在小亚细亚地区的权益，战场在克里米亚半岛。

在空气中却不爆炸？它不可能是随机的：一定有一个科学的解释。

他最终意识到，问题的关键在于压力。在水下引爆第一颗炸弹时，由于水阻碍了气体的逸散，所以他无意中将高温火药气体限制在一个小空间内。结果，这些气体有时间撞击并引爆硝酸甘油。但空气无法提供同样的束缚。在这种情况下，火药气体像火箭一样离开，对硝酸甘油没有任何影响。诺贝尔意识到他需要一种方法来限制火药。经过一年的摸索，他想出了一种叫“雷管”的东西，这是一种空心的木塞，可以减慢火药烟雾的释放速度，使之刚好能够引爆硝酸甘油，这是他渴望已久的突破。

阿尔弗雷德·诺贝尔，硅藻土炸药的制造者，诺贝尔奖的捐助人

1864年，诺贝尔开始兜售雷管和“爆破油”（他给硝酸甘油取的商品名）。同年9月，他刚拿到第一笔大订单，帮助修建苏伊士运河，这时250磅硝酸甘油在他实验室附近的仓库里爆炸了。爆炸摧毁了几栋建筑，造成了5人死亡，包括他20岁的弟弟埃米尔-奥斯卡，当年唯一没有嘲笑他的人。诺贝尔当时在几英里之外，没有人确定是什么导致了硝酸甘油爆炸，但警察发现他在城市范围内非法制造硝酸甘油，威胁要以谋杀罪起诉他。

他曾试图向警方保证，如果处理得当，硝酸甘油是安全的，但冒着烟的实验室废墟推翻了这个说法。国内外发生了一系列类似的事故，舆论对他的抗议更加坚定。说实话，这里的一些受害者听起来像达尔文奖[1]的候选人：用硝酸甘油擦靴子或润滑马车车轮的乡巴佬。那个拿一罐硝酸甘油当足球踢的威尔士矿工可以说是活该。其他事故就不能如此轻描淡写了。1866年，一箱泄漏的诺贝尔爆破油运抵旧金山，几名仓库工人试图用撬棍撬开盖子。但他们只成功地撞出了一些凹痕。一只断臂砸在街那边3楼的窗户上。在几栋楼之外，救援人员在地板上发现了一个完整的人头。

在纽约、巴拿马、悉尼、汉堡，随着这样的事故越来越多，诺贝尔成了名副其实的人民公敌。没有人愿意租给他实验室，所以他不得不把一艘驳船改装成漂浮的化学实验室，在水上工作了几年。不过，港口飘来的爆炸声和烟雾总是暴露他的位置。所以他不得不随时准备起锚，像逃犯一样跑到新的港口。有一两次民众甚至袭击了这艘“诺贝尔死亡船”。

1867年，诺贝尔终于找到了解决问题的办法，既可以降低硝酸甘油的危害，又不影响它的作用。在化学上，你可以把硝酸甘油看作一束气体以液体的形式松散地结合在一起。但这种“液体”无力限制这些野性分子。因此，诺贝尔决定混入一种固体来增强液体的力量，这是一种柔软的白色黏土，叫硅藻土。（当一种叫

1 达尔文奖是一个半开玩笑的奖项，由网友投票，评选出最愚蠢的年度事件。获奖者均已逝世或永久失去生育能力，让自己愚蠢的基因无法再传播（将自己从基因库中移除），从而对人类物种的进化做出贡献，因此该奖项以发现生物演化的查尔斯·达尔文的名字命名。

硅藻的海洋生物在水下腐烂时，硅藻土就形成了。）诺贝尔一直否认各种各样的传说，其中一个传说是，他像一个笨手笨脚的人把一些硝酸甘油洒在一堆硅藻土上，意外地发现了这种混合物。过程暂且不论，诺贝尔喜欢把得到的腻子塑造成条状物。结果证明，硅藻土可以削弱硝酸甘油，但它也可以防止混合物毁于意外的颠簸或冲击。即使已经被削弱，它的威力也是火药的5倍。诺贝尔把这种物质命名为“Dynamite”（硅藻土炸药），这个词在希腊语中的意思是“力量”。

硅藻土炸药大受欢迎，同时它也是世界上最具争议的商品，就像今天的凝固汽油弹或橙剂。一方面，采矿和建筑公司非常想要它，因为它是爆破山口或将坚固的礁石炸出港口的完美工具。由于有硅藻土炸药，伦敦拥有了世界上第一条地铁。另一方面，大量的事故仍在发生，硅藻土炸药的威力极大，每次死亡的可能不是一两个工人，而是十几个。有一个特别恐怖的工程，即瑞士的一条隧道，平均每英里造成25人死亡。更糟糕的是，硅藻土炸药似乎预示着未来的战争会更加致命。硅藻土炸药不是作为火药的替代品：硝酸甘油威力太大，会使大炮的炮筒和枪支的枪筒破裂，但它可以用于制造可怕的地雷和炸弹。结果，诺贝尔成了国际社会的弃儿，成了报纸社论和愤怒政客的攻击目标。他们大声疾呼：这是一个从死亡中牟取财富的人。

专利诉讼使诺贝尔更加不受欢迎。和詹姆斯·瓦特一样，诺贝尔极力捍卫自己的知识产权；但如果说有什么区别的话，那就是他的日子更难过。首先，诺贝尔要捍卫的东西远不止这一种：他一生中取得了惊人的355项专利，包括化学品和爆破设备；你几乎可以把它们编成一天一页的日历。其次，化学的性质使诉讼更加混乱。一旦诺贝尔获得了某种分子的专利，就会有人来进行调整——增加几个额外的原子，旋转一些不同的分支。这些分子的基本功能是一样的，但在法律上超出了专利的范围。一些公司也把硝酸甘油与其他黏土混合，制造山寨硅藻土炸药，他们取名为“赫拉克勒斯炸药”(Hercules Powder)或“爆破炸药”(Rendrock)。随着时间的推移，诺贝尔花在研究上的时间越来越少，花在起诉竞争对手上的时间越来越多。

尽管有烦琐的官司和讨厌的媒体，诺贝尔的生意还是很兴隆。事实证明，比起死去的工人，人们通常更关心便利的火车隧道和运河。这个一度沦落到在船上工作的人，很快就在21个国家拥有93家工厂，积累的财富相当于今天的25亿美元。最能说明问题的是，硅藻土炸药（Dynamite）主宰了炸药市场，以至于它变成了一个通用术语，一个首字母小写的名词（dynamite），就像热水瓶（thermos）和拉链（zipper）一样。

然而，财富并没有使诺贝尔快乐。他总是很孤僻，一生未婚，中年时与家人越来越疏远。他偶尔会重温年轻时的作家梦，草草地写一首诗或一部剧本，但不敢发表。随着世人对他的厌恶逐渐加深，他也开始鄙视自己——因为他害死了自己的弟弟，也因为他在战争中牟取暴利。在被要求为家谱提供几行关于自己的信息时，他写道：“阿尔弗雷德·诺贝尔——半生悲苦；他在呱呱坠地时应该被一位富有同情心的医生扼杀。最大的优点：保持指甲干净。最大的缺点：没有家庭，没有快乐，没有胃口。最大的也是唯一的愿望：不被活埋。”在他最沮丧的时候，他谈到要开一家豪华的“自杀商场”，人们可以在私密的房间里，在豪华的床上，伴随着古典音乐平静地离开。

然而，直到1888年他的哥哥卢德维格在戛纳去世，他才意识到这个世界有多么讨厌他。几天之后，一家法国报纸误以为阿尔弗雷德已经去世，便刊登了一篇题为《死亡商人已死》的讣告。当时生活在巴黎的诺贝尔不寒而栗。他帮助修建了那么多的隧道、港口和地铁，帮助发掘了那么多的矿藏——但在他人看来，诺贝尔只是一个普通的杀人犯。为了挽回自己的声誉，诺贝尔修改了遗嘱，设立了一个奖励基金，用于表彰在化学、物理和医学方面做出杰出贡献的人。为了弥补他失去的童年梦想，他还设立了一个文学奖。为了抵赎他一生兜售死亡的行为，他设立了诺贝尔和平奖。[1]（也许我们都应该幸运地读到自己的讣告……）

诺贝尔的健康每况愈下，几年之后终于崩溃了。他长期困扰于吸入硝酸甘油烟雾引起的头痛，他工厂里的许多工人都有同样的抱怨。在被人体代谢时，硝酸甘油会释放出一氧化氮气体（NO）。一氧化氮导致血管扩张，使颅骨充血，引起剧烈的头痛。大多数人对此有一定耐受性，但诺贝尔显然没有形成免疫。事实上，他的工人经常在周五下午将硝酸甘油涂在帽圈上，在周末的时候稍微吸一点儿，这样就不会失去对硝酸甘油的耐受性，周一早上也不会头痛。

除了头痛，诺贝尔还患有心绞痛，即冠状动脉中斑块的累积，这阻止了氧气到达心脏肌肉，导致了严重的胸痛。讽刺的是，当诺贝尔最终就医时，医生给他开了硝酸甘油。由于硝酸甘油会导致血管扩张，注射小剂量的不至于引起头痛的硝酸甘油可以疏通冠状动脉，正好缓解缺氧的痛苦。（诺贝尔的一些雇员已经发现了这一点：相比于那些害怕周一早晨头痛的人，那些胸痛的人喜欢来上班，因为硝酸甘油烟雾是免费的药。）但诺贝尔一开始拒绝服用硝酸甘油。这种化学物质已经主宰了他的思想和生意，有意注射到身体里似乎太过分了。但最后他还是屈服了，让这种奇怪而致命的化学物质渗透到他的心脏。

1896年12月10日，诺贝尔中风了，他瘫软在椅子上。几天后，他的遗嘱执行人向他的亲属宣读了他的4页遗嘱——他们震惊地发现，“他们的”钱被捐给了某个愚蠢的基金。对他们而言，幸运的是，

1 诺贝尔经济学奖是瑞典中央银行在1968年设立的，并于1969年首次颁奖。

诺贝尔写遗嘱的时候没有咨询任何律师。(在几十年的专利诉讼之后，他不信任律师行业。)所以遗嘱面临着法律上的挑战，随之而来的是长年的琐碎争吵。甚至冒出来一个自称是诺贝尔的秘密情妇，威胁要把诺贝尔的情书传遍小报。我们通常认为诺贝尔奖是崇高的，象征着人类成就的总和。但它一开始是建立在虚荣心之上——一个垂死的人试图洗刷自己的污名，而且由于人心的贪婪，计划差一点儿破产。

最后，诺贝尔的遗嘱执行人收买了所有他们需要的人。设立奖项的最后一个障碍是将诺贝尔的财产从巴黎转回瑞典。显然，那个时候还没有电子资金转账，也没有人为这么多现金的运输提供保险，所以一名遗嘱执行人亲自提取了成堆的票据和证券，每次提取几百万，把它们放在公文包里。然后他拿起一把上了膛的左轮手枪，亲自乘坐马车和火车护送它们穿越欧洲。尽管有这么多麻烦，第一届诺贝尔奖还是于1901年12月10日颁发，就在阿尔弗雷德去世5年后。在此后的100年里，诺贝尔奖成了科学界最负盛名的奖项，几乎使诺贝尔免于“死亡商人”的坏名声。

蒸汽机和炸药促进了工业革命，使人类能够轻松地举起数千磅的物体，或者在短短几分钟内摧毁一座自恐龙时代就屹立不倒的大山。但它们肯定不是那个时代唯一重要的技术，甚至也不是唯一重要的基于气体的技术。另一个关键的进展是制造优质金属，特别是钢铁。钢铁和气体似乎没有什么共同点，但如果缺乏对空气化学的一些重要的见解，我们就不可能制造出主宰世界的桥梁、摩天大楼和超级油轮。

插曲：磨炼自己，面对悲剧

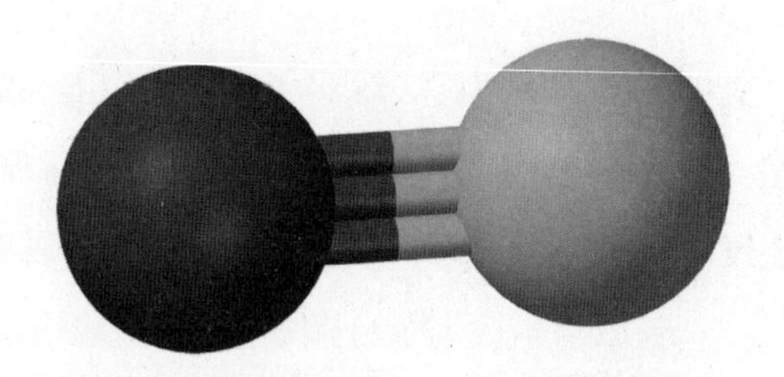

一氧化碳（CO）——目前空气中的含量为0.1ppm（城市地区更高），你每次呼吸会吸入大约10^{15}个分子

对于乔叟和弥尔顿，对于奥登和叶芝，你可以讨论他们的相对优点。但说到英语世界中最差的诗人，威廉·托帕斯·麦戈纳格尔可以说是名列前茅。

在19世纪的苏格兰，成群结队的观众用一种批判性的目光来观看麦戈纳格尔的朗诵会，很难说他们最喜欢他的哪项文学罪行——笨拙的韵脚和节奏，空洞的见解（“和大多数伟人一样，我出生在我人生的早期”），对自己才华的坚定信念［他把自己的第一本书命名为《诗学瑰宝》（*Poetic Gems*）］。也许是因为他的演讲尖厉而做作，又或许是因为他在舞台上穿着苏格兰短裙、挥舞着一把剑。（他辩解说，这把剑很有用，因为演讲过程中偶尔有人朝他扔鱼和烂苹果，他可以用剑在半空中把它们打掉。）但是，麦戈纳格尔最伟大的技能，大概是能抓住真正的悲伤时刻并把它们化解掉：没有人能比他更快地将严肃转化为滑稽。以他的代表

威廉·麦戈纳格尔，可能是史上最差的诗人

作《泰桥灾难》（*The Tay Bridge Disaster*）为例。

1879年12月28日星期天傍晚，一列北行的火车开始穿越当时世界上最长的桥，即苏格兰东部横跨泰河河口的泰桥，此桥跨距超过2英里。莎士比亚的《麦克白》的故事*发生在这附近，但此处的景观并没有激发麦戈纳格尔到达同样的文学高度。“当火车离开爱丁堡/乘客心情轻松，没有感到悲伤”，他巧妙地设定了场景。但一切并不顺利，因为“大雨倾盆而下/乌云似乎在皱眉”。果然，当火车穿过“银色的泰河”时，“桥梁中央轰然倒塌”，桥也塌了。车上的人都死了。麦戈纳格尔哀叹：“1879年的最后一个安息日，人们将永远记住这个日子。”多亏了麦戈纳格尔，人们记住了这场灾难，尽管不是出于最庄严的原因。

和同时代的大多数人一样，麦戈纳格尔把泰桥的倒塌归咎于

“全力吹拂的风”。虽然1879年最后一个安息日的风确实刮得很大，但现代化学指出了另外一个影响因素：一氧化碳。或者说，大桥的铁塔在建造过程中缺少一氧化碳。

我们认为铁是一种结实的金属，但纯铁其实很脆弱。在分子水平上，铁原子形成光滑的分层，看起来很漂亮，但如果对它们施加任何压力，它们就会倾向于相对滑动。这使纯铁（也被称为“锻铁”）具有相当的延展性，非常适合需要灵活性的艺术品或工程，这也使锻铁无法承受重物。

对于19世纪的工程师来说，锻铁的替代品是铸铁。铸铁含有的杂质（主要是碳原子）会破坏光滑的分子层，阻止它们滑动。所以铸铁非常坚固，适合支撑桥梁和大型建筑。不幸的是，碳也使铸铁变得不灵活，容易断裂。在一定程度上，铸铁和陶瓷一样很坚固；但超过一定限度，它就无法弯曲，在太大的压力下会折断。

在大型建筑工程中，工程师真正需要的是钢，一种介于锻铁和铸铁之间的金属，含碳量是1% ~ 2%——足以增加强度，但又不至于使金属变脆。不幸的是，炼钢在当时是一件非常痛苦的事，需要极其繁重的加工。

加工过程从铁矿石开始。从几十亿年前的氧化灾变以来，地球上的大部分铁都被锁在赤铁矿（Fe_2O_3）和磁铁矿（Fe_3O_4）等矿石中。炼铁需要冶炼矿石——把铁矿石、焦炭（从煤中提取的一种富含碳的固体）和少量的空气一起加热。空气中含有氧气，它与焦炭中的碳反应生成一氧化碳（CO）。*然后一氧化碳浸入矿石内部，像吃豆人游戏一样吞噬那里的氧原子，形成了二氧化碳（CO_2）。这个过程也向铁中引入了焦炭中的碳。因此，炼铁的最初产物是富含碳的铸铁。

制造锻铁需要额外的步骤。工人首先熔化铸铁——这是个成本昂贵且耗费燃料的过程。然后，他们不得不在这一批次中倒入更多的铁矿石。最终，熔化的铸铁中的碳和熔化的铁矿石中的氧发生反应，形成更多的一氧化碳，然后一氧化碳冒泡消失，留下锻铁。但由于这个反应混合的是液体而不是气体，所以它需要花费几天的时间。在此期间，必须有人站在那里，手动搅拌这些乱糟糟的东西。

到了这一步，多数冶炼厂就放弃了。进行下一步炼钢的人就更少，因为它需要更多的加工。首先，为了增加一些碳，敬业的铁器商在锻铁中混入了更多的焦炭。然后，他们必须把整批铁水

亨利·贝塞麦，钢铁巨头（图片来源：惠康基金会）

煮几个星期。考虑到所有这些麻烦，冶炼厂一般只生产小批量的钢，用于制造工具或刀片。没有人幻想用钢铁建造整栋建筑。所以，工程师被迫接受铁。

当英国人亨利·贝塞麦闪亮登场时，炼钢技术就是如此。贝塞麦长着浓密的络腮胡，看起来就像美国南北战争时期的将军。他一生中积累了117项专利——涉及显微镜、天鹅绒、清漆、制糖等，应有尽有。在19世纪50年代，他发明了一种细长的弹壳，非常符合空气动力学原理——这被视为早期的一项成就。他认为这可以帮助英国赢得克里米亚战争，但可惜的是，这种弹壳往往会损坏当时脆弱的铸铁大炮。贝塞麦既烦恼又好奇，他决定研究一下铁和钢是如何制造的。

贝塞麦在这一领域的发现有很长、很复杂的故事，本书没有足够的篇幅来讨论。（它涉及其他几位化学家和工程师，但在后来的日子里，贝塞麦拒绝承认其中大多数人的功劳。）我只想说，通过一些愉快的意外和严谨的推论，贝塞麦找到了炼钢的两条捷径。

和大多数冶炼厂一样，他首先熔化铸铁。然后为了剔除碳，他在混合物中加入氧。但贝塞麦没有像其他人那样用铁矿石提供氧原子，而是通过鼓入空气——这是一种更便宜、更快速的替代品。下一条捷径更重要。贝塞麦并没有混入大量的氧气，从熔融的铸铁中剔除所有的碳，相反，他决定中途停止空气流。结果，他得到的不是无碳的锻铁，而是有一定碳含量的钢。换句话说，贝塞麦可以直接炼钢，而不需要所有额外的步骤和昂贵的材料。

他首先研究了一种方法，用一根长吹管将空气吹入熔融的铸铁。当这种方法奏效后，他在当地的一家铸造厂安排了一次更大的试验——在一个3英尺宽的大锅里装了700磅铁水。这一次他没有依靠自己的肺，而是用几台蒸汽机把压缩空气鼓入混合物。当贝塞麦解释说他想用空气炼钢时，铸造厂的工人都投来了同情的目光。的确，在那天下午漫长的10分钟里，什么事都没有发生。他后来回忆说，突然间，“一连串轻微的爆炸声”撼动了整个房间。白色的火焰从锅里喷出，熔融的铁在“名副其实的火山”中呼啸而出，差点儿把天花板烧着了。

等烟火熄灭后，贝塞麦仔细往大锅里看。由于火花的存在，他没能及时关闭空气的输入，所以这批铁都是锻铁。但他还是咧嘴笑了：这证明他的方法是有用的。他现在要做的就是弄清楚何时切断气流才能得到钢。

贝塞麦的进展很快。在接下来的几年，他疯狂地申请专利。他建立的铸造厂成功地将钢铁生产成本从每吨40英镑左右降低至7英镑。更妙的是，他把炼钢的时间缩短到1小时内，而不是之前的几周。这些进展最终使钢铁可以用于大型工程项目。一些历史学家声称，这些发展一举结束了3 000年的铁器时代，把人类推入钢铁时代。

当然，这只是事后的看法。因为当时的情况并不乐观，贝塞麦实际上很难说服人们信任他的钢铁产品质量。问题在于，每批钢的质量差异很大，原因是很难判断何时切断气流。更糟糕的是，英格兰的铁矿石中含有过量的磷，导致大多批次的钢铁变脆，容易在低温下断裂。（贝塞麦，这个幸运的家伙，最开始试验的是威尔士的无磷矿石，否则它们也会导致失败。）其他杂质也带来了其他的结构问题，每一次混乱都让公众对贝塞麦钢铁的信心大减。就像托马斯·贝多斯的气体药物，同事和竞争对手指责贝塞麦过度销售钢铁，甚至实施了欺诈。

在接下来的10年里，贝塞麦等人怀着和詹姆斯·瓦特一样的热情努力消除这些问题。到了19世纪70年代，钢在客观上已经是一种比铸铁更好的金属——更坚硬、更轻便、更可靠。但你不能责怪工程师对钢保持警惕。钢似乎好得令人难以置信，空气似乎不可能让一种金属变得如此坚硬——而且多年来钢的问题已经侵蚀了他们的信心。有一次贝塞麦提议用钢建造火车轨道，一位铁路主管气急败坏地说："你想看到我因为过失杀人而受审吗？"监督公共工程的至关重要的英国贸易局（British Trade Board）禁止用钢骨架建造桥梁。因此，当1871年泰桥动工时，工程师别无选择，只能用铸铁建支撑塔，用锻铁交叉支撑——希望它们的共同弱点能相互抵消。

工程师并不认为这种安排会影响他们的设计。相反，他们称赞泰桥是有史以来最大、最坚固的桥梁，堪称建筑界的泰坦尼克号。不幸的是，几个因素合谋破坏了这座桥。首先，提供铸铁锭的铸造厂和实际浇铸支撑塔的建筑公司之间沟通不畅，这是一个荒谬的两难情境：建筑公司要求一些部件使用"最好的"铁。但他们不知道，铸造厂出售3种等级的铁锭："最好的""最最好的"以及"最最最好的"。因此，建筑公司想要最好的，结果得到了最差的。在浇铸过程中，几座支撑塔的结构部件折断了，不得不重新焊接；支撑塔最后变得千疮百孔，就像腐烂了一样。为了不耽误工期，建造支撑塔的工人选择隐瞒和掩饰，他们用一种腻子来填洞，腻子由几种不能承重的材料构成——松香、蜂蜡、铁屑，当然还有炭黑。（工人把这种腻子称为"填孔蛋"，这是对其法语名称的曲解。[1]）

大桥通车后，懒惰的检查员没有报告已经出现的几处裂缝，这加剧了危险。一位历史学家这样描述一位检查员的测试："他用唾液浸湿了笔记本上的一页纸，把它贴在裂缝上，然后等下一趟火车通过。纸没有破损。没有问题！"更糟糕的是，这座桥的设计本来就不好，头重脚轻、容易摇晃：即使在风平浪静的日子里，只要有火车经过，它就会向侧面摇晃4到6英寸。此外，总工程师托马斯·鲍奇算错了一些数据，没有根据阵风适当地加固桥梁。

1 法语名称是"beau montage"，这个词的意思是"填孔料；填料"。工人却把它改成"Beaumont's egg"。

这一切的结果是，1879年12月28日，在强风（11级）的冲击下，泰桥像飓风中的棕榈树一样摇晃起来。一辆小型客运列车在傍晚6点驶过，几乎滑出轨道，碰上了护栏，飞溅出无数火花，它勉强通过了。

1小时后的百吨级特快列车就没有那么幸运了。它也撞上了护栏，溅起了更多的火花。正在这时，风刮了起来，在最糟糕的时刻猛烈地撞击大桥。一座坚固、柔韧的钢桥也许（只是也许）能撑得住，僵硬而糟糕的铸铁桥则没有任何撑下去的机会。12座

苏格兰泰河铁路桥的坍塌

中央支撑塔全部倒塌了——轰隆、轰隆、轰隆、轰隆——造成了半英里长的缺口。火车向前驶入空荡荡的空气，坠入88英尺下的水中，75名乘客全部遇难。

政府很快展开了调查,关于“豆腐渣工程”和“奸诈的”铸铁（他们的用词）的每一个肮脏细节都浮出水面。这需要一个替罪羊，调查人员牺牲了总工程师鲍奇。尽管他在那年夏天刚刚被封为爵士（巧合的是，亨利·贝塞麦也在同时被封为爵士），而且他在这次事故中也失去了女婿。虚弱不堪的鲍奇最终崩溃了，并在几个月后去世。

当所有人都心烦意乱的时候，贸易局悄悄取消了对钢桥的禁令。事实上，它批准的下一座桥梁之一——横跨泰河的替代桥，其支撑塔使用了钢。该桥于1887年通车，至今仍然矗立。自然，威廉·麦戈纳格尔又写了一首诗来纪念通车。

前一章关于蒸汽和炸药的故事强调了气体的力量，而炼钢的故事似乎强化了这一主题：毕竟，脆弱的铁矿石之所以转变为坚固的钢，是因为注入了一氧化碳和氧气。不过，这里还有一个很好的启示，那就是气体的优雅。

一位比威廉·麦戈纳格尔好很多的诗人——E. E.卡明斯，在不同的背景下完美地捕捉到了这种情感。在一首著名的诗中[1]，卡明斯惊叹于爱人唤醒他内心的感觉：“你总是一瓣一瓣地打开我/（老练神秘地触摸着）像春天绽开她的第一朵玫瑰。”他坚称：“没有人，连雨也没有这样的小手。”这是一种对雨的可爱的思考方式——雨水如何渗入土壤，搅动土里的生命，在我们几乎无法理解的维度中发挥功效。气体也是一样。无论我们谈论的是肺部气体的“双人舞”，还是一氧化碳和氧气在钢铁中的精密手术，气体炼金术似乎同样神秘——气体也有一双小手。

---

1 这首诗是卡明斯的《有个地方我从未去过》（*Somewhere I Have Never Travelled*），可参阅《卡明斯诗选》，邹仲之译，上海译文出版社，2016年。

第六章

深入湛蓝

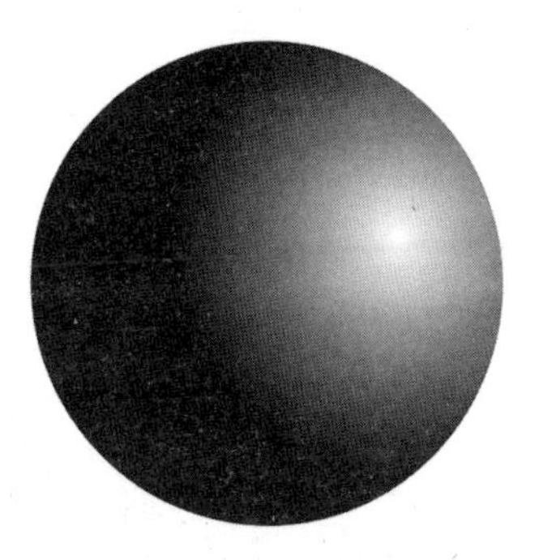

氦气（He）——目前空气中的含量为5ppm，你每次呼吸会吸入7×10^{16}个分子

氩气（Ar）——目前占空气的1%（10 000ppm），你每次呼吸会吸入10^{20}个分子

除了极大推动了人类世界的物质进步，关于空气的新实验也触动了人类的精神世界。我们突然理解了周围这些神秘而迷人的气体，因此我们可以更加深入地了解地球是如何运转的。更令人

早期的蒙戈尔菲耶气球，充满了热空气和烟雾

惊奇的是，在18世纪末，气体实现了人类最古老的梦想——让我们这种平足无翼的、绝对的陆地物种第一次飞向天空。

据说，人类飞行的故事要从女式内衣谈起。42岁的约瑟夫-米歇尔·蒙戈尔菲耶几乎一事无成。他是造纸企业的继承人，但他曾在法国中部的一家负债人监狱[1]服刑，然后屈辱地忍受他的弟弟接管了他在家族生意中的份额。蒙戈尔菲耶热衷于研究普里斯特利和拉瓦锡的气动化学，这让他进一步成为人们眼中的异类。然后，在1782年的一个下午，他的气体研究取得了惊人的成效。他看着妻子的衣服在火上烤干，注意到她的内衣不停地向外翻腾，

1　关押无力偿还债务的人的监狱。在19世纪中期以前，负债人监狱是解决欠债的常见方法。

让人浮想联翩。他同时也注意到，每当火势高涨，衣服就会不断上升。为什么？谁在抬升它？他开始思考是否可以制造一个足够大的“空气袋”，把他从地面上抬起来。在这个顽皮的白日梦中，蒙戈尔菲耶设想了世界上的第一个气球*。

他没有多想（有时这是一种美德）就做了一个长方形的木箱子，用丝绸盖在上面。木箱重5磅，高4英尺，蒙戈尔菲耶把它放在家里的一堆冒烟的小火上，木箱飘到了天花板。他在户外做了类似的实验，看着它攀升到70英尺高。根据大多数历史记载，约瑟夫是一位笨拙的化学家——但不知为何，这些实验奏效了。他欣喜若狂：这一次他没有失败。

这时，约瑟夫向他的弟弟雅克-艾蒂安展示了这个奇妙的装置；你不得不佩服艾蒂安对这个不务正业的哥哥的奉献。他抛开所有疑虑，帮助约瑟夫建造了一个重15磅的大木箱。而且当它飞起来的时候，它挣断了绳索，飘了1英里。他们追着木箱跑，结果却看到，当它落地的时候，几个讨厌的行人毁掉了它。但兄弟俩还是兴高采烈地离开了，他们见证了一次真正的飞行！在接下来的几个月，他们计划制作一个更大的气球，因为他们希望能够因此而出名。

这个气球从头到尾都只是实验，它的直径将达到30英尺，而且是历史上的第一个球形气球。气球球囊是衬有硬纸的条状丝绸，蒙戈尔菲耶兄弟用纽扣把它们扣起来。它的效果出奇地好。但他们的另一项主要实验却很艰难，即选择新的提供升力的气体。他们首先尝试了当时在英国引起轰动的蒸汽。但蒸汽只会把纸浸湿。他们转而尝试卡文迪什的氢气，却发现没有人能一次性制备几升氢气；而他们需要的是几千升。更糟糕的是，氢气分子是当时最小的分子，很容易通过丝绸球囊扩散，进而使气球变得松弛。1783年，他们又绕回到了热空气，尽管有一些变化。虽然约瑟夫热爱化学，但实际上他对气体几乎一无所知。首先，他认为加热空气并添加烟雾会神奇地改变空气的化学性质。（事实上，烟并不是气体；它是悬浮在空气中的固体粒子，就像浑浊的水。）此外，他相信烟是产生升力的唯一原因：众所周知，他把气球描述为"纸袋里的云"，这句话听起来很有诗意，但他很可能是指字面上的烟云。所以，1783年6月无人气球首次公开演示时，蒙戈尔菲耶兄弟用稻草、羊毛、兔皮和旧鞋子点燃了烟雾弥漫的篝火。

成千上万的人簇拥在周围，他们一边被烟气呛出了眼泪，一边看着气球球囊逐渐上升并成型。几个壮实的男人往下拉绳子，直到有人示意他们松开。气球一跃而起，像一轮微型月亮在头顶升空。

这次演示让蒙戈尔菲耶兄弟声名大噪。当然，它也带来了讨厌的副作用，那就是吸引了竞争对手——那些知道他们在做什么的竞争对手。住在巴黎附近的另一对兄弟、工程师阿内-让·罗贝尔和尼古拉-路易·罗贝尔稍加思索，设计了一种让气球不透气的方法：把橡胶溶在松节油中，然后把产生的清漆涂在丝绸上。这其实破坏了气球的外观——他们设想的是红白条纹的球囊，结果白条纹看起来像吸烟者的牙齿——但它确实重启了在气球中使用氢气的可能性，因为微小的氢气分子无法通过清漆扩散。兄弟俩认识的一位化学家雅克-亚历山大-塞萨尔·夏尔解决了氢气的另一个问题：如何大规模生产。他的方法是：在一个大桶里装满铁，然后倒入一些硫酸（H_2SO_4）。酸在接触金属时会分解，释放出大量的氢气，夏尔通过粗大的皮革管将这些氢气注入气球。1783年8月，他用了1 100磅铁和4天的辛苦工作，成功地在气球中填满了34 000升氢气。（为了筹集研究费用，他出售填充气球的门票，使之成为类似于拉瓦锡实验的公共奇观。）气球升空后，它不可思议地降落在15英里外的巴黎郊外的田野上。农民确信这是一头从天而降的怪物，立刻用干草叉和长柄镰刀攻击它。但同样地，气球的摧毁并不能抹杀试验者成功时的欣喜之情。

蒙戈尔菲耶兄弟被这个消息惊呆了，他们迅速将活动转移到北方的凡尔赛，并筹备第二次气球飞行。作为法国人，他们很自然地聘请了当地的墙纸设计师来美化他们的气球。这名设计师精心制作了一个非常漂亮的蔚蓝色球囊，上面点缀着金色的黄道十二宫。这一次兄弟俩还决定搭载试验动物：一只绵羊、一只公鸡和一只鸭子；关它们的笼子被吊在气球下面。（也许你会好奇为什么他们要用可能会飞走的鸭子，但不要在意这些细节。）到这个时候，他们已经把烧旧鞋子的套路变成了一种伪科学，在国王路易十六的注视下，他们只用了短短几分钟就让气球充满了气。接着，把气球往下拉的15个人松了手。气球猛地向一侧倾斜，围观的人群屏住了呼吸；只有动物们在叫嚷着。但是，气球在上升过程中自动调整了方向，最终毫发无损地降落在2英里之外。

农民攻击了一个降落在巴黎郊外的气球

蒙戈尔菲耶兄弟和罗贝尔兄弟开始争夺头奖——第一次载人飞行。国王路易十六建议派两名罪犯；他显然不认为有人能够活下来。但两个团队都不同意这个想法——他们不想让囚犯抢走他们的荣誉。

从科学头脑的角度来看，夏尔-罗贝尔团队肯定有优势。罗贝尔兄弟是更好的工程师，夏尔则是优秀的化学家。但最终热情战胜了书本知识，1783年11月21日，蒙戈尔菲耶兄弟帮助他们的两个朋友——物理学家让-弗朗索瓦·皮拉特尔·德罗齐耶和当地的一位侯爵进入他们最新的橙色气球下面的吊篮。抓着绳子的人们松了手，橙色球体开始像一颗缓慢的流星划过巴黎上空。在这一天之前，历史上肯定有数十亿人凝视天空，凝视着头顶飞过的鸟儿，心里想着：有朝一日……皮拉特尔·德罗齐耶和侯爵终于实现了这个梦想，成为最早飞行的人类，并降落在5英里外。

虽然夏尔-罗贝尔团队输掉了竞赛，但两周后，也就是12月初他们的首次载人飞行，巴黎人表现出了同样的热情。据估计，巴黎一半的人口（50万人）目睹了雅克·夏尔和阿内-让·罗贝尔登上气球。（本杰明·富兰克林大使当时在人群中，他将在一周后签署结束美国独立战争的条约[1]。那天，一位愤世嫉俗的旁观者问富兰克林："气球有什么用？"富兰克林淡淡地说："新生的婴儿有什么用？"）由于氢气提供的升力比热空气更强，夏尔和阿内-让在空中停留了2个小时，黄昏后才在20英里外的地方着陆。夏尔就像游乐场中的孩子，立即要求再乘坐一次；几分钟后，他完成第一次单人升天——上升了10 000英尺，足够看第二次日落。不幸的是，飞行的起伏使他感觉耳道刺痛。着陆之后，他再也没有飞过——我们不确定是因为他知道自己无法超过两次日落，还

1 这里是指1783年的《巴黎条约》，由英国国王乔治三世的代表和美利坚合众国代表在巴黎签署，标志着美国独立战争的结束。本杰明·富兰克林是美方代表之一。

是因为他不想再经受一次耳朵疼痛之感。

气球飞行迅速成为欧洲的一种公共奇观，尽管是很危险的一种。职业“气球飞行家”开始竞赛，看谁能飞得最高、最快、最远。最成功的人成了真正的名人，他们是那个时代的艾维尔·科尼威尔[1]。其他飞行员开始提供客运气球服务，包括空中野餐：人们吃着烤鸡和羊角面包，喝着冰镇柠檬水，同时呆呆地看着脚下的大地。（事实证明，香槟在高空中会坏掉：由于气压较低，瓶子里的气泡迅速膨胀，然后嗖的一声喷出来。*）在大多数航行中，唯一让乘客感觉不舒服的是高空的低温，他们必须裹在皮草和毛毯里。不过，气球偶尔也会面临真正的危险。高空中的天气变化无常，气球上的人员有时会遇到冰雹或闪电。有些人还患上了“氧气病”：视力模糊、双腿瘫软、手指发黑。（在极端情况下，人们会像感染埃博拉病毒的人一样眼球流血。）最早在1785年，就已经有人死于气球失事。事实上，第一位气球遇难者是史上的第一位“飞人”，物理学家皮拉特尔·德罗齐耶——他试图穿越英吉利海峡，但他的气球在诺曼底上空起火了。他的未婚妻苏珊看着他从半英里高坠落，摔在下面的岩石上；8天后，她也死于惊吓。

除了冒失鬼和野餐者，几位科学家也飞上了天空。有些人测量了露点[2]和磁场等杂项。有些人则做了粗糙的实验，包括把酒瓶扔出气球，计算它们落地的时间。大多数科学家都满足于简单的、猎奇的观察结果。成群的蝴蝶可能突然出现在几英里的高空，搭上了气球的球囊。天空中的声响也让他们震惊。由于气球随风飞扬，乘客在飞行时听不到气球的轰鸣声。结果，从地面传来的声音异常清晰——公鸡的啼叫，锤子敲击铁砧，猎枪的爆炸声。在这样的高度，天空看起来也很不一样。没有了空气对光线的干扰，

1　艾维尔·科尼威尔（1938—2007），美国著名的摩托车特技演员，1999年入选摩托车名人堂。

2　即空气中饱和水蒸气开始凝结为露的温度。

星星看起来不那么柔和与闪烁，而更像是坚硬的冰粒。在白天，天空的藏青色变成了一种更深邃、更凶险的普鲁士蓝。

气球飞行也激发了人们对气体性质的兴趣。事实上，最早的气球飞行员也是最早以系统方式探索气体行为的人，这并非巧合。因为如果他们的理论失败了，这些人首当其冲，很可能会失去生命。

早期的一个问题是有关气球究竟是如何离开地面的。关键的原理可以追溯到阿基米德，古代锡拉库扎著名的裸跑者。公元前3世纪，锡拉库扎国王命令当地的一个金匠用一大块金子做一顶王冠。但他怀疑金匠偷工减料，藏了一部分金子，混入了同等重量的银。但国王没有证据，所以他向阿基米德求助。阿基米德冥思苦想了好几个星期，有一天，他坐进浴缸里，发现浴缸的水位因此上升了。他眼前闪过了一个实验，片刻之后，希腊街道上的母亲们捂住了她们孩子的眼睛[1]。

在这个故事的大多数版本中，阿基米德解开谜题的方法是把王冠放入一个装了一半水的容器，并记录水位上涨的高度。然后，他用一块相同重量的纯金锭重复这一过程。如果两次水位上涨的高度不一样，那就代表金匠偷工减料了。但许多历史学家对这种说法表示怀疑，因为对于一个典型的希腊壶，两种情况的高度差大约是半毫米，无法用肉眼判断。（你尽管试一试。）相反，阿基米德可能是这样做的：他知道，淹没在水中的任何物体，都会受到向上的浮力（你在游泳时会感受到这种力）。而且物体的体积越大，水施加的向上的浮力就越大。于是阿基米德找了一个天平，在左右两边放上能够平衡的王冠和纯金，然后把整个天平放在水里。很明显，王冠和金锭的重量是一样的（所以天平最开始是平

1　指阿基米德光着身子跑了出去，并大喊："尤里卡！尤里卡！"——这个词在希腊语中的意思是"我发现了"。

衡的）。但如果王冠掺了银（一种密度小于金的金属），那么它的体积就会更大。体积更大，王冠在水下受到的浮力就更大。由于一侧的浮力增加，天平最终将失去平衡。果然，当阿基米德把天平浸入水中，王冠那一侧缓慢向上移动。尤里卡！金匠果然偷工减料了。

这样的实验产生了现在所谓的“阿基米德原理”：首先，任何浸在流体中的物体都会受到向上的浮力；其次，物体的体积越大，受到的力就越大。（更准确地说，向上的力等于被排开的流体的重量。）

那么，这与气球有什么关系呢？似乎没有——直到18世纪，科学家意识到空气也是一种流体，也会产生向上的浮力。你在日常生活中感觉不到这种力，也不会被它吹走，那是因为这个力很微弱，也因为你的身体非常结实。但它确实存在，你在空气中的重量实际上比在真空中轻一点儿。体积大、密度小的物体能敏锐地感受到这种浮力，比如气球。与浮力相平衡的，当然就是气球及货物（如吊篮）的重量，这些重量试图把气球拖向地面。气体本身的重量也需要考虑。换言之，当你计算气球是否有足够的升力时，你必须考虑球囊内提供升力的气体的重量。（气体可能有助于产生升力，但它不是“免费”载荷[1]；它仍然算是重量。）这就是为什么氢气这样的轻气体在气球中如此有用。因为它们很轻，重力对它们的影响不大；所以浮力更有可能战胜重力。

（氢是最轻的元素，每个氢气分子都能提供最大的升力。但实际上，任何比空气轻的气体都可以抬升气球——氦气、蒸汽、氨气。其实从理论上来说，真空也可以，但是这个想法不能成立，因为没有一种已知的材料既强大到不使真空气球向内皱缩，又轻盈到能被空气抬起来——铜气球飞不了多远。）

1　在船舶或飞机中，可以计费的载重量（包括乘客和货物）被称为“有酬载荷”。

一开始氢气球更受欢迎，但最终事实证明，对于人们的日常生活而言，它太昂贵、太易燃、太不实用。（氢气提供的升力非常强，甚至在旁边倒一杯水或撒一泡尿，都可能使气球突然上升。）因此，大多数气球飞行家转向了热气球，并在这个过程中发现，热气球上升的原因与氢气球略有不同。在这里阿基米德也发挥了作用，但要充分理解这是怎么回事，我们还需要借助一套理论——气体定律。

在18世纪末期，科学家已经了解了一点气体定律，这些定律描述了气体的温度、压强和体积之间的相互关系。例如，爱尔兰化学家罗伯特·波义耳在1662年确定，提高气体的温度会增加其压强。对于热气球，我们需要观察体积和温度的关系。气体的一个基本规律是，加热会导致气体膨胀；相反，冷却会导致气体收缩。你可以用一个乳胶气球证明这一点：把它放进冰箱，它就会收缩；把它拿出来，它就会膨胀。

热气球的情况略有不同。当然，它里面的空气还是会热胀冷缩。但不同于乳胶气球，热气球的材料通常是不可伸缩的。因此，气球本身不会膨胀得太多。相反，膨胀的气体会从气球底部的孔中钻出来，因为它没有别的地方可去。于是，球囊内的气体减少了，重量也减轻了。由于需要提升的重量更轻，阿基米德向上的浮力现在可以战胜重力，使气球奔向湛蓝的天空。

讽刺的是，虽然蒙戈尔菲耶兄弟制造了热气球，而雅克·夏尔制造了氢气球，但最先发现气体的温度-体积定律并解释热气球工作原理的人是夏尔。为了这项发现，他在卢浮宫的实验室里做了大量的研究。但由于某种原因，他迟迟没有发表温度-体积定律，所以他在今天基本上没有获得这份功劳。但他确实和一位同事约瑟夫-路易·盖-吕萨克讨论了他的实验；吕萨克扩展并完善了实验，最终在1802年亲自发表了该定律。

和约瑟夫·蒙戈尔菲耶一样，盖-吕萨克的生活也因女式内衣而改变。吕萨克在一家内衣店遇到了他的妻子；值得一提的是，她是唯一一个在工作中阅读化学课本的店员。她后来也爱上了吕萨克，因为吕萨克和许多化学家同行一样具有某种牛仔的气质。有一次，在分离钠和钾的时候，金属喷射到他脸上，几乎使他失明。后来，他用自制的电池电击了自己，导致他的手臂一整天都不能活动。1844年，另一只烧瓶在他的脸上爆炸；如果不是第一次事故导致他戴着眼镜，那么这一次他肯定会失去一只眼睛。

盖-吕萨克喜欢冒着生命危险乘坐气球，一有机会就飞上天。在1804年8月的一次著名的飞行中，他与物理学家让-巴蒂斯特·比奥合作。虽然严格来说是副驾驶员，但比奥在吊篮中没有发挥什么作用，大部分时间都在测量不同海拔的磁场。（他很高兴地发现，即使在几英里高的地方，磁场仍然很强。不同于温度和压强，磁场几乎不随海拔变化。）同时，盖-吕萨克希望收集有关高层大气的化学成分的数据。为此，他计划在不同的高度打开几个抽空的烧瓶，收集该处的空气，以便之后分析。

然而，随着他们继续攀升，问题就来了。比奥的身体状况不好，他开始感觉头晕目眩。他突然倒下，就像死了一样。好在最后他没事了，但你可以想象盖-吕萨克的惊慌。他既要驾驶热气球，又要抢救比奥，直到着陆时他才想起他的烧瓶。错失机会让他很苦恼，于是3周后他来了一场单人升天。这只气球的升力更强，而且没有了比奥的压舱物，他飞到了23 000英尺的高空——这个纪录保持了半个世纪。在那个高度，几乎可以肯定他遭受了缺氧的痛苦；但他摆脱了精神上的麻痹，设法在几个空烧瓶里填满了稀薄的高空空气。后来的分析表明，即使在几英里高的地方，大气的成分仍然与海平面相同。换句话说，虽然高空的空气总量较少，但氮气、氧气等气体的相对比例与地面上的这个比例是相同的。

然而，随着大气化学家利用无人驾驶气球越飞越高，他们意识到，空气确实以另一种更微妙的方式发生变化。他们最终发现，地球大气层包含4个不同的层，像洋葱那样一层层地包裹着。我们生活在对流层，它从地面延伸到大约10英里高（取决于纬度和季节）。大部分天气变化都发生在这里。然后是平流层，它含有臭氧，延伸到30多英里。中间层是流星燃烧的地方，延伸到约50英里。最后是缥缈的热层，它是北极光的居所，延伸至500英里。500英里似乎是令人目眩的高度——已经触摸到外太空的边缘。但另一方面，它只有500英里；你驾驶一辆反重力汽车可以在7小时内到达那里。（不过，这段路程的风景很快就会变得十分荒凉：地球大气层的一半重量都是4英里之下。）在海拔仅7英里的高度——7英里也就是周日慢跑的距离——氧气含量已经下降到海平面的大约1/4，低到几乎使生命终结。古希腊的科学家认为，当你向天堂攀升时，空气一定会有所改善——你将触达第五元素。事实上，我们生活在一个非常薄的空气壳内，按比例来说，它远不如一层苹果皮厚。

除了探索大气层，盖-吕萨克还花了很多精力在实验室工作，发现了另一种气体定律：如果气体的压强增加，那它的温度也一定会升高。你并不是唯一一个觉得有点似曾相识的人——它基本上与温度-体积定律相同。吕萨克时代的化学家开始注意到，当他们谈论气体的行为时，相同的变量（温度、压强、体积）会反复出现。理所当然地，他们开始考虑是否可以把几个单独的气体定律合并成一条总的规则——一条超级气体定律。又过了一代人，19世纪30年代，科学家终于发现了所谓的“理想气体状态方程”。如果用V表示体积，T表示温度，p表示压强，n表示气体的量，R代表一个常数（为了算术平衡），那么任何已知气体的行为都可以描述为：$pV = nRT$。

从表面上看，这个公式可能并不那么令人印象深刻。但当我说它与硝酸甘油有关的时候，请一定要相信我：一个难以置信的强大力量被装在一个小空间里。如果运用得当，这个定律可以马上判断出气体的各种行为：改变温度如何影响体积，改变体积如何影响压强，或者你能想到的任何组合。同样重要的是，你可以从这个方程中找到隐藏的信息。比如说，在你的工厂里，一个大桶上的压力阀似乎给出了错误的读数，以至于你担心大桶可能会爆炸。你该如何判断？嗯，测量大桶的体积、温度等，看——理想气体定律显示了压强。换句话说，如果你知道其他变量的值，压强就会自动出现。或者如果你的温度计出现故障，你可以毫无障碍地求出温度，或者其他什么。在某种程度上，这似乎是一种欺骗：你在测量一个东西，却得到了完全不同的东西，仿佛你可以通过测量某物的高度来了解它的颜色。但是，无论从表面看多么不同，气体的压强、体积和温度在更深刻、更基本的层面上相互关联——理想气体定律解释了这一点。

事实上，理想气体状态方程揭示了一种认知气体的全新方式。普里斯特利、拉瓦锡和戴维关注的是气体之间的差异——每一种新气体有不同的气味，以不同的方式燃烧，或以不同的方式影响我们的生理机能。但理想气体状态方程适用于所有的气体。它消除了所有的分歧，所以它是“民主”的。组成氢气云的是蚊子大小的分子，而组成氡气云的是大黄蜂。但如果你升高温度，它们会以完全相同的方式膨胀。氮气云平静而不反应，氯气云却有剧毒。但如果你增加压强，两者的收缩量是相同的。不同的固体或液体很少有共同点，除了它们通常是硬的或湿的这一明显事实。但气体之间的相似程度非常高。即便化学性质不一样，所有的气体都有相同的物理行为。

科学发现是人类思想的最高使命之一：审视周遭世界的纷繁万象，提炼出某种不变的本质。$pV=nRT$达到了其他科学原理无法企及的程度。你能想到的每一种气体都体现在这5个字母中。老一辈人有时把“理想气体状态方程”称为“完美气体定律”，我很想恢复这个名字。因为这个方程确实暗示了世间运行着某种绝对的和理想的东西，某种永恒和不朽的东西，某种真正完美的东西。

好吧，是时候坦白了：前一章节以一个谎言结束。一个善意的谎言，一个可爱又迷人的谎言，甚至可能是一个高尚的谎言，但它仍然是谎言。因为如果你谈论真实存在的气体，比如你正在呼吸的空气，那么它们并不符合理想气体状态方程的完美要求。这就像你画的圆，即使用圆规，也不会像理想的圆那么精确、那么对称。化学家当然知道这一点，当他们用理想气体状态方程计算时，他们已经预料到现实会有一些偏差。但是，有些气体比其他气体更接近完美。事实上，19世纪90年代，两名科学家发现了几种非常理想的气体（世界上最接近完美的气体），但科学界的其他人表示怀疑。他们认为，这样完美无瑕的样本不可能存在。

这个故事的开端是科学史上也许最能忍受无聊的人。约翰·威廉·斯特拉特出生于1842年，他家境富裕，却体弱多病，注定会像其他英格兰贵族一样过着窝囊的人生。由于感染了百日咳，他不得不从伊顿公学退学；而复学之后，他几乎没有突出的表现。但斯特拉特却怀有几分野心。他考入了剑桥大学，却并没有把这里当成一所“精修学校”，而是选修了数学和物理，这让他的家人很震惊。斯特拉特在这些课程上取得了令他们惊愕的成功，当他屈尊接受了物理研究员的工作时，他们都惊呆了。1871年，他结婚并辞职，看起来似乎恢复了理智。1873年，他的父亲去世，斯特拉特成为瑞利男爵，接管了家族的财产。但他内心的需求并没有得到满足，最终在1876年，瑞利把财产交给了他的弟弟。换句话说，为了能够专注于科学，瑞利给自己招来了和约瑟夫·蒙戈尔菲耶一样的羞辱——让弟弟接管家族生意。

瑞利留着海象般的胡子和浓密鬓角，他的秃顶每年都会更加明显。他在职业生涯中发表了400多篇论文，并在生物学等十几个领域做了开创性的工作。（例如，他发现了孔雀羽毛为什么会有性感的金属光泽。）但在19世纪80年代初，他开始研究一个真正乏味的课题：测量氧气和氢气等气体的密度。的确，这项工作曾经很重要——在18世纪。但100年已经过去了，瑞利并不清楚自己想要了解什么。尽管如此，他还是花了10年时间断断续续地做这项研究——事实上，他并没有学到什么新东西。他只是把气体密度的测量精度往小数点后推了几位，所以这并不是什么“尤里卡时刻”。

令人难以置信的是，瑞利开始自讨苦吃地进行了新一轮的密度测量，用的是一种更无趣的气体——氮气。测量密度需要纯净的氮气样本，他的方法是逐一剥离空气中的其他成分。为了去除英国潮湿空气中的水蒸气，他在实验室的反应舱内放了羊毛毯；有些时候，这些毛毯吸收了整整2磅的水。然后，他用灼热的铜管清除空气中的氧气，用碳酸钾（一种富含钾的矿物）去除二氧化碳。硫酸浴可以去除最后的所有微量杂质。然后他把纯氮气收集在一个灯泡里，测量它的密度。

瑞利非常执着，又用另一种方法提纯了氮气，并重复这个实验。这一次，他没有用灼热的铜去除氧气，而是把空气放在液氨中加热至沸腾。这在化学上有点混乱。其中，氧气（O_2）与氨气（NH_3）反应的副产品是额外的氮气分子（N_2）。但既然瑞利想研究氮气，增加更多的氮气应该不会有影响。

你猜怎么着？瑞利发现，相比于用铜提纯的氮气，用氨水提纯的氮气每升轻7毫克。相当于1盎司的1/5 000。我曾经在大学化学实验室里度过了很多无意义的时间，我可以告诉你，如果我的两次实验的误差在0.1磅以内，我会喜极而泣。你得不到这么好的结果——好到你会怀疑他是否伪造了数据。但这种误差让瑞利很煎熬。在他那个时代，科学家拥有的天平比拉瓦锡的灵敏100万倍，精确度常在毫厘之间。因此，7毫克完全在实验误差范围内，瑞利开始一丝不苟地（神经质地）检查自己的结果。他又想出了6种提纯空气的方法，其中一些产生了额外的氮气，另一些则没有——正如他所说，这种误差持续存在，让他感觉“恶心”。

1892年，瑞利终于在《自然》杂志上发表了一封信，承认了自己的困惑，并向全世界的化学家征求建议。他收到了很多无用的建议。但他确实听取了威廉·拉姆齐的意见，这是一个在伦敦

发现氩气的物理学家瑞利男爵（左）和发现其他稀有气体的化学家威廉·拉姆齐（右）（图片来源：惠康基金会）

工作的苏格兰人，身材瘦削、眼神疲惫。拉姆齐很快就像瑞利一样着迷于氮气的差异——瑞利对这一进展感到愤怒，他觉得拉姆齐插手了自己的研究。尽管如此，他们还是同意让对方了解自己的实验，并共同发表实验结果。

他们立即排除了一个想法。瑞利曾经怀疑自己创造了氮气的一种奇特形式，比如N_3（类似于臭氧O_3）。这可以解释密度的差异，但拉姆齐否定了这个想法，因为N_3的结构似乎不稳定。

后来他们查阅亨利·卡文迪什的一篇被遗忘的论文，才终于有所发现。1785年卡文迪什把一团空气封在一个装满水银的管子里。然后他让电流通过水银，火花在空隙中跳跃。这些火花导致空气团中的氮气和氧气发生反应，产生橘红色的烟雾。烟雾溶解在水银里，于是空气团一点一点地缩小了。卡文迪什预计这团空气最终会消失得无影无踪，但不管他做了多久的实验——几小时、几天、几周，但有大约1%的气体一直存在。最终他放弃了，但100年后瑞利和拉姆齐读到这篇论文，意识到卡文迪什可能分离出了一种新的气体。

不得不承认，这种可能性很渺茫。到1892年，科学家对大气成分的研究已经超过100年，不夸张地说，他们不可能遗漏了整整1%的空气。另一方面，一种新的气体可以一举解释瑞利的神奇密度问题。假设纯净的空气样本中确实潜伏着一种比氮气更重的气体。这些样本的密度取决于氮气与气体X的比例，就像一罐混合坚果的密度取决于花生和巴西坚果的比例。但是，每当瑞利使用一种方法，不经意地在混合物中加入更多的氮气（更多的花生），他就会改变这个比例，从而略微改变密度。拉姆齐和瑞利一致认为，寻找气体X值得一试。

在寻找气体X的过程中，两个人采取了不同的策略。瑞利召唤出卡文迪什的精神，用电火花清除了空中的所有气体，只留下神秘气体。这项工作非常单调，以至于连瑞利都感到厌倦。他在他的家庭实验室里架设了一根电话线，把一个听筒放在火花发生器旁边，火花发生器在工作的时候会嗡嗡作响；瑞利把另一个听筒连接到书房，他在书房的椅子上打盹儿——只要他听到听筒里的嗡嗡声，就会立刻跳起来。与此同时，拉姆齐把氮气样本暴露在金属镁中，从而剔除氮气——镁是一种超级活泼的金属，它与氮气结合会形成一种有硬皮的棕色粉末。不过，诱导这种反应需要把镁加热到很高的温度，几乎使玻璃管开始熔化。拉姆齐证明了他和瑞利一样喜欢单调乏味的东西，曾经花了10天时间在热金属上来回传递氮气。但两组实验都成功了：他们都获得了一丁点儿纯度为99%的气体X。

下一步，两人研究了这种气体的性质。结果表明，它无味、无臭、无色。这些迹象更加激发了他们的兴趣。但这种气体之所以特别，在于它们的声学性质。在本质上，声波是随着气体分子的碰撞而传播的能量脉冲。（这就像在人群中推人：他会撞到其他人，其他人又撞到别人，以此类推，使推力的原始能量向外扩散。）这种运动产生了高压和低压的模式，我们的耳朵将其解释为音调。这些声波（推力）移动的速度，取决于相关气体分子的重量和形状。

此处的物理学变得十分复杂（相信我）。简单地说，拉姆齐和瑞利在两种条件下测量了气体X中的声速，然后将这两个数字转换成一个比率。这有助于确定气体分子的形状，因为该比率取决于分子的大小和复杂性——这一点很关键。举个例子，想象一下通过一团二氧化碳（CO_2）或氨气（NH_3）发送一个声音脉冲。在这些分子中，C原子和O原子或者N原子和H原子可以相对旋转，或像弹簧一样来回摆动。这些额外的旋转最终会消散部分声能。由于其他复杂的物理原因，这种能量浪费使关键的比率降低至1.3左右。对于更简单的气体，比如氢气（H_2）和氮气（N_2），原子相对移动的方式更少，由此产生的能量浪费也更少。这产生了更高的比率，差不多是1.4。而拉姆齐和瑞利的神秘气体的比率是1.67，这意味着它比两个原子更简单。换句话说，它只有一个原子——不同于任何已知的气体。

这还不是最大的惊喜。拉姆齐和瑞利还想看看他们的气体如何与其他物质反应，所以他们将其暴露在氧气、氢气和二氧化碳中。无事发生。他们尝试了硫、磷、钾等更活跃的物质，结果也都是哑弹。他们尝试了氯气、酸等更可怕的东西，气体X连眼都不眨。他们最终清空了整个化学用品柜，把所有恶心的物质扔到这种气体上，发现气体X都毫无兴趣。

到1894年8月，这两个人已经知道他们发现了一种新的气体，而且很可能是一种新的元素。尽管如此，他们很犹豫要不要公开讨论这种可能性。的确，他们报告了有趣的声音比率和所有的不反应性——基本的实验结果，但他们拒绝透露更多的信息，也没有声称发现了新元素。部分是由于良好的、健康的审慎态度——需要首先确定所有的事情，部分是虚荣心作祟。他们最近发现，史密森尼学会悬赏1万美元（相当于今天的27.5万美元），奖励有关空气的原创发现的最佳论文。史密森尼学会只要未发表的结果，所以为了获奖，他们两个人必须保持沉默。

然而，媒体禁令并不适用于其他科学家，他们非常清楚结果意味着什么，而且他们不喜欢这些结果。大气化学家觉得自己受到了彻底的侮辱：怎么可能他们都忽略了这种神秘气体呢?（如果事实符合他们的描述，即气体X占大气的1%，那么每个活着的人每天都会吸入约0.3磅该气体。）更糟糕的是，如果拉姆齐和瑞利真的发现了一种新元素——现在一些科学家称之为“氩”，在希腊语中是“懒惰”的意思*，那么需要为它在元素周期表中找到一个位置。根据氩气的密度，瑞利计算出它的原子量为40。所以它在元素周期表上靠近氯和钾——众所周知的两种活跃元素。这根本说不通。元素周期表之父德米特里·门捷列夫最终参与了辩论，他认为氩元素很荒谬，提出他们以某种方式创造了N_3。

1895年1月，瑞利和拉姆齐击败了218名竞争者，赢得了史密森尼奖。这是一场代价高昂的胜利，由于他们的沉默，科学家坚定了对他们的共识。一位批评家谴责氩是一种"化学怪物，就像占巢之鸠，把讨厌的不速之客带进原本幸福的元素家族"。元素周期表对化学来说非常重要，任何威胁到元素周期表的东西都会威胁到化学本身。最后，瑞利和拉姆齐为所引起的所有混乱道歉——但没有收回一个字。

接下来，拉姆齐的另一个发现让事情变得更糟。几年前，美国一位天真的地质学家在研究铀矿石的时候，注意到有微小的气泡从中冒出来。这种气体不与他手边的任何物质发生反应，所以他称之为"氮气"，然后继续工作。氩气问世后，一个朋友向拉姆齐透露了这个故事。拉姆齐亲自收集了一些该气体，证明它确实不与任何物质发生反应——包括通常会与氮气结合的物质。然后他更进一步，证明该气体的重量远小于氩气——这意味着拉姆齐又发现了一种新元素。他将其命名为氪（krypton），源自希腊语中的"kryptos"，意为"隐藏的，秘密的"。但是，他把样本送到另一名科学家那里确认，这下轮到拉姆齐震惊了。早在19世纪60年代，天文学家已经将太阳光分解为组成它的颜色。在这些颜色中，他们注意到有时会有黄色、绿色和红色的奇怪条纹，他们认为这来自一种神秘的元素。当被加热的时候，拉姆齐的新气体产生了完全相同的色带。换句话说，拉姆齐在地球上重新发现了这种"太阳元素"。由于早期的科学家已经命名了它，拉姆齐遵从先例，把这种气体命名为氦气（helium）*。

氦气加深了氩气带来的问题，因为化学家必须在元素周期表的和谐之巢中为两只鸠找到空间。一些勇敢的人建议在元素周期表上增加一个只含有气体元素的新列，但门捷列夫等人对这个想法嗤之以鼻。元素周期表可以说是化学史上最重要的突破。数百名科学家花费了数万个小时来改进它。而现在就因为两个讨厌的英国人，他们就要重新安排元素，塞进一个新的列？这简直是天方夜谭。

但拉姆齐喜欢安插新列的想法——部分原因是这意味着存在更多的孤立气体。为了验证这一猜想，1898年他和一名助手开始拆分1 600升空气，去除其中的氧气、氮气等成分，直到只剩下不发生反应的气体。然后，他们把剩余的气体冷却几百华氏度变成液体。他们知道这种液体主要是氩气，但如果里面潜藏着其他的元素，可以通过慢慢加热把它们找出来。我们在前文已经提到，液体中的不同物质会在不同的温度下蒸发掉。果然，在缓慢接近室温的过程中，有3种新气体冒了出来。对于第一种气体，他们重新使用了“氪气”这个名字。另一种气体被命名为“氙气”（xenon），在希腊语中的意思是“陌生人”。（这几种气体的名称都略带侮辱性。）至于第三种气体，拉姆齐在一天夜晚与家人共进晚餐时宣布了这一发现。他10岁的儿子威利打断了他的话，十分大胆地提出了一个名称：novum，在拉丁语中的意思是“新的”。拉姆齐考虑了一整晚，但他想和其他希腊词源保持一致，所以他们折中地选择了“氖气”（neon）。

此时，你可能认为5只鸠比2只更糟糕，但并非如此。考虑到有5种不发生反应的气体——氩气、氦气、氖气、氪气和氙气——化学家更能够接受在元素周期表上开辟一个只含有气体的新列。（多年后，科学家发现了该列的第6种气体——氡气。随后，拉姆齐通过研究它的光谱确认了氡的存在。这意味着拉姆齐参与了已知的每一种稀有气体的发现*，这是一项史无前例的壮举。）坦率地说，许多化学家一开始只是把这个新列当成贫民窟，一个倾倒这些问题气体的遗忘之角。但随着时间的推移，大多数人学会了欣赏它们；就连顽固的老门捷列夫也笑了。*现在这些气体被称为“贵族气体”[1]，因为它们不屈尊与其他元素发生反应。它们完全满足于独处，它们对其他的原子不感兴趣，因此它们异乎寻常地遵守理想气体状态方程。

终于在1904年，拉姆齐获得了阿尔弗雷德·诺贝尔新设立的化学奖，成了科学界的名人。在采访中，他谦虚地把自己的成功归结于他的胖拇指，在实验室里转移稀有气体的时候，他用拇指堵住玻璃管。他还感谢了多年来自己卷烟锻炼出来的精细动作技能。（他鄙视商店里买来的香烟，认为它“配不上一个实验家”。）但吸烟最终害了他，他在1915年左右得了鼻癌。在身体衰退的时候，他变得痴迷于第一次世界大战和研究文明终结的可能，并开始在伦敦的《泰晤士报》上发表抨击德国科学家的尖锐信件。（他的朋友对他的行为感到尴尬，把他对德国的痴迷解释为癌症的痛苦造成的暂时性精神错乱。）1916年，拉姆齐在痛苦中死去，因为他发现人类的行为很少像他的气体那样完美。

与此同时，瑞利因为发现氩气而在1904年获得诺贝尔物理学奖。该奖项旨在补充拉姆齐的化学奖，但考虑到拉姆齐发现的所有奇异的新气体，瑞利的物理学奖似乎只是一个事后的考虑。确实，你可能想知道，在过去的10年里，瑞利到底做了什么——难道眼睁睁地看着拉姆齐重写元素周期表吗？并非如此。瑞利遵从了自己的本心，在人类几千年的猜测之后，瑞利终于证明了天空为什么是蓝色的，这是一项了不起的物理成就。

在1900年之前，哲学家和原科学家对天空的蓝色提出了各种

1 “noble gases”直译为“贵族气体”，但它更规范的名称是“稀有气体”或“惰性气体”。

各样的解释。一些人声称，这种颜色代表了一种妥协的色调，是夜晚的靛蓝色和太阳的黄色的混合。另一些人则归因于飘浮的冰晶；还有一些人认为原因是臭氧荧光或微小气泡等外来物。瑞利认为，天空的蓝色是因为空气中未知粒子散射的太阳光。同样，这里的物理学解释非常复杂，但重要的一点是，波长较短的光比波长较长的光更容易散射（改变方向）。特别是蓝光，它的波长几乎是彩虹中最短的，比红光或橙光更容易散射。

这种散射通过下面的方法得到了蓝天。想象你躺在户外的毛毯上，看着云朵飘过。同时，一些来自太阳的白光到达地球。事实上，这种“白光”是由几种不同颜色的光组合在一起，其中包括蓝色的光。根据瑞利的理论，蓝光被散射的概率比其他颜色的光更高。在这之后，蓝光可能向任何方向飞去。它可能会往北飞17英里。它可能向上进入太空。但一些蓝光会从天空散射到你的瞳孔里。的确，一些红光（或黄光、或绿光）也可能朝你的方向散射。但它们比蓝光少得多；于是在天空中的任何一点，蓝光占主导地位。这个点加上无数个点，就组合成了美丽的蔚蓝天空。

（了解颜色理论的读者可能已经准备好大呼：“放屁！”毕竟紫光的波长比蓝光更短。所以根据上面的推理，天空应该是长春花色！就目前而言，这是对的，但它忽略了其他因素。太阳发出的蓝光恰好多于紫光，所以散射的蓝光更多。此外，人类视网膜中的视锥细胞不擅长探测紫光。因此，对蓝色天空的全面解释，不仅要考虑瑞利散射，而且要考虑太阳光谱和人眼回路。）

1871年，瑞利放弃了剑桥大学的邀请，选择了结婚，他正是在这一年提出了该解释的大部分内容。但他的解释忽略了一个关键的问题：实际散射阳光的粒子是什么？是灰尘，是冰晶，还是空气中的微生物群？瑞利认为是盐晶体，但没有人真正知道。

答案的萌芽最早出现在1873年物理学家詹姆斯·克拉克·麦

克斯韦写给瑞利的一封信中。当时，麦克斯韦正在度假，他花了一个下午的时间在酒店的阳台上凝视着喜马拉雅山。他甚至能辨认出100英里外的珠穆朗玛峰。清澈的空气让他惊呆了，他想知道为什么他和珠穆朗玛峰之间的气体分子没有吸收所有的光。如果麦克斯韦专心做这件事，他一定能解开这个谜题；他是万神殿中的物理学家，已经改写了热力学和光理论。但麦克斯韦手头没有任何可供查阅的物理书籍，他在信中承认自己有点儿懒，所以委托瑞利去研究。

瑞利从容地完成了这项任务——1/4个世纪已经过去了，麦克斯韦也已经去世了。但在1899年，瑞利终于完成了必要的计算。其中一项推论是，他发现空气分子的尺寸可以完美地散射可见光。所以，散射阳光的粒子根本不是灰尘、盐晶或气泡之类的杂质。瑞利宣称："即使没有外来的粒子，我们仍然应该拥有一片蓝天。"只需要氮气、氧气和氩气*，就可以把天穹涂成蓝色。若不是他的老朋友麦克斯韦在一个慵懒的下午盯着珠穆朗玛峰，地球上最接近天空的地方，瑞利永远不会发现这一点。

18世纪80年代的化学家实现了人类最古老的梦想之一：挣脱地球的束缚飞行。1个世纪以后，一名物理学家解决了人类最悠久的谜团之一：天空为什么是蓝色的。所以你可以原谅科学家在1900年左右产生了自命不凡的想法，他们认为自己已经全面地了解了空气的运行原理。多亏了从普里斯特利到拉姆齐的化学家，他们现在知道了空气的所有主要成分。多亏了理想气体状态方程，他们现在知道了在任何情况下空气如何应对温度和压强的变化。多亏了夏尔、盖-吕萨克和所有气球飞行员的努力，他们现在知道空气是怎样的，甚至包括我们头顶几英里之上的空气。当然，在原子物理学和气象学等领域，还有一些未解决的问题。但科学家只需要从已知的气体定律中推导这些情况。他们一定觉得自己距离理解世界只有一步之遥。

你猜怎么着？科学家很难将这些未解决的问题联系在一起，而且他们最终不得不在彻底绝望的情况下，构建全新的自然法则，使正在发生的事情变得合理。原子物理当然导致了量子力学的荒谬与核战争的恐怖。尽管很难想象，但气象学这个最沉闷的科学分支之一，却激活了20世纪最深刻、最令人不安的思潮之一——“混沌理论”。

插曲：夜灯

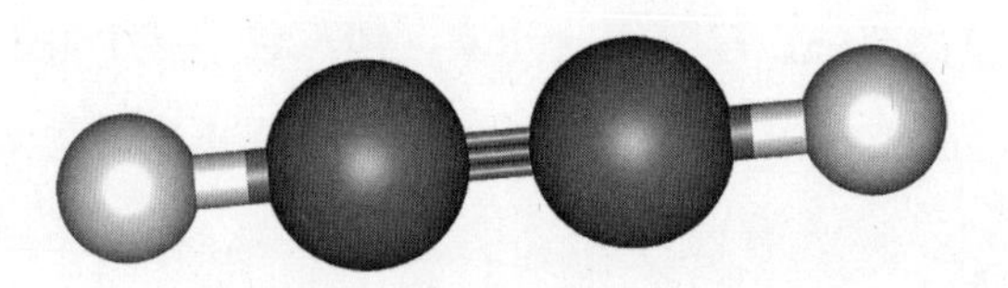

乙炔（C_2H_2）——目前空气中的含量为0.000 1ppm至0.001ppm（城市地区含量更高），你每次呼吸会吸入10亿至100亿个分子

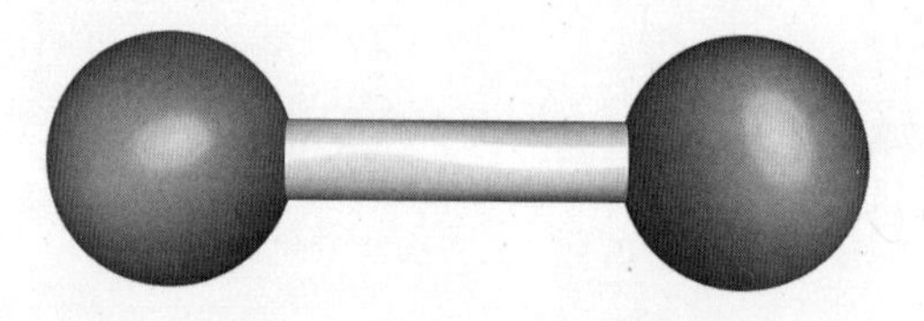

氢气（H_2）——目前空气中的含量为0.55ppm，你每次呼吸会吸入7×10^{15}个分子

我们不能遗漏稀有气体最著名的应用——霓虹灯。但坦白讲，霓虹灯实际上是关于光和气体的一个更宏大故事的一部分。虽然蒸汽等气体确实驱动了工业革命的发展，但甲烷和乙炔等气体也有同样的作用：它们点燃了革命。一位历史学家甚至把这些发光气体和蒸汽并称为“历史的两大驱动力”。

为了帮助你更好地理解，请回忆一下约瑟夫·普里斯特利的月光社在最接近满月的星期一聚会，因为其成员需要通过月光寻找回家的路。但普里斯特利是最后一代需要担心这些问题的人。

18世纪末，科学家发现几种气体以不可思议的亮度燃烧。普里斯特利在1804年去世，其后的半个世纪，气体照明已经成为整个欧洲的标准。爱迪生的电灯泡占据了绝大多数的历史头条，但在现代世界，首次消除黑暗的是煤气。

在1800年以前，人类也是有过人工照明的：柴火、蜡烛或油灯。但是，无论篝火和烛光晚餐在今天看来多么浪漫，但它们实际上是很可怕的光源，尤其是蜡烛。正如一位历史学家开玩笑地说，它发出微弱的光芒，除了“让人看见黑暗”以外没有任何作用。（当时的一句法国谚语以另一种方式宣泄了这种情绪：“在烛光下，山羊也成了淑女。”）并非所有人都能每天点蜡烛照明——打个比方，如果你的电灯泡每隔几晚就需要更换一个新的会怎样？规模较大的家庭和企业每年要消耗2 500支蜡烛。最糟糕的是，蜡烛会释放有毒的烟雾，而且很容易打翻，成为点燃你的房子或工厂的火源。

现在看来，煤气似乎是解决这些问题最显而易见的办法。煤气是甲烷、氢气等气体的不均匀混合物，在煤被缓慢加热的时候产生。甲烷和氢气单独燃烧时都很明亮，如果把它们混在一起，燃烧时发出的光会比烛光清晰明亮几十倍。但就像笑气，人们一开始认为煤气只是一种新鲜事物。小贩们以每人半便士的价格让人群挤进黑暗的房间，用煤气烟火让他们眼花缭乱。不过，给人留下深刻印象的不仅仅是煤气燃烧的亮度。由于不依赖灯芯，所以煤气火焰可以摆脱重力的影响，从侧面或下方跃出。一些表演者甚至会将不同的火焰组合成花朵和动物的形状，这有点儿类似于动物气球。

在此期间，人们逐渐意识到，煤气可以用于室内照明，而且效果很好。煤气灯的火焰稳定性好，且相对环保，没有烛光晃动的火焰和呛人的烟雾。你可以把煤气灯固定在墙上，这降低了失手打翻造成失火的概率。1792年，性情古怪的工程师威廉·默多克在伯明翰的家中安装了世界上第一个煤气照明系统——当年正是他在詹姆斯·瓦特的工厂里发明了蒸汽机车，不过后来被瓦特叫停了。当地的一些商人对他的煤气照明系统印象深刻，所以很快就在自己的工厂里安装了煤气灯。

在这些早期应用者之后，市政府开始用煤气照亮街道和桥梁。城市通常将煤气储存在巨大的气罐（叫作“储气罐”）中，并通过地下管道输送——就像今天的自来水。到1823年，仅伦敦就有4万盏煤气灯，欧洲其他城市也纷纷效仿。（毕竟，巴黎不想让该死的伦敦夺走它“光之城”的美誉。）历史上第一次，在夜晚的太空可以看到人类的聚居地。

接下来，公共建筑开始网络化，包括火车站、教堂，特别是剧院，它可能比其他机构受益更多。有了更多的光照，剧场导演就可以把演员安置在舞台更远的地方，让他们表演更有深度的动作。一种名为“石灰光灯”的技术（涉及氧气和氢气在燃烧的生石灰上流动）提供了更明亮的光线，并催生了最早的聚光灯。观众可以更清楚地看到演员，因此演员可以化更淡的妆，摆出更真实、更自然的姿态。

到19世纪中期，连英格兰的乡村都架设了基本的煤气管道，廉价又稳定的照明方式在许多方面改变了社会。犯罪人数减少了，因为暴徒和底层人无法继续躲在黑暗的掩护之下。随着酒馆和餐厅营业时间延长，民众的夜生活也热闹起来。工厂安排了固定的工作时间，因为它们不必在冬季或夜晚关闭。一些制造商也开始通宵生产。

另一种气体促进了第一种明亮的便携式灯的发明。1836年，汉弗里·戴维的堂哥埃德蒙·戴维发现了乙炔，这是一种由氢和三键碳组成的坚固的小“插头”（C_2H_2）。它燃烧的速度非常惊人，很快就应用于路灯、浮标和灯塔。企业家还发明了便携的乙炔灯，在矿井和洞穴中应用格外广。后来，在自行车和汽车（包括福特T型车）上都使用了乙炔前照灯，不过它有一个特殊的副作用。大多数灯具产生乙炔的方法是将水滴在一种叫电石（CaC_2）的灰色脆性矿物上，由此产生的乙炔没有气味，但这个过程的某些副产品却散发着大蒜般的恶臭。

尽管比蜡烛有优势，但煤气灯并不完美。煤气有时会释放出氨和硫等杂质，这会使人生病。猛烈的燃烧会吞噬房间里的氧气，这会让在剧场待了一整夜的人感觉头痛。煤气灯有时也会泄漏气体，严重的会使人窒息。哲学家弗里德里希·席勒“赞美”煤气管道的普及是一种快速、无痛的自杀方式——这一“宣传”给煤气灯本就不好的名声再添一抹灰色。

20世纪初，大多数城市开始把煤气灯换成电灯泡，后者没有异味、不消耗氧气，而且能提供更亮的光。电灯泡似乎更加“现代”，是发展中合乎逻辑的下一步：煤气提供了没有木头和烟雾的火，而电灯泡提供了没有火的光。

然而，灯泡制造商在设计中不能完全忽视气体。大多数灯泡内的灯丝是一根薄薄的金属（通常是钨）。电流通过金属使其发光，但也使其升温，在有氧气的情况下，热金属会燃烧。为了解决这个问题，制造商开始抽空灯泡里的空气，只留下真空。然而，解决这个问题后又产生了新的问题：热金属丝在超低压下会慢慢氧化，最终使灯泡内部变黑。因此，如今大多数灯泡都是先抽气，然后充入氮气或稀有气体。

如果说灯泡消除了火焰，那么现代的一些照明系统做得更好，根本不借助灯丝。以蒸汽照明（黄钠路灯的基础）为例。蒸汽照明不同于19世纪的气体照明，因为气体照明涉及化学反应：甲烷和氢气分子打破内部的键，释放热和光，形成新的物质。蒸汽照明不涉及破坏化学键，也不形成新的物质。相反，你是用电通过钠原子的气体，并激发它们。更具体地说，你激发了钠原子中的电子，使它们跃迁到更高的能级，然后马上崩溃。这种跃迁和崩溃可以释放出光子，光子向外辐射撞击我们的眼球，帮助我们绕过前面的坑洞。

霓虹灯通过同样的电子激发过程产生光。要制造霓虹灯，你可以使用6种稀有气体的任何一种，取决于你想要的颜色。你只需要在一根管子里装满氪气、氙气或其他气体，接通电流，并保护好自己的眼睛。1912年，法国低温化学家乔治·克劳德把第一个霓虹灯广告牌卖给巴黎的一名理发师，紧接着是苦艾酒的屋顶广告牌，这使他获得了在巴黎歌剧院提供入口照明的工作，并由此得到了更多的委托。霓虹灯并没有在当时真正流行起来——克劳德在20世纪20年代差点儿破产，不过当他在20世纪60年代去世时却非常非常富有。奇妙的是，许多早期的计算机和计算器都用霓虹灯作为显示器，因为霓虹灯比传统灯泡消耗的能量更少，而且不容易过热。

在无处不在的照明出现之前，人们有时称人造光为“借来的光”。现在看来这似乎是一个古怪的短语，仿佛你必须偷一点儿阳光再运到黑暗中，不过我们现在反而更想要遮挡夜晚的光线。我们为光污染破坏了看星星的视野而皱眉，为窗外的路灯影响了我们的夜间休息而烦恼。这个转变会让我们的祖辈惊叹不已：在现代社会，黑暗本身已经成为一种珍贵的商品。

第三部分

前沿

新的天空

一个1600年生人，到了1700年也不会觉得无法融入社会。即使到了1800年，世界对他来说也不会显得很陌生。但再往后跳100年，来到1900年，那他很可能会异常地激动。因为一瞬间，摩天大楼高耸入云，人们可以乘坐轮船开展贸易活动和远洋旅行。甚至黑夜与白天的差别（人类生活最基本的组织原则）也已经被侵蚀，气体在每一次的社会进步中都发挥了重要的作用。空气不仅塑造了我们的身体，也塑造了人类的文明。

在过去几十年，人类与空气的关系发生了很大的变化。今天的我们和来自1600年的人们呼吸着截然不同的空气——工业发展改变了它的化学成分，我们对空气的认知发生了更明显的变化。直到最近，科学家才开始意识到地球大气是多么复杂，其复杂且脆弱的程度堪比人类的大脑。到目前为止，本书的重点是大气如何塑造人类。那现在我们调换一下视角，看看人类是如何塑造大气的。

第七章

放射性沉降物

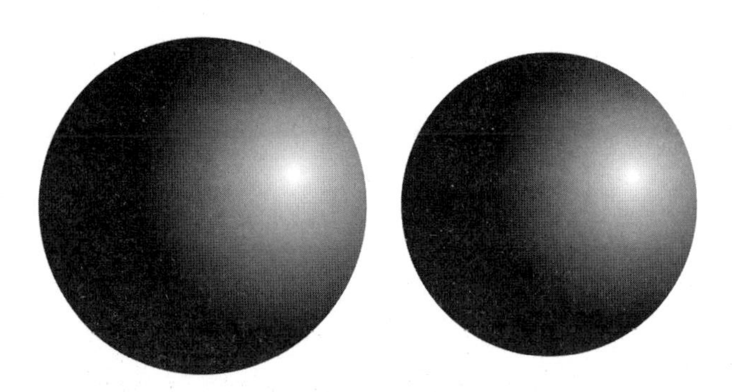

碘-131（I）和锶-90（Sr）——目前空气中的含量为0ppm（如果幸运的话！）

一头猪在南太平洋里游泳是一件非常奇怪的事情。而对于在潟湖里发现它的水手，考虑到他们刚刚用一枚核弹摧毁了潟湖[1]，这个场景显得更加超现实。

不同于高度机密的曼哈顿计划，美国军方提前几个月就开始吹嘘“十字路口行动”。十字路口行动发生在1946年7月，耗资1亿美元（相当于今天的12亿美元），是迄今为止规模最大的科学实验——尽管它缺乏“实验”所需的精细度。这个行动简单说来，就是美国海军计划向一支由90艘船组成的舰队投下一颗原子弹，然后看看会发生什么。不过，十字路口行动需要4.2万名水手进

1 指海岸沙坝或沙嘴后侧与海隔离的浅海水域，常与海有狭窄的通道相连。

行协调，外加用于采集数据的2.5万个辐射探测器和150万英尺的录像带，这个用量占了当时全球供应量的一半。投掷地点定在比基尼环礁，这是夏威夷西南方2 600英里处的一圈珊瑚岛，自然环境宛若天堂。

1945年，美国海军缴获了德国和日本的几艘靶舰，包括让美国人恨之入骨的“长门号”，即偷袭珍珠港的指挥舰。颇具争议的是，这支假舰队还包括参加过重要战役的美国军舰，比如“纽约号”和“宾夕法尼亚号”。（军官们确实从船上移走了铃铛和茶具，但是留下了墙上的女郎海报。）在公众的强烈抗议下，美国国会出面将美国军舰的数量限制在33艘，但与比基尼潟湖中由战列舰、无畏舰和潜艇组成的舰队相比，它仍构成了当时世界的第五大海军。

在十字路口行动期间，山羊和老鼠暴露在放射性沉降物和辐射中（图片来源：盖蒂图片社）

1946年春天，更多的争议爆发了。首先，美国军方驱逐并重新安置了当地所有的167名比基尼人。岛上的军事长官厚颜无耻地说他们很幸运，把他们比作从埃及的奴役中解放出来、即将被带入应许之地的以色列人。（猜猜摩西是谁……）其次，为了符合《圣经》的主题，美国海军把整个方舟的动物运到比基尼环礁，分散在各艘靶舰上，以测试原子弹的生物效应。消息一经宣布，几千封愤怒的信如雪片般飞入美国政府办公室。有90个人甚至自愿代替这些动物，包括作家E. B. 怀特和圣昆丁州立监狱的一名囚犯，他说他想为社会做一些善行。（一些不那么仁慈的人建议用战俘替代动物。不是耶路撒冷的艾希曼[1]，而是比基尼的艾希曼，这个提议不太能引起共鸣。）美国军方同意不使用狗，但确实引进了5 000只老鼠、204只山羊、200头猪以及其他动物。为了使实验更真实，科学家在测试的前一天给体型较大的动物穿上军装，把它们的毛发剪成人类的长度。选择猪是因为它们拥有与人类相似的器官，而几只经过训练的山羊*很容易精神崩溃——据称这有助于确定核战争对人们的心理影响。

1946年7月1日上午9点，"伟大"的实验开始了。提前几分钟，数千名水手开始在比基尼潟湖外的支援舰的甲板上列队。军官命令他们不要看爆炸场面，但每个人当然都看了；聪明人闭上了一只眼睛，以防万一。当天早晨流传着一个笑话，说如果比基尼环礁（Bikini Atoll）被炸毁了，它随时可以改名为"Nothing Atoll"[2]。尽管如此，大多数人还是很紧张，因为在长崎投下原子弹之后的11个月里，再没有原子弹被引爆过，原子弹在公众的想象中获得了一种近乎超自然的光环。

一架名为"戴夫之梦"的B-29轰炸机出现在头顶，水手们的

1 艾希曼，前纳粹党卫军中校，第二次世界大战时期针对犹太人大屠杀的主要责任人和组织者之一。他于第二次世界大战后被逮捕，并在耶路撒冷受审。

2 "Nothing Atoll"的谐音是"Nothing at all"，意思是"一无所有"。

胃都紧绷着。戴夫之梦的腹部装着核弹，飞行员把它命名为“吉尔达”——这是金发美女丽塔·海华丝在当时最新上映的一部电影中的角色名。（不过在官方说法中，这次核试验的代号是埃布尔。）核弹目标是“内华达号”，它距离比基尼海滩3.5英里，被围在其他6艘军舰中间。海军把内华达号涂成危险的橙色，使它很容易被发现。但轰炸机还是打偏了。吉尔达按计划在水面上520英尺处爆炸，落下的地点却在“内华达号”西北650码处，靠近一艘航空母舰。

相当于5 000万磅的TNT炸药在吉尔达的怀里爆炸。睁着一只眼睛的水手看到了一道闪光，感觉自己脸颊上泛起了红潮；呼啸声花了整整2分钟才传到他们那里。船上的动物还蒙在鼓里。炸弹“蒸发”了附近的一切，并以10 000英里/时的速度向外发射冲击波。许多动物死于冲击力，距离“零点”1 000码内的5艘船开始下沉。所有的动物都困在船只的残骸中淹死了，只有猪311幸存了下来。

猪311（得名于它耳朵上的号码标签）穿着制服，被锁在距离零点420码的日本巡洋舰“佐川号”的军官厕所里。爆炸后的场景，就像是一个巨人把“佐川号”踩在鞋跟之下；“佐川号”的侧面被撕开了一个洞，船开始下沉。在一片废墟之中，厕所的门不知为何弹开了。猪311鬼使神差地脱光了衣服，毫发无损地钻出了残骸跳进潟湖。第二天早晨，一艘巡逻艇被派去查看损坏情况（放射性沉降物），结果发现猪311在水里吐着泡沫，用猪的姿势划向海滩。它那时才6个月大，浑身雪白，有黑色斑点，重50磅。

尽管获得了奇迹般的救援，兽医还是认为猪311已经没救了，因为它的体重开始减轻，毛发也开始脱落。更糟糕的是，它的血细胞计数也下降了，因为辐射杀死了负责制造新血细胞的骨髓。

根据其他受辐射动物的症状，它的胃和大脑可能开始肿胀，肝脏可能也开始萎缩，这是放射病最严重的症状。但不知怎么，猪311的病情在接下来的几周稳定下来了。它开始长出毛发，血细胞计数趋于平稳，然后开始上升。很快，它的体重开始增加，其他生命体征也有所恢复。不久之后，它看起来很正常。

美国军方对它的康复感到非常高兴。因为官员急于淡化核武器的威胁，一旦猪311看起来又胖又开心，他们就会把它宣传为民族英雄——反抗大炸弹的小猪。公众对这个故事深信不疑。《生活》（*Life*）杂志发布了它的照片，一位专栏作家称它是“精神战胜物质、肉体战胜所有的象征”。它很快就在华盛顿特区的国家动物园获得了一个珍贵的栏位，美国各地的游客都排着队来看它。了不起的猪。[1]

如此大张旗鼓对猪311宣传的首要目的是让公众相信核武器的安全性，在某种意义上说它的确奏效了。现在我们回顾核时代，不禁会想到放射性牛奶和躲在桌子下面的孩子。但美国的核恐慌并没有立刻开始。20世纪40年代和50年代初，人们可能对核武器不屑一顾，甚至一笑置之。人们想到的可能不是广岛和长崎，而是十字路口行动和猪311。因为说真的，如果一头猪都能在原子弹下生存，那原子弹能有多糟糕呢?

这种自满情绪恰好符合美国政府的期望，所以他们以最快的速度试验尽可能多的核武器。在接下来的20年，军方成功地安排了200次试验，时至今日，我们仍然在为此承担后果：甚至在60年后，我们仍在吸入这些原子弹产生的放射性原子。

1 原文是“Some pig”，出自E. B. 怀特的小说《夏洛特的网》。夏洛特是一只蜘蛛，为了使她的朋友小猪韦伯不被吃掉，她用蜘蛛网写下了这句话。

曼哈顿计划与其说是科学上的突破*，不如说是工程上的胜利。所有关键的物理问题在战争开始前就已经解决了，真正的努力并不涉及黑板和尤里卡，而是涉及费力的工作和辛苦的劳动。以铀的提纯为例。其中一个步骤是，工人必须将超过20 000磅的原铀矿石转化为气体（六氟化铀），然后几乎是一个原子一个原子地将其分解为112磅可裂变的铀-235。这需要在田纳西州的橡树岭建造一座价值5亿美元（相当于今天的66亿美元）的工厂，它占地44英亩（1英亩=4 046.856 4平方米），用电量是整个底特律的3倍。如果没有这笔史无前例的投资，所有关于核弹的花哨理论都将化为泡影。

钚也不简单。事实证明，制造钚（它在自然界中并不存在）和提纯铀一样，不仅非常困难，而且成本高昂，引爆钚甚至更麻烦。尽管钚的放射性很强——大多数成年人吸入0.1克就会致死，但洛斯阿拉莫斯国家实验室的科学家正在研究的少量的钚，必须在密度极高的情况下才会发生连锁反应和爆炸。不过，金属钚的密度已经很高了，唯一可行的方法就是用一圈炸药把它炸碎。遗憾的是，虽然炸药很容易把东西炸开，却几乎不可能把东西连贯地压缩成更小的形状。洛斯阿拉莫斯的科学家花了很长时间争论实验细节。

1945年春，他们终于概略地设想了一个可行的爆炸装置。但这个想法需要得到证实，所以他们在1945年7月16日安排了著名的“三位一体”核试验。负责组装爆炸装置（其昵称为“小工具”）的人是年轻的加拿大物理学家路易斯·斯洛廷，他以莽撞著称（非常适合核弹工作）。斯洛廷爬上100英尺高的“三位一体”核试验塔，并组装好炸弹，之后他和他的老板收到了一张20亿美元的收据，并开车到10英里外的大本营观看。

清晨5:30炸药环爆炸了，“小工具”的葡萄柚大小的钚核被压缩成一个桃核大小的球。然后中间的一个小块（铍与钚的混合物）释放出一些被称为“中子”的亚原子粒子，事情发生了实质性的变化。这些中子粘在附近的钚原子上，使它们变得不稳定，导致它们裂变（或分裂）。这种分裂释放出巨大的能量：单个钚原子的撞击可以使一粒沙子明显地跳动，尽管沙子比钚原子大无数倍。关键是，每次分裂也会释放更多的中子。这些中子又附着在其他钚原子上，使它们变得更不稳定，进而导致更多的裂变。

在几百万分之一秒内，80代钚原子发生了裂变，释放出的能量相当于5 000万磅TNT炸药。接下来事情变得很复杂，但释放的能量蒸发了核弹周围的一切——金属塔、下面的沙子乃至沙子下的蜥蜴和蝎子。实际上，远远不仅是蒸发。钚核附近的温度飙升到几千万华氏度，以至于蒸汽中的电子脱离其原子，开始像萤火虫一样舞动。这产生了一种新的物态——等离子体[1]。

考虑到这些不可思议的能量，即使是罗伯特·奥本海默（曼哈顿计划的主管）这样冷静的科学家也开始认真思考一种可能性：“三位一体”核试验可能会点燃大气层，烧焦地球表面的一切。显然，这并没有发生，但那天早晨的几百名观众都知道他们给世界带来了一种新型地狱——其中一些人脸上涂了厚厚的防晒霜，并用太阳镜遮住了眼睛。在“三位一体”核试验安静下来后，奥本海默回忆起《薄伽梵歌》中的一句话：“我现在成了死神，世界的毁灭者。”这个故事流传甚广。还有一件不那么著名的事：奥本海默还回忆了阿尔弗雷德·诺贝尔说过的一句话：炸药会使战争变得可怕，以至于人类肯定会放弃战争。在蘑菇云的阴影之下，这个愿景现在看来多么古怪。

1　由电子、离子和未电离的中性粒子组成的物质状态。它是固态、液态、气态之外的第四种物态。通常固态物质加热变成液态，然后变成气态，温度极高时被部分电离形成等离子体。

在1945年8月袭击日本的广岛和长崎之后，参与曼哈顿计划的大多数科学家都产生了一种胜利的感觉。然而，在接下来的几个月，来自日本的报道给他们带来了越来越强烈的反感。他们知道那设计巧妙的炸弹很显然会杀死成千上万的人，但在德累斯顿和东京的燃烧弹攻击中，军方已经杀死了相当数量的平民。（一些历史学家估计，在东京燃烧弹攻击[1]的6个小时中，死亡人数超过10万，比历史上任何一次袭击都要多。）

大多数科学家之所以对日本的广岛和长崎所承受的核武器轰炸感到震惊，不是因为直接的死亡人数，而是因为挥之不去的放射性。在此之前，大多数物理学家以一种非常漫不经心的态度看待放射性，他们对相关危害有一种大男子主义的蔑视*，这样的故事比比皆是。原子弹的放射性沉降物在之后的几个月继续毒害人们——杀死细胞，腐蚀皮肤，甚至把血液中的盐和牙齿中的填充物变成微小的放射性核弹。

驻日盟军最高司令长官道格拉斯·麦克阿瑟将军最终宣布对所有关于核弹后遗症的报道实施媒体管制。但麦克阿瑟阻止不了流言，特别是科学界的流言。讲这些故事的人也不需要夸大事实，因为事实已经非常糟糕了。1945年和1946年在洛斯阿拉莫斯国家实验室发生的一系列不为人知的事故，更突出了放射性的危险，因为科学家目睹了它的破坏过程。

事故从哈里·达格利恩开始。达格利恩是一位矮胖的物理学家，17岁进入麻省理工学院，6年后，也就是1944年进入洛斯阿拉莫斯国家实验室。他主要从事临界实验，涉及在实验室中启动钚球的链式反应。这些实验不可能引爆钚，因为球体的密度不够，但这项研究也没有得到美国OSHA（职业安全与健康管理局）的批准，所以洛斯阿拉莫斯的科学家把这项研究称为“搔弄一条睡

1　这里指的是1945年美军对东京采取的多次大规模的燃烧弹轰炸。

龙的尾巴”。这次实验的地点是距离洛斯阿拉莫斯主场地4英里的一个偏远峡谷中的设施，被称为“奥米伽核试验场”。

达格利恩使用的是一个3.5英寸的钚球，与“三位一体”核试验及在长崎投下的核弹的核心相同。事实上，如果日本没有投降并结束战争，他的钚球（代号“鲁弗斯”）就会在1945年8月20日左右被放入一枚核弹中。由于战争已经结束，你可能会认为达格利恩突然就没事可做了：毕竟，曼哈顿计划的目标就是击败德国和日本，所以这个使命已经完成了。但事实上，洛斯阿拉莫斯的一些人的工作负担并没有减轻多少，因为美国政府已经在核武器的研究上花费了数亿美元，所以他们不想浪费这笔投资。最重要的是，对战后力量的争夺已经开始，美国政府内部的一些关键人物认为核弹（特别是钚弹）对国家长期安全至关重要。

于是在1945年8月21日，也就是战争结束后不到一周，达格利恩在奥米伽开始了另一系列的“挠龙实验”。用实验室的术语来说,这些实验涉及在钚“蛋”周围建造一个积木“巢”。这些“积木”是一种叫碳化钨的特殊材料，它有很好的反射中子的能力（中子会直接穿过许多材料）。因此，通过在球体周围堆放“积木”，达格利恩确保了任何逃逸的中子都会反射回钚，进而使它们能够参与裂变，这有效减少了维持链式反应所需的钚。达格利恩在早晨完成了一个堆放试验，下午完成了第二个，然后在晚上参加了一个讨论会。但会议结束后，大约晚上9点，他回到奥米伽做了最后一次实验。其实像这样单独工作是不合规的，而且达格利恩已经工作了漫长的一天，但是当时的洛斯阿拉莫斯的规定并没有这么严格，加上达格利恩是个和蔼可亲的人，所以保安就放他进去了。

他首先把14磅重的钚球放进一个托架上。除了具有放射性，钚还具有毒性（几乎和砷一样强），所以球体上镀了镍，这样不戴手套也能“安全”处理。科学家回忆说，放射性物质在皮肤下的缓慢燃烧让他们感到一种诡异的温暖，有人把这种感觉比作抱着一只活兔子。

钚蛋就位后，达格利恩开始组装由52个碳化钨反射器构成的巢。每一层都有越来越多的中子被反射回钚核，使它更接近临界状态。前4层都组装好了，第5层也基本就位，他拿起最后一块积木悬停在球体上方。这时他旁边长凳上的扬声器开始发出噼里啪啦的声音。扩音器连接着一个辐射探测器，噼里啪啦的声音意味着再叠一块积木就会引发链式反应。达格利恩开始前后挥舞积木，挑逗、戏弄、挠痒。他对这些声音感到满足便缩了回去，但这时积木滑了下来，正好落在不该落的地方，堵住了中子唯一的安全出口。用实验室的行话来说，球体进入了“超瞬发临界”。更直白地说，被玩弄尾巴的龙睁开了眼睛。

扬声器的断断续续的声音逐渐变成了隆隆声。随着附近空气中的氮气被电离，一道蓝光开始在球体周围舞动。达格利恩试图用手打翻积木城堡，但失败了；他又试了一次，最终把它推倒。一切归于平静。极光消失了，扬声器安静下来。当然警报也没有响起。除了手部的刺痛，达格利恩感觉良好：不同于传统的毒药，放射性一开始不会引起疼痛。但达格利恩知道，他已经杀死了自己。

他随后去了医院。医生从他的口袋里取出了钥匙和一把刀，让技术人员拿回洛斯阿拉莫斯进行分析。技术人员发现它们非常“热”，超出了盖革计数器的范围。物理学家后来估计，他的身体遭受的辐射相当于照射了大约5万次胸部X光，他的右手遭受的辐射则接近40万次胸部X光。在接下来的几天，那只右手变成了一个巨大的水疱。他的右臂也肿了起来，一直到肩膀的皮肤都是红的，他脸上的皮肤也是如此。（本质上他遭受了“三维晒伤”，辐射已经渗透到他的体内。）与此同时，他感觉肚子里翻江倒海，非常恶心，痉挛和打嗝使他疼痛无比。他的头发一把把地往下掉，体重也成磅地掉。幸运的是，几周后他陷入了昏迷，在事故发生25天后就去世了。美国军方官员向媒体撒谎，说达格利恩死于“化学烧伤”，然后他们给达格利恩的姐姐和母亲开了一张1万美元的支票，借此让她们噤声。

在达格利恩受苦的时候，一直守在他床边的人是路易斯·斯洛廷，曾经为“三位一体”核试验组装核弹的科学家。看着达格利恩死去，斯洛廷非常震惊，更加坚定了他最近下的决定：放弃研究核武器。不幸的是，斯洛廷与军方的合同还有1年。更不幸的是，他并没有从达格利恩的事故中学到任何关于小心的教训。

斯洛廷进入温尼伯的大学时只有16岁，甚至比达格利恩还要小。也许是为了让自己看起来更强壮，他在学校里开始练拳击，并且选择了具有男子气概的穿衣风格：牛仔裤、牛仔靴、敞开的衬衫。大学毕业后，他游历了西班牙，后来他总喜欢向别人暗示自己参与过西班牙内战（可能是假的）。斯洛廷最终在芝加哥找到了一份建造回旋加速器的工作，然后开始了对钚的研究。1944年12月，他抵达洛斯阿拉莫斯，立即要求“挠龙”。小组中的其他人对他表示欢迎，即便身边都是敢于冒险的人，但他仍然赢得了鲁莽的名声。有一次，他需要调整一个水箱中正在进行的核反应，他要求维修人员关闭设备。但当时是星期五下午，所以工作人员告诉他要等到周末之后，但当他们周一回来时发现调整已经完成了。是斯洛廷自己关掉了设备吗？不，他只是脱掉了牛仔裤和牛仔靴，跳进水箱——当时反应堆仍在燃烧。

斯洛廷向家人透露自己参与了制造投向广岛和长崎的核弹，他很开心能吓到他们，但他很快就对武器研究感到失望。达格利恩死后，他要求回到芝加哥。美国军方告诉他，他必须先为比基尼试验组装核弹。最终斯洛廷妥协了，并且同意在洛斯阿拉莫斯培训接替他的人阿尔文·格雷夫斯。

培训课程最后以一个斯洛廷运行过大约40次的演示结束，此时是1946年5月21日。斯洛廷首先拿起鲁弗斯——达格利恩用过的那个钚球，把它放在托架上，他下一步要安装中子反射器。但斯洛廷没有使用碳化钨积木，而是用了一个半球形的铍壳，这是更强大的反射器。铍非常擅长反射中子，它几乎是在用中子打乒乓球，所以大多数科学家在使用铍壳时都会采取额外的预防措施。特别是，他们知道把铍壳放在钚球上会立即引起链式反应，所以增加了一个保护措施：在球的周围堆上薄薄的木垫片。然后，他们把铍穹顶放在垫片之上，并随着实验的进行把垫片一个一个拿掉。于是他们可以缓慢地降低铍壳，慢慢地接近临界状态。

曼哈顿计划结束后，杀害路易斯·斯洛廷的事故的重现（图片来源：洛斯阿拉莫斯国家实验室）

斯洛廷懒得去做这些事。他只是简单地把铍壳的一边支撑在托架上，在鲁弗斯上方以一个有趣的角度保持平衡，然后用螺丝刀上下摇晃另一边——像溜溜球一样接近链式反应的边缘。有一次，恩里科·费密看到他这样做，骂他说，如果他不停止这种鲁莽的行为，“一年之内就会死掉”。斯洛廷翻白眼作为回应。

在1946年5月的那个下午，斯洛廷只花了两分钟就准备好了演示，开始上下升降半球。附近的扬声器发出了低沉的咔嗒声。格雷夫斯从斯洛廷的肩膀后面窥视，留下了十分深刻的印象，然而意外很快就发生了。螺丝刀滑了一下，铍壳砸在钚上方。房间里的8个人都感受到一阵热气，同时看到了蓝色的光晕。

斯洛廷用手拍翻了那个半球。1秒钟后，那只手开始刺痛，一股金属的味道涌进他的嘴里。但喘过气之后，他像达格利恩一样感觉到诡异的宁静：他知道他已经杀死了自己，但那一刻他觉得自己很正常，所以只是向后退了一步说："好吧，它做到了。"

此时，斯洛廷主要担心的是房间里的其他人，特别是格雷夫斯。在去医院之前，他用探测器测量鲁弗斯旁边的物体，包括一把锤子和一个可乐瓶，试图估计每个人吸收的辐射剂量。不幸的是，因为探测器本身被严重污染，所以读数无效。迫不得已，斯洛廷走到一位女性"计算员"[1]的办公桌前，让她估算一下格雷夫斯所站位置的人吸收的辐射剂量。（根据现代的估计，斯洛廷吸收的辐射量相当于照了20万次胸部X光；而格雷夫斯"仅仅"吸收了3.5万次，主要是因为斯洛廷的身体保护了他。）尴尬的是，要么是昏了头，要么是不知情，斯洛廷找到的计算员是格雷夫斯的妻子伊丽莎白。直到几个小时后她才知道计算这些数值的原因。

斯洛廷一直在研究和达格利恩一样的钚核。他们的事故都发生在一个月的第21天，而且都是星期二。在医院里，医生把斯洛廷安排在同一间病房的同一张床上，看着他以同样痛苦的方式死去——因为他的身体基本上已经解体。9天后，他们把斯洛廷的尸体装在内衬铅的棺材里空运回温尼伯。

达格利恩和斯洛廷二人的死亡震惊了核物理学界，特别是斯洛廷，他喜欢吹嘘自己是"世界上最有经验的核弹装配者"，这

1　指电子计算机发明以前，专门从事数学计算的人员。这项工作起源于17、18世纪的天文学计算，后来在曼哈顿计划、人类登月和现代计算机的发展中起到了重要的作用。

在团体内部制造了裂痕。一些物理学家已经为他们在原子弹上所做的事感到内疚。现在，由于同事的死亡，他们的悔恨变成了对核武器的公开反对。但另一些科学家却有不同的想法。在他们看来，即将到来的冷战似乎比单个人的生命重要得多。文明本身处于危险之中，他们认为同事的死亡是一种勇敢的牺牲。事故当天站在斯洛廷肩膀后面窥视的阿尔文·格雷夫斯，很快就成为这些鹰派人物之一。

斯洛廷和达格利恩都死于那颗被诅咒的钚球。在这之后，科学家不再称它为“鲁弗斯”，而开始把它称为“恶魔之核”。对今天的我们来说，继续在更多的实验中使用这个“恶魔”可能显得很不得体，甚至可能很疯狂，但钚是当时地球上最有价值的物质，所以美国军方并不打算丢弃这个价值数百万美元的宝贝。所以在斯洛廷死后不久，恶魔之核被装入一架飞往南太平洋的飞机，最终被装入参与十字路口行动的一枚核弹中。

令人难以置信的是，美国军方最初想用十字路口炸弹蒸发掉加拉帕戈斯群岛的几座岛屿。不过他们最终选择了比基尼环礁，尽管这里空间有限，生态系统脆弱，而且风向不可预测。（预示警报！）

7月1日的吉尔达/埃布尔试验是历史上的第4次原子弹爆炸；第5次原子弹爆炸发生在3周后，即7月25日的贝克试验。（带有恶魔之核的核弹原本是第6次，但美国军方取消了试验，并且相当草率地决定熔掉恶魔之核，回收钚用于其他核弹。）贝克核弹被称为“比基尼的海伦”，它缺乏爆炸前的戏剧性：为了模仿对舰队的偷袭，它是在水下90英尺爆炸的，而不是从飞机上投下。

1946年7月25日，比基尼环礁附近的贝克试验（图片来源：美国国防部）

但爆炸的特效完全弥补了这一点。在10毫秒内，潟湖的中心像钻石一样亮了起来，光辉灿烂，300万立方英尺的水蒸发成蒸汽。（詹姆斯·瓦特会非常激动。）此外，200万加仑的水在有史以来最大的喷泉中呼啸而上——喷泉宽2 000英尺，高6 000英尺。9艘舰艇立即沉没，这次爆炸杀死了更多的猪、山羊和老鼠。幸存的舰队浸泡在放射性的水中，一项研究称其为“女巫之酿”。

尽管全身湿透，美国海军仍试图打捞剩下的船只去拯救船上的动物。怎么救？派几千名水手来清洗甲板。舰队司令认为，用碱液好好擦洗一下，再刷上一层新漆，就可以解决所有讨厌的放射性问题。但这个计划失败了，因为船上的盖革计数器响个不停，舰队司令都惊呆了。难道钚真的经得起石灰水？最后，美国海军承认失败，放弃了90艘船中的60艘，或把它们当废品出售。（有几艘如今仍沉在潟湖里，是章鱼、鱼类和潜水员的水下仙境。）更令人担忧的是，在移走船上的动物后，美国海军注意到它们身上出现了越来越多的健康问题：和猪311一样，它们出现了疲劳、体重减轻和血细胞计数下降的问题，且这些问题始终没有改善。

在大多数情况下，公众对这些长期问题一无所知。大多数记者在核弹爆炸后立即离开了比基尼环礁，他们在撰写的报道中普遍淡化了原子武器的威胁。前面已经说过，自广岛和长崎原子弹事件以来，核弹在人们心目中几乎象征着神话般的力量。1946年初，军事科学家不得不发表声明向公众保证，比基尼环礁试验不会“破坏重力”或“炸开海底，使所有的水都流进洞里”。所以，当吉尔达和海伦没有带来世界末日时（事实上，几艘船还漂浮在潟湖上），记者们对此嗤之以鼻。他们开始轻视原子弹，嘲笑原子弹“被明显高估了”。（一个电台主持人声称秘密录下了吉尔达的爆炸，然后在广播中播放了滑稽的鸡叫声。）很少有人跟进报道，也很少有人考虑到真正的危险可能是看不见的。

记者采取这一立场，也是在告诉公众他们渴望听到的东西。你可以说他们懦弱，也可以说这就是人性，但经历了数百万人的死亡，经历了两个大洲44个月血染山河的战争，再加上一年来关于核弹歇斯底里的故事，大多数人只想继续生活，而不是继续焦

蘑菇云蛋糕（图片来源：美国国会图书馆）

虑。比基尼环礁试验的平淡结局甚至让他们有机会笑一笑。人们在派对中使用蘑菇云形状的白蛋糕；夜总会夸耀他们的“原子弹”舞者；法国设计师还推出了一种两件式泳衣[1]，他们眨了眨眼说，这和比基尼的炸弹一样，袖珍又危险。

这种冷漠使美国政府可以继续做核试验——1949年苏联引爆第一枚核弹之后，该计划加速了。美国的核试验场几乎从大西洋延伸到太平洋，西北远至阿留申群岛，东南远达密西西比州。大多数试验发生在内华达州。

许多早期试验都集中在一个问题上：普通的美国房屋能否经受住百万吨级的核爆炸。事实证明不太可能。为了做这些试验，科学家在内华达州的沙漠中建起了成排的房屋和店面，并愉快地命名为“生存之城”。（当地的道路有更可怕的名称：死亡街、灾难巷、末日大道等。）每间房子都备有家具和食物，还有做家务事的假人，假人们在床上睡觉、和婴儿玩耍、用饮料和唱片与朋友欢闹。

生存之城里没有什么东西可以生存下来，这从一开始就一目了然。每次核弹爆炸，零点附近几百码内的建筑就会化为灰烬。更远处的房屋虽然可能屹立不倒，但屋里大多数假人都被烧毁和肢解了。然而，军事科学家以乐观的态度宣布，情况并没有那么糟糕。他们甚至从废墟中挖出了几个冰箱，为一个焦点小组烹制了里面的冷冻的草莓、鸡肉馅饼和炸薯条，目的是展示人们在核弹爆炸后如何生活——食客都说这顿饭很可口。

美国卫生官员也向公众传播大量的废话。一位医生表示，放射性不仅不会伤害身体，而且可以“刺激精母细胞”。他补充说，“钚可能是生活中最好的东西之一，仅次于酒精”，并声称他在牙粉中使用了钚。哈佛大学的一位心理学家宣称，在遭受核攻击后，

1　这里指的是比基尼泳衣，它是以比基尼环礁的名字命名。

人类面临的最大威胁不是数百万人的死亡或文明的崩溃，而是幸存者中过多的未婚性行为。*

与此同时，美国社会流传着令人不安的核武器消息，即它具有长期的、潜伏性的影响。白血病等快速发作的癌症已经在广岛和长崎肆虐。如今分散在美国各地的曼哈顿计划的科学家，也开始在实验室的长椅上和在职工午餐时间悄悄谈论斯洛廷和达格利恩。尽管猪311在美国国家动物园过着舒适的生活，但它却无法生育。猪311最终长到了600磅重，并在1950年——也就是4岁半的时候死了，这对一头猪来说算短命，也许因承受辐射而享有声誉并不是生命中的一件好事。

更糟糕的是，20世纪50年代初，一个可怕的新词——放射性沉降物成了全民性词汇。美国核试验的大部分放射性沉降物落在内华达州的沙漠，美国政府密切地监测着那里。但美国政府一开始并没有全国性的探测计划，因为科学家并没有意识到放射性沉降物可以被蘑菇云带到大气中，然后被风广泛散播。事实上，最早意识到放射性沉降物能广泛扩散的人是伊士曼柯达公司的员工，他们发现，用于运输的一些包装材料具有放射性。这些材料是回收的印第安纳州西南部的玉米皮，其放射性排放之快足以毁掉整箱胶卷。

放射性沉降物的云层包含几种类型的颗粒。首先是在核爆炸的高温下形成的氮氧化物气体，它们使云层有时会被染成红色。但真正危险的东西是看不见的：钚分裂成碎片时出现的暴戾的放射性原子，包括从锑-125到锆-97的一切。钚裂变也会释放出中子，这些中子紧紧吸附在氮气（N_2）等原本友好的分子上，使它们具有放射性。然后这些放射性物质随着高海拔气流迁移数千英里，要么自己沉淀，要么随暴雨降下，把纽约州的奥尔巴尼或北达科他州的迈诺特这样毫无防备的城市变成核热点。与直觉相反，暴雨其实没有那么危险，因为它们产生了更多的径流，并冲走了放射性物质，雾反而会使放射性碎片久久不能消散。

世界上从未有过像放射性沉降物这样的威胁。第一次世界大战期间，弗里茨·哈伯也曾将空气作为武器，但一阵劲风过后，哈伯的气体一般不会伤害你。但放射性沉降物可以——它会持续几天、几个月甚至几年。有一位作家评论说："盯着每一片经过的云彩，想着它可能带来的危险，这让人很痛苦。"他还说："自从给诺亚的那份气象报告[1]以来，没有任何一份气象报告给人类带来如此噩兆。"

相比于其他的危险，放射性沉降物更能动摇人们对核武器的自满情绪。到20世纪60年代初，放射性原子（来自苏联和美国的核试验）已经渗透到地球上的每一个角落；就连南极洲的企鹅也暴露在核辐射之下。人们非常惊恐地得知，放射性沉降物对成长中的儿童的影响最大。其中一种裂变产物——锶-90，往往沉淀在美国中西部的粮仓州，植物的根系会吸收它们；然后，奶牛吃了被污染的草，锶-90开始沿着食物链向上移动。锶在元素周期表中位于钙的下面，所以它的化学性质与钙相似。因此，锶-90最终集中在富含钙的牛奶中，当儿童喝牛奶时，锶-90就会进一步集中在他们的骨骼和牙齿中。有一位核科学家曾经在橡树岭工作，后来搬到处于内华达州下风区的犹他州，他哀叹说，他的两个孩子在西部的几年里吸收的辐射，比他在18年的裂变研究中吸收的还要多。

即便是热切的爱国者，即便是把苏联视为有史以来对自由的最大威胁的鹰派，也不会支持把放射性物质带进孩子的牙齿里。由于纯粹的惯性，核试验持续了一段时间，但到了20世纪50年

1 在《圣经》中，上帝发现世间有很多邪恶的行为，于是计划用洪水消灭恶人。但他也发现，人类中有一个叫诺亚的好人，于是他把洪水的消息透露给诺亚，指示他建造一座方舟。

代末，美国公民开始大规模抗议。激进组织SANE的广告上写着“没有代表就没有污染”（No contamination without representation）；在1957年成立之后的一年内，SANE就拥有了2.5万名成员。对天气模式的详细研究很快支持了他们的观点，因为科学家已经意识到污染物在大气中传播的速度有多快。流行文化也在推波助澜*，蜘蛛侠、绿巨人和哥斯拉（都是核事故的受害者）都是在这个时代登场的。在抗议活动的最高潮，1963年美国、苏联和英国签署了一项停止所有大气层核试验的条约。虽然这看起来像是古代史，毕竟签署禁止核试验条约的是肯尼迪总统，但我们今天仍在以多种方式处理这一后果。

关于这一点，我首先应该指出，放射性并没有本质上的邪恶或不自然。你的日常吃喝就从天然的、与放射性沉降物无关的来源中摄取了放射性，吸收了至少相当于每年4次胸部X光的辐射量。（需要说清楚的是：并不是食物本身会发出X射线，而是食物中不同种类的放射性物质对人体组织的伤害*相当于照4次胸部X光。）巴西坚果、咖啡、牛羊肉都含有放射性。香蕉中含有放射性钾-40，大批量的货物有时会触发海港的辐射探测器。核科学家甚至定义了一种奇特的日常放射性指标，叫“BED”，即香蕉等效剂量。

顺便一提，无论是香蕉中的钾-40还是地壳中的钾-40，它们通常会逐渐衰变成氩气，并渗入空气中。这解释了为什么这种稀有气体在大气中如此常见，因为放射性钾在不断地制造它。

你的正常呼吸会让你每年额外吸入相当于照20次胸部X光的辐射量，它们大部分来自氡气。除此之外还有宇宙射线，即来自深空的亚原子粒子流，它们以难以想象的数量冲向地球（在某些地方，每平方米每秒通过量高达10 000）。大气层过滤掉大部分宇宙射线，但由于海拔越高，空气越稀薄，所以你每次乘坐跨国航班或访问丹佛时，都会暴露在更多的这种“核冰雹”中。

生活中的辐射源无处不在。烟雾探测器释放α粒子，旧电视机发出X射线。猫砂会渗出铀，用高级亮光纸印刷的杂志和时髦的花岗岩工作台也是如此。但想到每次你给“胡须先生”铲屎的时候都不会晕倒，你可能已经猜到了，没有必要担心日常的放射性问题。你需要吃2 000万根香蕉才能引起辐射中毒，8 000万根香蕉才能确保死亡。关于几十次胸部X光的辐射量听起来有点儿吓人，但这些损伤会分散到一整年，因此细胞有时间休养并修复损伤。

那么，我们每年从原子弹试验中吸入了多少挥之不去的放射性物质？有数据显示，大约只有照一次胸部X光的1/10，这将使普通人的寿命缩短1.2分钟。但据统计，吸4口香烟的危害更大。

你可能觉得这没什么大不了的，但请考虑一下下面的问题。自然界的宇宙射线经常在空气中产生放射性的碳-14。然后，碳-14与氧气结合，形成放射性的二氧化碳；二氧化碳又被植物吸收，并开始沿着食物链向上流动。现在你的体内大约有1 000万亿（10^{15}）个放射性碳原子，它不断取代细胞中普通的碳原子。虽然碳-14的数量不具有压倒性，但这些放射性原子确实会破坏DNA，使其突变，并可能导致癌症。

在此基础上考虑一个事实：1950年至1963年间，大气层核试验几乎使空气中的碳-14含量增加了1倍，增加的量超过1万亿磅。这个浓度至今没有恢复正常，而且在数千年内也不会恢复正常。因此，即使你出生在禁止核试验条约之后，你患癌症的概率仍然比没有核试验的情况高。高多少？截至1990年，额外的碳-14导致每人每天增加10万到100万个DNA突变。虽然人体的正常突变率比这个数字低几个数量级，而且大部分损伤很快就会修复，但并非所有突变都会这样。科学家估计，由于核试验，全世界的人类将额外遭受数百万例与碳-14有关的癌症病例，其中包括额外的200万例癌症死亡病例。（这只是碳-14带来的影响，其他放射性物质也飘浮在我们周围，在细胞间进进出出。）这些因素都对1.2分钟这个统计数字产生影响。1.2分钟只是一个平均值，大多数人会失去0分钟，但数以百万计的人失去的将远远不止80秒。

按照同样的思路，对于相同的放射性物质吸入量，比较一年内点点滴滴的吸收和短时间内大口大口的吸收，多少会有些误导性，因为大口大口的吸收会造成更大的伤害。相比于对照组，参与比基尼核试验的水手平均早死3个月，这是件大事。1946年至1964年美国婴儿潮期间出生的人也面临着严重的风险，因为他们在核试验的高峰期还只是个孩子。

以我的母亲为例，她具有几种人口统计学上的不利因素。她成长于20世纪50年代，在艾奥瓦州的农村长大，那里的放射性沉降物浓度远远高于沿海地区的人口中心。（一般来说，由于来自内华达州的盛行风，犹他州、蒙大拿州和爱达荷州的孩子面临的情况最糟糕。在美国大陆，洛杉矶的孩子情况最好，因为内华达州的风很少吹到那里。）我母亲受到的辐射大部分来自被锶-90污染的牛奶；更糟糕的是另一种裂变产物，碘-131。和锶一样，碘也会被植物吸收，并集中在牛奶里；哪怕是母乳中也含有大量的碘，白干酪、鸡蛋和叶菜也是如此。锶-90会分散在全身，而碘-131则集中在甲状腺，用放射性粒子轰击这个舌头大小的器官。碘-131衰变很快，半衰期只有8天。但放射性沉降物的红色云层从内华达州飘到艾奥瓦州只需要几天时间。使问题更加严重的是，我母亲的家人有时会喝表兄弟家后院挤出来的新鲜牛奶，而不是从商店买的牛奶——后者已经在货架上放了几天，有时间耗尽碘-131。根据美国政府提供的数据，她的甲状腺吸收的碘-131可能是普通美国人的5倍，是我的1 000倍（愿好运常在）。她在美国西部的一些同龄人至少吸收了平均水平的15倍或更多。

那么后果是什么呢？遗传学家担心，20世纪50年代的“下风居民”中会出现大量的突变婴儿，但这并没有发生。要使一个孩子继承父母的突变，母亲卵细胞或父亲精子中的DNA必须被扰乱，但锶-90和碘-131不会聚集在生殖腺附近，所以真正要担心的仍然是癌症。根据1950年以前的发病率，医生计算出，20世纪50年代在美国长大的人应该会有大约40万例甲状腺癌患者。放射性碘-131可能会使这一数字增长5万。其他癌症的发病率也会升高。

但不要忘了，美国以外的人也在受苦，特别是可怜的比基尼岛人。1946年美国军方驱逐了167个当地居民，承诺他们可以在几年后返回。不幸的是，吉尔达，特别是海伦，毒死了潟湖里的鱼，这是岛民们赖以生存的食物。（生物学家在1946年发现了一条具有很强放射性的鱼，强到可拍摄“自体X光”：他们把它放在一些感光纸上，几个小时后就出现了轮廓。）被驱逐后，这些比基尼人在附近的一个缺乏淡水和渔场的环礁上勉强度日，半饥半饱，完全依赖美军的供给。一些美国人将最初的迁移比作以色列人被带入天堂，但一个叫犹大的酋长更恰当地指出，他们现在的处境让人想起了在沙漠中流浪的以色列人。他们是核游牧民。

如果美国没有开始试验更大、更恶劣的核弹——“氢弹”，那么这些比基尼岛人在几年后仍有可能回到比基尼环礁。就像阿尔弗雷德·诺贝尔的实验，“氢弹”是一种两级炸弹。首先是钚裂变的爆炸。然后，爆炸产生的X射线激发了附近的氢原子，这些氢原子开始聚变为氦原子，太阳的能量就来自这种聚变反应，它能在短短1秒内释放出大量的能量。1954年3月1日，在臭名昭著的布拉沃城堡试验中，美国军方在比基尼环礁释放了这个“神圣的地狱”。

布拉沃城堡试验的科学主管正是阿尔文·格雷夫斯，第二次恶魔之核事故当天站在路易斯·斯洛廷肩膀后面窥视的人。格雷夫斯勉强挺过了这一劫难，他经历了一段艰苦的康复过程：从医院回家后，他大部分时间每天睡16个小时，他的精子数量一度为0。尽管如此，格雷夫斯和他的妻子（当年她漫不经心地计算了丈夫吸收的辐射）都热切地支持核武器。也许他们不得不这样做，才能使自己的遭遇变得合理。

1954年，格雷夫斯已经是两个孩子的父亲，尽管他的眼睛因为白内障而模糊，但他还是飞到比基尼环礁指导布拉沃城堡试验*。情况从开始就一团糟。首先，核弹释放的能量远超预期，相当于30亿磅的TNT，是海伦的650倍。更糟糕的是，虽然那天早晨天气不好，但格雷夫斯还是下达了引爆的命令，而风正好在错误的时刻刮起，卷走了放射性沉降物的云层，倾倒在比基尼环礁以东的群岛上。

早晨6:45，这些岛上的部落看到一个巨大的红色火球在地平线上爆炸，形成一种反向的日出。几个小时后，天上开始飘落白色的盐灰。一天之内，150英里外的岛屿就迎来了这种“比基尼雪”，那里的孩子开始玩雪和吃雪（他们从未见过真正的雪，也不知道如何更好地玩雪）。此外，在一艘名为“第五福龙丸”的不那么幸运的船上，23名日本渔民也遇到了暴风雪。几天之内，渔民和岛民都在抱怨头痛、恶心、疲劳和皮疹，他们的头发也开始脱落。最近的环礁上的孩子吸收的辐射量是此前美国最严重病例的100多倍——相当于一次性做了1万次胸部X光。在一座岛上，19名儿童中有15名在21岁前患上了甲状腺肿瘤；2名儿童完全失去了甲状腺功能，停止生长发育；还有1名儿童死于白血病。所有这些苦难都是因为一股暴戾的冬风。

直到今天，关于那天早晨比基尼环礁附近的天气真相仍然笼罩在蘑菇云之中。一些人坚持认为，尽管知道风会把放射性沉降物吹到其他岛屿上，但狂热的格雷夫斯仍下令进行试验。有人说，是因为一组军事气象学家预报错了；还有人说，由于超预期的核弹和旋转的风，预报工作几乎不可能完成。也许真相是三者的结合，不过我怀疑第三种解释最接近事实。20世纪50年代，关于锋面[1]活动的知识非常有限，这也是早期人们对放射性沉降物不以为意的原因。我们将在下一章看到，地球大气层是现存最复杂的物理系统之一，即使在拥有超级计算机和氢弹的今天，真正准确的天气预报仍然难以实现。它本不应该如此。毕竟锋面只是流经地球表面的一团暖空气或冷空气。

1 锋面是分隔两个密度不同的气团的边界，是气象现象的主要原因。

插曲：爱因斯坦与人民冰箱

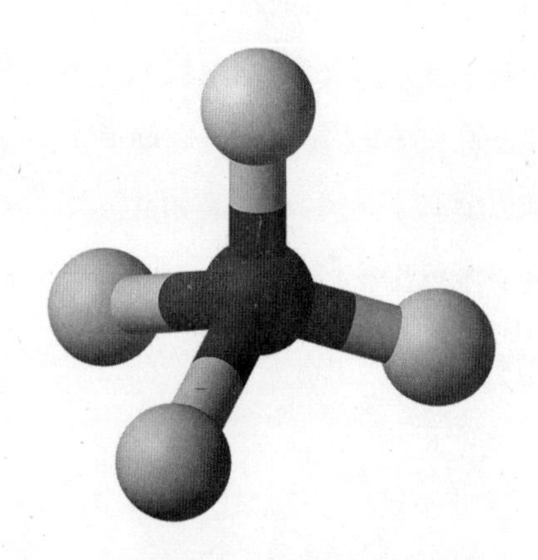

二氯二氟甲烷（CCl_2F_2）——目前空气中的含量为0.000 54ppm，你每次呼吸会吸入7×10^{12}个分子

很多人都知道，核武器方面的研究促成了第一台电子计算机的发展。但很少有人知道，普通的冰箱以一种迂回的方式促成了第一颗原子弹的发展。

1926年的一个早晨，阿尔伯特·爱因斯坦正在读报纸，他差点被刚吃到嘴里的鸡蛋噎住了。*几天前的夜晚，由于冰箱上的密封垫破裂，有毒气体涌入柏林的一间公寓，全家人都窒息而死。这位47岁的物理学家痛苦地打电话给一个年轻朋友——发明家兼科学家利奥·西拉德。“一定有更好的办法。”爱因斯坦恳求道。

西拉德，一个28岁的矮胖男人，6年前证明了爱因斯坦在某个科学观点上的错误，第一次给爱因斯坦留下深刻的印象（这种情况并不常见）。西拉德还擅长把深奥的想法转化成有用的小工具。后来他成为高能物理学领域的“爱迪生”，曾提出电子显微镜和粒子加速器等设想；他和爱因斯坦的交情源自他们对这种机械装置的共同热爱。（爱因斯坦是个理论家，而且有点轻浮，但他实际上来自一个匠人家庭——他的叔叔雅各布和父亲赫尔曼发明了新型弧光灯和电表，爱因斯坦在瑞士专利局工作了7年。）所以，那天早晨爱因斯坦给西拉德打电话，两人一拍即合，同意共同制造更好、更安全的冰箱。

这件事并不像听起来的那么奇怪：在之前的半个世纪，制冷已经成为一门严肃的科学。对热力学和热量的研究引出了绝对零度的概念（可能的最冷温度），世界各地的一些实验室正在竞相触碰温度计的最底部。许多前沿科学都在研究液化某些气体，如氮气、氧气、氢气、甲烷、一氧化碳和一氧化氮。在整个19世纪，这6种气体抵抗了所有液化它们的努力，因此被称为“永久气体”。由于这种顽固性，一些科学家宣称，这6种气体永远不可液化，虽然不知为何，但它们与其他物质不同。另一些科学家认为这是在胡扯，总会找到强大的新冷却方法使它们凝结。后一组科学家寄希望于一种巧妙的、循环的冷却方法，该方法分几步移除物质中的热量。

第一步涉及用一种容易液化的气体填充一个腔室。我们称之为气体A。科学家首先用活塞压缩气体A，然后用外部的冷水套管冷却压缩室。气体A刚冷却下来，就打开一个阀门。这降低了气体A的压强，使它膨胀到更大的体积。更关键的是，膨胀到更大的体积需要能量，即需要做功。（这类似于一窝锁在杂物室的小狗，如果你打开门让它们在屋子里自由奔跑，它们就会突然消耗更多的能量。）在这种情况下，气体A唯一可以用于膨胀和传播的能量就是它内部储存的热能。但耗尽内部储存的热能不可避免地使气体A冷却到更低的温度，最终在零下100华氏度左右凝结成液体。

接下来是这个操作最巧妙的部分。第二步涉及一种更难液化的气体B和另一个腔室。开始的时候，科学家再次用活塞压缩气体B。但这一次冷却套管中不使用冷水，而是用液体A。这使气体B的温度下降到零下100华氏度。打开阀门使气体B膨胀，迫使它耗尽内部储存的热能。直到它的温度骤降至零下180华氏度左右，最终它也液化了。

现在可以在另一个冷却套管中使用液体B，从而液化更顽固的气体C。以此类推。这种自举法[1]最终达到了非常低的温度（约为零下420华氏度），以至于“永久”气体都无法抵抗，最终这6种气体都液化了*。其中液氧特别漂亮，它发出淡淡的蓝光，就像液体的天空。

然而，当时人们对气体制冷更多的只是好奇，直到1895年左右，健力士啤酒公司投资了这项技术。在此之前，啤酒厂一般只在冬季酿造并储存啤酒。[“Lager”（拉格啤酒）在德语中的意思是“储存”。]有了冰箱，健力士全年都能酿造啤酒。作为一种引领潮流的技术，商用冷藏柜在世界其他地方普及开来，它们就像你现在家里使用的冰箱。所有现代冰箱都依赖于同样的气体冷却原理。

如果掀开冰箱的内板，你会看见一连串的管道。在管道里面，你会发现一种沸点很低的液体（我们称之为Z）。当砂锅和剩菜在冰箱里散发热量时，液体Z通过冰箱壁吸收热量，并升温到沸腾。然后产生的气体Z通过管道流走，并带走热量。

接下来，气体Z进入一个压缩室，压缩室用活塞压缩气体。（运

1　自举法是对1个样本资料进行复置抽样以产生一系列“新”的样本的一种方法，也是现代统计学研究中应用领域极广的一种重抽样技术。——编者注

行压缩机的电动机引起了冰箱特有的嗡嗡声。）压缩机将推动温暖的气体Z进入冰箱后面的更多管道，使Z可以把热量释放到外界。这时，气体已经成功带走设备中的热量，并将其排放出来。当排放了足够多的热量，气体Z又能凝结成液体。之后Z通过一个膨胀装置减小压强，进一步冷却完成整个循环。液体Z再次进入冰箱内板的管道，再沸腾继续吸收热量。

有个细节听起来可能有点儿可疑。你正在煮沸一种液体，难道不是所有东西都被加热吗？并非如此。在冰箱这样的封闭设备，液体只能通过窃取砂锅中的热量使自己升温，加热一个必然冷却另一个。沸腾确实是关键。还记得詹姆斯·瓦特讨厌的潜热吗？该原理说的是，液体变成气体会吸收大量的能量。潜热在瓦特的蒸汽机中是一个缺陷，但对冰箱有好处，毕竟冰箱的作用就是吸收和快速带走热量，液体变成气体是实现这一功能的最佳办法。（同样的过程也解释了为什么汗液蒸发能让你在夏天感觉凉爽。）

到20世纪20年代，气体压缩式冰箱已经取代了整个欧洲和北美洲的冷藏库。但这有一个问题：氨气、氯甲烷和二氧化硫是当时常用的三种作为冷却剂的气体，它们都是有毒的，有时会造成家庭悲剧。（氯甲烷有时会爆炸。）所以爱因斯坦发誓要找到“更好的办法”。他知道家用冰箱的弱点是压缩机，压缩机的密封垫在压力下经常裂开，所以他和西拉德设计了一种没有压缩机的冰箱，即所谓的“吸收式冰箱”。

在最简单的吸收式冰箱中，刚开始有两种液体混合在一个腔室中，分别是吸收剂和制冷剂。（记住这些名字。）设计的关键在于，这些物质在低温下很容易混合。但如果升高温度（通常是用小型甲烷火焰加热腔体），制冷剂就会以气体的形式蒸发，只剩下吸收剂。

现在制冷剂气体进入了一个漫长而曲折的旅程。它首先流向冰箱后面的管道，释放出从火焰中吸收的热量；这一步骤同时冷却制冷剂，使其变回液体。重力使该液体流向冰箱的内板，在这里，它从另一个砂锅中吸走热量。吸收热量后，液体会重新沸腾，产生的气体快速移走潜热，使其离开设备的内部。（在一些设计中，气体会进入冰箱后面的更多管道，最后一次性地释放热量。）

与此同时，最初腔室中的甲烷火焰已经熄灭，那里的吸收剂得以冷却，一个冷水套管进一步使它冷却。事实上，吸收剂已经充分冷却，所以当制冷剂气体最终回到腔室时，吸收剂将其再次凝结成液体并重新吸收。于是，你最终回到了起点：两种液体的混合物，但可以通过火焰分离它们。总的来说，吸收式冰箱和普通冰箱的冷却方式是一样的，都是蒸发气体，但它们用不同的方法回收制冷剂。

这听起来像是在胡诌：火焰可以冷却我的啤酒？但这就是气体的魔力。实际上，这里的火焰与其说是在增加热量，不如说是在做功——将制冷剂变成气体，从而分离制冷剂和吸收剂。一旦系统中有了自由气体，你就有了很多选择。事实上，制冷技术由下面几个部分组成：操纵气体吸收此处的热量，把热量搬走并排放到其他地方。回忆一下托马斯·萨弗里，你可以把爱因斯坦-西拉德冰箱称为“利用火冷却水的发动机”。

爱因斯坦-西拉德冰箱实际上使用了三种液体和气体，所以它比上面的方案更复杂一点。但比起普通冰箱，他们的设计确实有一些优点。由于没有电动机，所以它没有噪声，也很少发生故障。它不使用电力（只用甲烷），而且规避了密封垫经常破裂致使有毒气体泄漏的风险。

回顾这段经历，一些历史学家认为爱因斯坦只提供专利申请方面的建议，或利用自己的名气吸引投资者，真正的工作是西拉德做的。事实上，爱因斯坦为这个项目付出了很多。两人

利奥·西拉德（右），核链式反应的发明者，与阿尔伯特·爱因斯坦合作发明了几种冰箱（图片来源：洛斯阿拉莫斯国家实验室）

最终在6个国家获得了几十项关于不同冰箱组件的专利。（一位评估申请书的美国专利律师注意到了爱因斯坦的签名，不由得大吃一惊。）两人最终卖掉了几项专利，并获得了750美元（大约相当于今天的1万美元）的高额支票；随后，他们像已婚夫妇一样开通了一个联合支票账户。西拉德每年还额外收取3 000美元的咨询费。

不过，和所有的已婚夫妇一样，他们有时也会发生冲突。西拉德像工程师一样追求复杂性，不断给冰箱增加新的阀门和冷却管线。与此同时，爱因斯坦向往简洁和优雅——他在物理学研究和家用电器研发方面都是如此。（他会讨厌和詹姆斯·瓦特共事。）由于对简洁的需求不一样，爱因斯坦和西拉德最终发明了另外两个冷却设备，它们遵循的是不同的物理原理。其中一个设备用熔融的钠取代标准冰箱的活塞，用上下泵动的磁铁来压缩气体。另一个设备用厨房水龙头的水压驱动一个小型真空泵；然后泵通过蒸发甲醇来冷却物体。爱因斯坦把后一种设备称为“人民冰箱”。

遗憾的是，这三种爱因斯坦－西拉德冰箱最终没有进入任何人家里。这一点儿也不奇怪，因为熔融的钠泵对普通厨房来说有点不切实际（但它后来被用于核电站）。水龙头冰箱也失败了，因为德国公寓楼的水压很低，导致真空泵无法正常工作。吸收式冰箱无法与压缩式冰箱竞争，仅仅是因为消耗的燃料太多了；相比之下，爱因斯坦－西拉德冰箱就像是纽科门蒸汽机。

1930年，随着一种新的无毒冷却气体二氯二氟甲烷（CF_2Cl_2，又称氟利昂）的出现，传统冰箱的最大阻力——致命的气体，也变得没有意义。不到10年时间，几乎所有的家用冰箱都改用了这种氯氟烃*，爱因斯坦－西拉德冰箱也成了历史遗迹。当然，氟利昂有一个致命的缺点。如果废旧冰箱泄露出来的氟利昂上升到平流层，这里的紫外线会分离氯原子产生自由基，氯自由基会以极高的效率破坏臭氧分子：每个氯自由基在其一生中可以破坏10万个臭氧分子。这种破坏最终会在臭氧层中开了一个洞，几十年内都不会恢复，甚至可能永远不会恢复。从长远来看，如果人类投资爱因斯坦－西拉德的“利用火冷却水”的方法，可能会省去很多麻烦。

顺便说一句，发明氟利昂的化学家托马斯·米吉利在1921年还发明了最早的含铅汽油。他这么做是为了控制发动机的轰鸣声，但汽油中的铅污染了大气层，伤害了儿童的大脑。在不到10年的时间里，这个人发明了可以说是20世纪最糟糕的两种工业品。然而，米吉利却没能活着看到他所创造的一切。1940年，他患上小儿麻痹症，双腿丧失功能，于是他发明了一种绳索滑轮系统，可以把自己从床上移动到轮椅上。1944年的一个早晨，他被绳索缠住，勒死了自己。

那么，爱因斯坦-西拉德冰箱的发明是在浪费他们的时间和才华吗？不完全是。爱因斯坦发现，这项工作使他摆脱了对万有理论[1]的徒劳探索。爱因斯坦需要养活两个家庭，而德国的经济摇摇欲坠，所以他很享受这笔额外收入。西拉德则更需要钱，尤其是1933年他逃离纳粹德国前往伦敦之后。（他有部分犹太血统。）在接下来的几年里，他靠着冰箱的收入生活，利用突如其来的自由散步，思考物理学的下一个大问题可能是什么。1933年9月的一个下午，他走过大英博物馆附近的路沿，答案突然出现了。他时常听说一些涉及释放一种被称为“中子”的亚原子粒子的实验，他想，如果一个铀原子分裂并释放出多个中子会发生什么？附近的其他铀原子会吸收这些中子变得不稳定，并在分裂时释放出中子。这些二级中子会使更多的铀原子变得不稳定，从而释放出三级中子；以此类推。根据他的专利伙伴的著名方程$E = mc^2$，每个分裂的原子都会在不断增长的连续事件中释放出能量……

过马路的时候，西拉德已经计算出第一个核链式反应的原理。不同于他巧妙的冰箱，这项发明在接下来几十年的动荡世界中十分普及——这几十年不仅让公众怀疑科学的仁慈，也让科学家质疑宇宙的整洁、有序和可预测。

1　指一种假定存在的物理理论框架，可以解释宇宙的所有物理奥秘。目前，寻找万有理论的尝试尚未成功。

第八章

气象战

碘化银（AgI）——空气中的含量为0ppm（除非有人在你头顶人工增雨）

化学家欧文·朗缪尔已经获得了诺贝尔奖，但这是他第一次在实验中高兴地尖叫。那是1946年11月13日。他站在纽约州斯克内克塔迪机场的控制塔里，看着一架小型螺旋桨飞机从头顶嗡嗡飞过。在他上方14 000英尺处，他的助手正从飞机里探出窗外，向一朵云投掷干冰小球。一位目击者回忆说，几秒钟后，云“开始翻滚，仿佛很难受”。不到5分钟，云消失了，变成了雨。

注意，这些雨实际上没有到达地面——在那之前就已经蒸发了。尽管如此，朗缪尔几乎开始在下面转圈跑。“我们正在创造历史！”他喊道。甚至飞机还没有落地，他就跑去给一个记者打电话。他对着听筒大喊，人类终于学会了控制天气。

如果是其他人发表这样的声明，那记者很可能会挂断电话。但在那个时代，朗缪尔和爱因斯坦一样出名，他的观点同样受到高度重视。虽然朗缪尔只是一名化学家，但他涉足气象学的行为在当时并不被认为是鲁莽的；事实上，外人过去经常涉足气象学。为了理解空气这样的气体的行为，气动化学家专注地研究天气。为了预测天空何时放晴，以便使用望远镜，天文学家认真地记录天气。医生也是如此，他们的理论是坏空气会导致疾病。罗伯特·胡克、约翰·道尔顿、詹姆斯·瓦特、瑞利男爵——临时气象学家的名单不胜枚举。在小猎犬号的航行中，查尔斯·达尔文成为第一个研究厄尔尼诺现象的科学家；而小猎犬号的船长罗伯特·菲茨罗伊*于1861年在伦敦的《泰晤士报》上发表了历史上的第一个天气预报。

然而，朗缪尔对气象学的期盼和野心远超他的前辈：他不仅想理解天气，还想控制天气。的确，涉足气象学的科学家总是有一种非理性的自信。尽管几个世纪以来这种希望都破灭了，但他们仍然坚定地相信，他们已经非常接近理解天气的原理，等有了新的气压表、新的气象站、新的计算机，就能完美地预测天气。气象学是科学界的“坏消息熊”，永远只有一年时间。

不过，即使在这些“邦葛罗斯[1]”中，朗缪尔的乐观态度也是很突出的。他在“中年学术危机”时开始接触气象学，他的个人魅力和耀眼证书说服了数百名同人加入他的探索。事实最终证明，他们的工作毫无价值，只不过是现代版的“祈雨舞”，但在这段时间里，他们上演了一出好戏。

1 邦葛罗斯，法国思想家伏尔泰的小说《老实人》中的角色，是一位宣扬乐观主义的哲学家。

天气控制的第一位著名倡导者来自美国边境，充满无限可能的土地。“风暴之王”詹姆斯·埃斯皮是出生在肯塔基州的气象学家，19世纪30年代他注意到印第安人的篝火上方有时会产生雨；在前往大城市的路上，他看到工厂烟囱里冒出的烟似乎也吸引了雨云。所以，根据“相关性意味着因果性”这一铁律，埃斯皮宣称，烟雾一定会导致降雨；他开始推广一个在美国东部调节降雨的计划，美国政府需要做的就是每周日下午在阿巴拉契亚山脉放一场森林大火，这样天气就会像潮汐一样有规律。

客观地说，埃斯皮也开创了一些不那么诡异的理论，其中最重要的就是关于云的形成。根据他的说法，当暖空气上升到较冷的高层大气中，里面的水蒸气凝结就形成了云。这个理论不仅基本正确，而且预示了现代气象学最重要的规律之一，即水蒸气驱动了天气的大部分变化。不同于大气中的多数气体，水蒸气的浓度可以根据当地条件的不同而发生几个数量级的变化，从沙漠中的几乎为零到雨林中的百分之几。而且，不同于空气中的其他成分——氧气、氮气、氩气等所有成分在零下几百华氏度之前都是气态——水在地球上的日常温度范围内很容易在液态和气态之间转换。因此，水在不同的地方不断凝结和蒸发。而且由于水的不断凝结和蒸发，它可以不断地吸收空气中的潜热，并将潜热释放到周围的空气中。这种热流导致温度和压强的变化，反过来又产生了被称为“锋”（front）的不同空气区域。然后这些高压和低压的锋碰撞，通过诱导风或演变成风暴，形成天气模式。（“锋”这个词实际上出现在第一次世界大战期间，灵感来自军队的交锋。）所有的气象混乱都源自一点点水。

对水的研究也吸引了欧文·朗缪尔从事天气研究。朗缪尔的主业是在纽约州北部的通用电气实验室研究表面化学。不同于大多数公司的实验室，在通用电气，朗缪尔可以自由地研究他喜欢的任何东西。第二次世界大战期间，他开始研究飞机机翼结冰的过程。为此，他在新罕布什尔州华盛顿山附近做了一系列现场研究。在气象爱好者中，华盛顿山以它的风而闻名：直到20世纪90年代，它仍保持着1934年测量到的地球上最快风速的世界纪录，即231英里/时。但朗缪尔更感兴趣的是山上奇怪的湿度：它经常产生“过冷水”的雾，虽然记录的温度远低于32华氏度，却不会凝结成冰。水在冰点之下怎么可能不结冰？这种“薛定谔的猫”式的不确定性引起了朗缪尔的好奇心，他想了解更多。

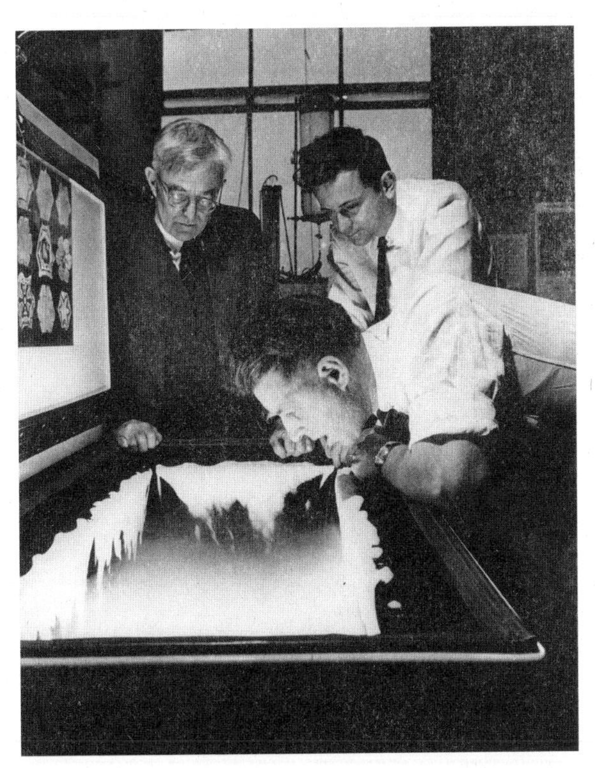

欧文·朗缪尔（左）和伯纳德·冯内古特（右）看着文森特·谢弗对着一个冰柜吹气，制造冰晶，这是人工降雨的准备步骤（图片来源：美国创新与科学博物馆）

为了完成这项工作，他聘请了一位名叫文森特·谢弗的助手。朗缪尔曾在巴黎和德国学习科学，拥有几个高级学位；而谢弗高中辍学，靠通用电气的工作帮父母支付账单。谢弗最开始是机械师和模型工（就像詹姆斯·瓦特），但他觉得这份工作很无聊，便开始通过函授学校探索其他的选择。（有一次，他认真考虑过成为一名树木修剪工。）与朗缪尔的相遇唤起了他对自然科学的兴趣，不久之后，他发明了一种保存雪花印迹的机器。朗缪尔对此印象很深，于是在1946年招募谢弗帮他研究过冷水。

为了做实验，谢弗首先征用了一台价值240美元（约合现在的3 000美元）的通用开顶冰箱。他在里面铺上黑天鹅绒，这样就可以看到形成的冰晶；然后他向冷空气呼气，引入水分，使之成为“过冷水”。但几周过去了，无论他如何改变冰箱里的条件，他呼出的水从未凝结成冰。

在炎热的七月天，冰箱很难保持低温，所以谢弗跑到隔壁的实验室借了一块干冰（冷冻的二氧化碳），然后把它塞进角落里。这块干冰改变了一切。在他把干冰放进冰箱的一瞬间，数以百万计的冰晶开始在雾中闪烁。然后它们飘到黑天鹅绒上，像微型钻石一样闪闪发光。最开始，谢弗认为是干冰诱发了雾中的化学变化，但进一步的实验排除了这种可能性。相反，干冰的温度似乎是关键。通用冰箱的温度最低降到零下9华氏度，而冷冻的二氧化碳却低于零下100华氏度。暴露在如此严酷、反常的寒冷中，即便是过冷水也会认输并形成冰。

这一发现引发了朗缪尔的思考。那时的科学家已经知道，天空中的云基本就是松散聚拢的过冷水。他们还知道，大多数雨实际上是以冰晶的形式从天空落下，然后在下落时融化。朗缪尔推断，如果在云中播撒干冰，也许他能够冲击过冷水，人为地制造雨。于是，他在1946年11月租了一架飞机，让谢弗带着6磅重的干冰颗粒上天，看看会发生什么。20分钟后，朗缪尔咆哮着说创造了历史。

朗缪尔从不是一个慢性子的人，他把第二次试验安排在1946年12月20日——很快他就会发现，他在通用电气的自由度还是有限的。和上次一样，谢弗在星期五下午从飞机上“播云”，那朵云又开始挣扎和翻滚，但除此之外没发生别的，所以整个团队都回家了。但那天晚上，纽约州北部被8英寸厚的雪掩埋：汽车在路上打滑，公路堵塞了数百英里，企业在圣诞节前的购物收入损失了数百万美元。但朗缪尔却开心到了极点，他承认气象局确实预测了这场风暴，而且他们播种的云看起来已经“成熟”，所以可能会自行下雪。但他还是得享全部的荣誉——这是人类历史上第一次有意制造的风暴。

与此同时，通用电气的律师们感觉到非常头疼，因为这场暴风雪的潜在责任是惊人的。他们要求朗缪尔发表一份声明，否认是播云导致了暴风雪；然后他们禁止朗缪尔继续以通用电气的名义做现场试验。

当然，这条禁令让朗缪尔很失望，但他不是喜欢生气的人。他的团队继续在实验室里辛勤工作，而且（让律师见鬼去吧）他很快就提出了一个非常具有革命性的想法，以至于他为此放弃了手上所有其他项目。这个想法不仅能改善降雨，而且能让朗缪尔拥有控制飓风的超能力。

这个想法的基础是詹姆斯·埃斯皮关于云形成的理论。埃斯皮说，当密度较小的暖空气升到空中就形成了云。在某一时刻，云中的水蒸气冷却并凝结成液态水滴。我们在地面看到的这些水滴的集合就是云。多年来，气象学家认为，只要这些水滴落下，就会自动形成雨，但事情并没有这么简单。在云中形成的大多数水滴并不会自动变成雨洒下来，因为它们太小了。早期的气球飞行员已经知道，悬浮在空气中的任何物体（包括水滴）都会受到空气向上的浮力。而在高空中形成的水滴，大部分都非常小（只有千万分之一克），重力无法克服浮力把它们拖下来。事实上，重力屡战屡败，除非水滴长大一百万倍，变成0.1克，才会往下落。那么很明显，要想真正降雨，就必须让上百万个小水滴凝聚成一个更大的单位，否则它们只会待在原处。

当然，一个明显的问题是，这些小水滴为什么会凝聚在一起？在直觉上，你可能认为水滴是随机碰撞然后相互粘连。但这个过程不太有效，以这种方式形成的水滴很少会大到足以降落的程度。更好的方法涉及“种子”，也就是让水滴附着到固体表面。由于种种原因，一旦有几个水滴附着在“种子”上，紧接着就会有更多的水滴不断附着在“种子”上。因此，水滴最终会变得足够重，并以降雨的形式从云朵中落下。如果你想把云变成雨，“种子”至关重要。

冰晶是最好的“种子”：云中的冰晶颗粒往往会吸走附近所有水滴。（这解释了为什么干冰会在云中引起如此骚动，是因为干冰将云中的过冷水转化为冰晶。）灰尘这样的外来颗粒也会形成巨大的“种子”，甚至空气中的细菌也可以作为“种子”。事实上，许多雪花一开始就是细菌的冰冷载体。（下次你用舌头舔雪花的时候要注意了。）

灰尘和细菌都是很好的“种子”，但朗缪尔意识到，人造化学物质可能会更好。具体来说，他想要一种分子结构类似于冰的化学物质——该化学物质的形状可以欺骗过冷水，黏附水滴。因此，他让通用电气的另一名助手伯纳德·冯内古特寻找这种化学物质。在接下来的几个星期，冯内古特在图书馆里花了很长时间，激动地翻阅晶体学教科书。他最终找到了三种候选物质，其中就包括碘化银。碘化银的化学性质完全不同于水，它是一种淡黄色的粉末，但它确实会像冰一样形成六角形晶体。在那台通用冰箱中的试验表明，碘化银确实骗到了过冷水，引发冰的链式反应。如果这在真正的云中也可以起作用，那么它将带来一线希望——朗缪尔将能随意操纵它们。

关于这种冰的链式反应还有一个有趣的插曲。伯纳德·冯内古特的弟弟在通用电气的宣传部门工作，有一天他听到了一个故事，说科幻小说作家赫伯特·乔治·威尔斯曾经访问朗缪尔的实验室。朗缪尔借此机会提议威尔斯写一部小说，内容是一位科学家发明了一种特殊形式的冰，这种冰可以在室温下结晶，使全世界的海洋在链式反应中凝结。威尔斯礼貌地拒绝了。但这个想法吸引了冯内古特的弟弟，库尔特·冯内古特后来把它改编成小说《猫的摇篮》(*Cat's Cradle*)。

由于通用公司仍然担心责任问题，所以朗缪尔不得不寻找另一个搭档来赞助新的现场试验，最终他找到美国军方，并在1947年合作开展了“卷云计划”(Project Cirrus)。卷云计划有几个目标，包括缓解干旱。但最重要的目标是，它的赞助者希望消灭飓风——自然界最具破坏力的风暴，这个目标的实施过程将展现朗缪尔最好和最坏的一面。

消灭飓风不是一蹴而就之事，其计划涉及一系列环环相扣的观察和推理，朗缪尔从飓风的结构开始观察。飓风基本上是围绕风眼旋转的风暴。有个老生常谈的说法是，风眼是平静的，但风眼与风暴其余部分的边界（称为“眼壁”）是最具破坏力的部分，其风速往往高达150英里/时。这个速度非常快，所以你可能会认为一个如此猛烈的旋涡会把自己撕裂，毕竟任何旋转的东西都应该“感受到”向外拉的离心作用——如果你在旋转木马上没有抓紧，相同的力会让你飞出去。飓风也不例外，这种向外拉的力有可能使它分崩离析。然而，还需要考虑另一个力，一种基于压强差的力。众所周知，眼壁由高压空气组成，风眼由低压空气组成。由于空气总是试图从高压流向低压，这第二个力向内作用，抵消离心力，使飓风保持紧凑。换句话说，尽管飓风内部有猛烈的风，但由于这两种力保持平衡，所以飓风会保持相对稳定的状态。

既然如此，卷云计划的任务就很简单了：破坏这种平衡。朗缪尔认为，最简单的方法就是改变飓风的温度，让理想气体定律的魔力*来完成剩下的工作。他的计划是让飞行员驾驶坚固的飞机冲入眼壁，播撒干冰或碘化银。根据上面的讨论，这些物质将作为“种子”迫使过冷水转变为冰晶。当然，云中的这种变化会导致降雨。但在飓风中，朗缪尔关注的实际上是其他东西，即结冰的副作用——释放热量。

实际上，水凝结成冰永远会释放热量。这听起来似乎说反了，因为冰是冷的不是暖的！但如果你把这个过程拆解开，那它就合理了。想象一下冰在你手中融化。它为什么会融化？因为它吸收周围的热量。这解释了为什么我们对冰的感觉总是很冷，因为它正在吸收你手掌中的热量。现在考虑一下相反的过程，水凝结成冰。如果冰融化成水吸收热量，那么根据物理学的对称性，水凝结成冰必须释放热量，没有别的可能性。事实上，这就是形成冰的原因：在凝结成冰之前，水分子必须放慢速度，而前提是它们必须向周围的环境释放热量。

下面是该理论与飓风的关系。随着冰在眼壁中形成，周围空气吸收了释放出来的热量。根据气体定律，吸收热量会导致空气膨胀。一旦空气膨胀，压强就会下降，因为空气分子之间的距离变远了。这反过来减小了风眼和眼壁之间的压强差。因此，维系风暴的向内的力应该会减弱。因此，向外的离心力占据上风，使风眼扩大。

推理快接近尾声了。扩大风眼不会使风暴突然消失，因为风暴太大了，但扩大风眼可以降低风速。这是因为旋转物体的速度取决于它的宽度。这听起来可能有点儿晦涩，但我们都在花样滑冰中看到过这种情况。每当（此处代入你最喜欢的滑冰运动员）以手臂收拢的方式（小半径）旋转，他就会转得很快；而每当他张开手臂，他就会慢下来。飓风也是一样：风眼扩大时，它就会减速。而扩大风眼至关重要，因为飓风的破坏力取决于风速的二次方。因此，降低10%的风速将减少近20%的破坏。降低25%的风速将减少超过40%的危害。

总结一下这一连串的推论，朗缪尔提出，向飓风"播种"会产生冰和释放潜热；这反过来会扩大风眼，减少风暴的破坏力，这个想法还需要试验，但麻烦从这里就开始了。

1947年10月13日，一场名为"国王"的风暴横扫迈阿密，开始向东北方移动，进入大西洋。由于"国王"似乎无论如何都会消亡，所以"卷云计划"的官员决定在第二天进行播种。一架B-17轰炸机迎面飞过去，将180磅干冰颗粒撒入眼壁。所有人都坐下来静待风眼扩大和"国王"崩溃。但事与愿违，风暴变得更加剧烈。令所有人惊恐的是，它突然不可思议地转弯135°并向岸边冲去。几个小时后，失控的风暴冲进了佐治亚州的萨凡纳，造成了300万美元（相当于今天的3 200万美元）的损失和一人死亡。

参与"卷云计划"的科学家非常希望没人注意到这件事，但迈阿密的一位气象学家把这些碎片拼凑在一起，开始大发牢骚。很快，报纸开始谴责这种"低级的卑劣行为"，并要求砍掉朗缪尔的脑袋，这再一次使他陷入困境。一方面，他想证明自己真的可以影响飓风；另一方面，这场风暴的"功劳"会让他背上很多责任。他还必须承认，他根本不知道自己做了什么，因为那场风暴本来已经离他远去。"扮演上帝"逐渐成了一种累赘。

由于飓风研究突然受到审查，所以朗缪尔把"卷云计划"转移到新墨西哥州的沙漠，这里的环境不太怕被损坏，他可以集中精力进行简单的人工降雨。这看起来像是避风头，但朗缪尔没有兴趣自怜，也无暇自我怀疑。如果说有什么区别的话，那就是从新墨西哥州陆续传来的结果，比他声称的驾驭飓风的能力更让人难以置信。

在一次试验中，朗缪尔声称，价值1美元的仅仅2盎司碘化银，就能从一些云中拧出2 000亿加仑的雨水。有人问他这怎么可能，这么少的起始物料怎么能带来这么多的降雨？但朗缪尔认为，他在云中造成了化学链式反应，并将他的工作与新墨西哥州的另一个奇迹——曼哈顿计划进行比较，朗缪尔认为他的链式反应可能更强大。美国似乎有了一位新的“风暴之王”，几个月过去了，新墨西哥州乃至整个美国的风暴，以及欧洲的一些风暴都出自他的手笔。在日记中，朗缪尔称这是他职业生涯中最重要的工作——要知道，他可是获得过诺贝尔奖的人。朗缪尔最终从通用电气辞职，专职从事这门“实验气象学”。

与此同时，真正的气象学家正在仔细研究朗缪尔的实验结果，他们对此产生了怀疑。首先，归功于朗缪尔的每一场史诗般的暴风雨，都可以合理地追溯到另一个原因。例如，新墨西哥州的2 000亿加仑的暴风雨，正好与来自墨西哥湾的一股锋面吻合。更糟糕的是，朗缪尔的实验缺乏对照，而且他选择的似乎是那些已经成熟、可能会下雨的云。当气象学家通过适当的对照和随机的播云进行独立实验时，他们发现几乎没有额外的降雨。

同样的批评也适用于消灭飓风的实验。飓风的大小和方向一直在改变，强度也一直在变化。因此，我们无法判断播云是否真的导致了被归功于朗缪尔的变化，又或者一切是否都是巧合。事实上，“卷云计划”之所以能逃过萨凡纳灾难的起诉，主要是因为一位记忆力很好的气象学家追踪到了1906年一场有关飓风的报告，该飓风在大西洋上出现了完全相同的急转弯。

关于“卷云计划”是否有效的争论，在接下来10年的大部分时间里持续不休。气象学家继续批评朗缪尔的实验，但无论他们批评什么，朗缪尔每一次总能找到借口，而且他的诺贝尔奖确保他在面对外人的质疑时具有优势。他还在关于天气控制的公开演讲中为自己辩护，据说朗缪尔是一位迷人的演讲者，是亲切魅力和科学权威的动态融合体。事实上，尽管“卷云计划”于1952年结束，且朗缪尔在1957年去世，但他成功激起了人们对天气控制的足够热情，以至于美国政府在1962年启动了一个新的项目——“破风计划”，作为“卷云计划”的扩展和扩大。

“破风计划”的预算高达数百万美元并配有几架飞机，为了配合这个厉害的新名字，“破风计划”的科学家开发了攻击云层的新方法。飞行员不再用手抛撒“种子”,而是将碘化银装入铝罐，然后用加特林机枪发射:嗒嗒嗒嗒……他们也不再依赖于一次“飞车射击”，而是由10架飞机组成的编队绕飓风飞行1小时，向风暴注入大量的碘化银。

借助这项研究，美国军方决定投资一个单独的天气控制项目；而且更糟糕的是，他们把这项研究转化为新型武器。“气象战”的想法实际上起源于越南的另一个军事项目。到1966年，美国军方已经花费了数百万美元在中南半岛喷洒橙剂，目的是提高轰炸机的能见度。美国一些将军倾向于使用橙剂，但其他人认为制造火灾效果最好。然而，在当地葱葱郁郁的森林里，放火反倒会产生大量的烟雾。詹姆斯·埃斯皮可能已经预言过，大火过后一两天往往会下雨。不过这里是越南，越南有一部分是雨林，所以雨并不罕见。没有人去做任何统计分析，看看两者之间是否存在相关性。但周期性的淋雨确实让一些美国军官的头脑里植入了一个想法。每年5月到9月，季风雨会席卷越南，有时每月的降雨量高达20英寸。倾盆大雨使越南的大部分泥路变成了名副其实的滑水滑梯——包括越共的一条重要的补给路线、蜿蜒穿过几个国家的胡志明小道。美国军官认为，如果能使越南的季风变得更加恶劣，他们就可以每年使敌人瘫痪好几个月，他们把这个计划称为“大力水手计划”。

提出这个计划时，林登·约翰逊总统几乎高兴地大叫起来。1967年，“大力水手计划”开始执行，美军在北越和老挝播云。1969年新当选的美国总统理查德·尼克松扩大了该计划的规模，使其成为真正的美国两党合作项目。[1]

不知理由，但美国空军用来播云的飞机最初设计的目的其实是用来运输垃圾的。总的来说，“大力水手计划”的机组人员飞行了2 602架次，发射了47 409发碘化银。公平地说，美国军方祈雨者的目标比欧文·朗缪尔温和得多——朗缪尔相信他可以彻底终结飓风，使新墨西哥州的沙漠焕发活力。而美国军方只是想把季风的苦役每年延长几周，进而使高峰期的降雨量更大，这将使道路软化成淤泥，冲毁一些桥梁，甚至可能造成战略性的滑坡。美国军方官员还祝贺自己进行了一场更人道的战争，因为用水浸泡敌人肯定比投掷凝固汽油弹要好。（“大力水手计划”的口号是：制造泥浆，而非制造战争。）更重要的是，播云是秘密进行的。除非越共检测雨水中的碘化银，否则他们永远不会知道大雨从何而来。

但是在1971年，《华盛顿邮报》获得了一份提及“大力水手计划”的机密备忘录，围绕它的保密墙才开始崩溃。同年泄露的五角大楼文件[2]也提到了它，1972年7月，《纽约时报》刊登了一

1 林登·约翰逊是美国民主党人士，1963年至1969年担任美国总统；理查德·尼克松是美国共和党人士，1969年至1974年担任美国总统。

2 “五角大楼文件”是美国国防部对1945—1967年间美国在越南政治军事卷入评估的秘密报告。1971年，兰德公司的职员丹尼尔·艾尔斯伯格将其泄露给《纽约时报》和《华盛顿邮报》。

篇揭露气象战的报道。两天后，美国空军暂停了在东南亚的所有人工降雨。尽管美国国会和媒体在接下来的几年里一再询问，但五角大楼的官员拒绝透露更多信息。（一个爱开玩笑的人指出，这与通常的情况正好相反：终于有人对天气做了什么，但没有人谈论它。）

1974年，固执的罗得岛州参议员克莱本·佩尔终于把几名五角大楼官员拖进了听证会。佩尔也同意，用雨水做武器比轰炸更人道。但他认为，人工降雨非常粗糙，洪水和滑坡对平民的打击和对士兵的打击一样沉重。事实上，佩尔就1971年震惊北越的一系列洪水盘问了五角大楼官员。人工降雨使洪水变得更糟了吗？五角大楼官员否认了这一说法，称他们从未产生足够引发洪水的降雨，但这引发了其他更尴尬的问题，即"大力水手计划"带来了多少额外的降雨？官员回答说，每月最多几英寸。事实上，他们甚至怀疑越共有没有注意到他们的努力，因为很难区分每月20英寸降雨和22英寸降雨之间的区别。"那么，"佩尔问道，"如果该计划没有真正发挥作用，军方为什么要花费2 160万美元（相当于今天的1.3亿美元）？"对方回复："我们必须得尝试一下，先生。"

也许并非巧合，在这些信息曝光后，美国政府对天气控制的支持骤然瓦解。（而且时间恰到好处：后来才知道，五角大楼的一些顾问正在推动将"气象战"扩展为更广泛、更疯狂的"环境战"。这些想法包括在敌国上空的臭氧层凿洞，以及从远处引发地震。）严格来说，"大力水手计划"引起的骚动不应该影响到没有军事目的的"破风计划"；"破风计划"的科学家只是想缓解干旱并消除飓风，这是更高尚的追求，但"破风计划"因其关联性而被玷污，最终声名狼藉。20世纪70年代蓬勃发展的环保运动使干预天气的行为显得非常不道德：经过几十亿年的实践，大自然母亲可能比我们更清楚她在做什么。

撇开政治不谈，对天气控制的支持之所以在减少，也是因为它没有很好地发挥作用。虽然科学家相信他们可以对天气做适度的改变，比如清除机场的雾气，或者促进某些类型的云下更多的雨。但从科学上讲，这项研究并不是浪费：气象学家从他们收集的数据中学到了很多东西。不幸的是，他们学到的很多东西破坏了他们实验的基本原理。以飓风为例，科学家曾经期待碘化银与过冷水相互作用并释放热量。但他们的数据显示，飓风实际上只含有很少的过冷水。这意味着，碘化银在飓风中没有足够的原料启动化学链式反应（不同于在云中）。他们有时在向飓风“播种”后观察到的戏剧性行为，可能只是一个巧合。

在“大力水手计划”和“破风计划”之后的几十年里，控制天气的梦想从未完全黯淡。1986年，苏联对经过切尔诺贝利上空的所有云层都进行“播云”，目的是阻止它们到达莫斯科并向莫斯科的民众倾泻放射性毛毛雨。然而，大多数气象学家不赞成这一事业。他们特别坚定地认为，人类无力阻止飓风或其他风暴。这是一个令人难以接受的冷酷事实，因为这相当于承认人类有多么脆弱、无能和无助。但最终你无法欺骗大自然，因为大自然的力量远超我们简单的思想。

在欧文·朗缪尔的一生中，他非常坚定地阐述了我们控制天气的责任，他的个人魅力为他的事业赢得了成千上万的人们的支持。但我认为，从几十年的天气控制研究中得到的最深刻的真理来自“破风计划”的一名卑微的飞行员。他在多年后表示：“承认我们无法真正做到这一点，这令人失望。但风暴太大了，而我们太小了。”

随着控制天气的希望逐渐消失，气象学家安慰自己，至少他们预测天气的能力正在变好。事实上，在20世纪中期出现了第一批计算机和气象卫星之后，气象学家比以往任何时候都更有理由保持乐观，因为天气预报在各个方面都变得越来越好。气象学家不知道也不可能知道的是，让他们充满希望的计算机很快就会出卖他们，证明精确地预报天气是不可能的。

An artist's impression of Richardson's Forecast Factory (© François Schuiten).

刘易斯·弗赖伊·理查森的足球场大小的天气预报中心使用人类“计算员”来预测天气

气象学家最早采纳计算员是在20世纪初，当时“计算员”这个词意味着“某个拿着算尺、整天计算数字的傻瓜”——字面意思就是做计算的人。在天气预报中使用计算员的想法来自英国数学家刘易斯·弗赖伊·理查森，他为最基础的天气预报中心设想了一个宏伟的方案。它将由一个几十层高的球形穹顶组成，里面的计算员分层坐着。穹顶的内表面将绘有一幅世界地图，北极在上、南极在下，理查森的计算员每天都会盯着数字列表计算数据。理查森用7个方程建立了大气模型，计算员将根据这些方程进行计算，每个工作人员都将专注于世界上某个特定地区的一种很具体的天气，比如反复跟踪内蒙古的湿度波动。最后，每名计算员将通过气动管道把这些数据发送给管理员，管理员将站在中心的圆柱体上，把这些数据汇集成无所不知的全球预测。

理查森估计，他需要64 000名计算员来提供实时预测；想象一下，美国国家橄榄球联盟（NFL）的一个体育场里坐满了计算数字和喃喃自语的人。但为了证明这个想法可行——至少在理论上可行，理查森在1916年运行了一次试算。他在最恶劣的环境下完成了这项工作——他是第一次世界大战期间的法国救护车司机。在大部分的上午、下午和夜晚，他所在部队的45名成员把受伤的士兵从泥浆中挖出来拖到医院，这些伤兵极有可能会在医院死去；在战争期间，他们总共运送了75 000名病人。理查森计算天气是为了保持理智。他把文件摊在一张堆着干草的桌子上，一直工作到头脑麻木为止，其他司机称他为“教授”。

理查森的试算集中在1910年5月20日，这一天是欧洲所谓的“气球日”，数以百计的气象学家在这天放飞气球和风筝，收集整个欧洲的天气数据。他们的努力为理查森提供了那一整天的准确而精细的天气信息，使他能够检查自己的理论计算是否符合现实情况。（那一天也正好也是哈雷彗星回归的日子。总之，这是光荣而安乐的一天，充满科学和国际友谊，与法国的战壕恍如隔世。）然而，即使只考虑1天也超出了他的负荷，所以理查森进一步把注意力缩小为7个方程中的1个变量：巴伐利亚的一小块土地上的上午4点到10点之间的气压。这项工作仍然花费了几周甚至几个月的时间。而且当他在香槟战役[1]中丢失了笔记本时，他几乎不得不从头开始。（后来有人在一堆煤下面找到了它。）这些辛劳给

1　第一次世界大战中一共有4次香槟战役，因为发生在法国的香槟省而得名。从时间来看，这里应该是1917年的第三次香槟战役。

“教授”带来了什么？基本上什么都没有。虽然时间上晚了6年，但他的“预测”结果连接近都谈不上。根据他的数据，那天早晨巴伐利亚的气压计应该记录到压强的显著下降，实际上它们几乎没有波动。值得称赞的是，1922年理查森发表了关于他失败的完整报告。

无论理查森看起来多么徒劳无功，下一代气象学家很快就忘记了他的故事的寓意，并急速推动自己的天气预报方案。20世纪40年代数字计算机（真正的电子工具）问世时，他们尤其高兴。事实上，第一台电子计算机（ENIAC）的设计者约翰·冯·诺伊曼宣布，ENIAC和其他此类设备是进行天气预报的理想选择，这是属于我们的一年！

早期的一个尝试者是爱德华·洛伦茨。洛伦茨在1938年获得了数学学位，但他在第二次世界大战期间为军队做了一段时间的天气预报便迷上了天气。这份工作他坚持做了下来，到20世纪60年代初，他在麻省理工学院气象学系找到了一份工作。在这里，他研究了大气的物理模型，包括所谓的“转盘实验”。转盘实验涉及用铅笔搅动一个浅盘里的水；一段时间后，流体会爆发出旋涡和涡流，这种现象被称为“湍流”。*令人惊讶的是，转盘实验确实提供了一些关于锋面的湍流运动的见解。尽管如此，这个装置还是相当粗糙，洛伦茨希望计算机能提供更复杂的结果。

所有人都知道老式计算机是多么庞大和迟钝，把尼尔·阿姆斯特朗送上月球的主机的内存甚至比不上现在的厨房电器。但你很少听说早期的计算机有多么吵闹，或者多么不可靠。洛伦茨用于研究的计算机叫“皇家麦克比LGP-30”，它像发动机一样嗡嗡作响，每周至少要坏一次。它笨重的金属框架占据了洛伦茨办公室的大部分空间——就像往里面塞了一个大衣橱，它的真空管泵出了惊人的热量。当麦克比运行时，周围总是变得总是又热又黏。

洛伦茨想在麦克比上研究全球天气模式，类似于刘易斯·弗赖伊·理查森提出的方案，但洛伦茨使用的是12个方程而不是7个。不过，理查森坚持使用真实的天气数据，而洛伦茨让想象力自由驰骋。他基本上是创造了自己的小世界，在那里他就像一个半神，可以随意改变温度、压强和风速。然后他使一切运转起来，观察天气在虚拟的几个月或几年里每天的变化。我们普通人不可能理解这些模拟的结果，因为我们已经习惯了电视上播放的气象图，上面有红色或蓝色的斑块以及波浪起伏的云。洛伦茨得到的只是打印出来的数字表格。但他可以在头脑中把这些数字转化成雨水或阳光——就像音乐家在阅读纸上的方块和圆点时会听到交响乐一样。

1961年冬天的一个早晨，洛伦茨重新浏览了他不久前运行的一次模拟，它展现了一些有趣的事，所以这一次他想延长运行时间，看看还会发生什么。但他并没有重新运行整个序列，而是冒着麦克比内核熔毁的危险，走了一条捷径——从中间开始。他从打印出来的数据中挑了一行——从0.506开始的那一行看起来不错，然后把数字输进去，在麦克比嗡嗡作响的时候去喝咖啡。

1个小时后，洛伦茨回来了，他坐下来研究气象分数。这些数值一眼看上去就很古怪，因为他是在重复之前的运行，所以他期望在开始时看到几行相同的数字。但现实并非如此。当他比较两次运行的结果时，他发现数字有差异。这种差异一开始很小，但每走一步就变得越来越明显。很快，他就无法再忽略这些差异了。这就像那些阴晴不定的三月天：中午是75华氏度的暖阳，14点就下起来冻雨，这就是两次运行的不同之处。

洛伦茨心里嘀咕，相同的输入与相同的方程却得到不同的结果，这只可能意味着一件事：计算机短路了，所以洛伦茨必须和一名技术人员花几个小时检查麦克比的每一个继电器和开关，他们就像圣诞节时不高兴的父亲，要检查圣诞树上的一连串灯泡是否有问题。

不过，在毁掉自己的下午之前，洛伦茨决定思考一下，而且他很快就意识到一件事。为了节省内存，老式计算机经常截断数字。（还记得千年虫问题[1]吗？）麦克比电脑的内存中的数值精确到小数点后6位；但是当它把这些数字打印出来的时候，它会四舍五入到小数点后3位。因此，洛伦茨输入0.506开始新的运算，但当时的真实值应该是0.506 127。这能够解释两次运行的差异吗？

洛伦茨对此表示怀疑。两个数值的差距是1/5 000，仅为0.02%。这么一个极小的分数，一个化整误差，怎么就破坏了整个模拟呢？但当他再次检查这些数字时却产生了完全相反的看法，似乎一开始的细微偏离真的影响到了最终的结果。

根据传统思维，这毫无道理。因为在正常的系统中，几乎相同的输入应该导致几乎相同的输出。想象一下，你看着一个苹果掉在地上。如果你把它捡起来，用小刀把它削掉0.02%，你不会觉得下一次苹果落地的时候会突然悬停在空中。它们几乎是相同的苹果，所以他们的行为应该几乎相同。但在洛伦茨的宇宙中，他削掉的0.001 27改变了一切。不知道为什么，当它经历那12个方程时，1/5 000的分数开始膨胀，完全改变了天气，这些方程的相互作用使情况变得混乱。

尽管被完全吸引了，但洛伦茨提醒自己，这仍然只是一个模拟，它可能与真实的天气没有任何关系。但他越思考这个错误，就越觉得它很深刻。当时的气象学家总是吹嘘明年的麦克比计算机或明年的气象卫星可能更精确地预报天气。但这可能是妄想。

1 电脑程序中使用两个数字表示年份，即1998年表示为“98”，1999年表示为“99”，2000年表示为“00”；但在某些情况下，“00”可能被电脑程序误解为1900年。于是在即将到达2000年1月1日零点的时候，政府机构和许多企业担心电脑会出现大规模的故障，从而导致灾难性的结果。这被称为千年虫问题（Y2K）。幸运的是，上述担忧并未发生。

也许计算更多的数据也于事无补。也许只是变量太多，根本不可能完全考虑。也许湍流和不可预测性是大气的固有特征。

最开始，洛伦茨并没有重视这些怀疑，只是开玩笑地对同事说，如果他们在6点新闻的天气预报中预测失败，至少他们现在有了一个借口。但在内心深处，洛伦茨感到一阵兴奋，于是他决定沿着这个思路走下去。这把他带到一个奇怪的位置：几个月后，他甚至不确定自己是否还在研究数学或科学。他没有像数学家那样证明定理，只是追踪数据表格中的趋势。但这也不是来自真正科学实验的真实数据，而只是基于麦克比计算机上的模拟。由于这是一项奇怪的工作，所以洛伦茨很难发表它。有时他不得不使用诡计，比如在论文中塞入一些关于天气预报的空话，而他真正关心的是根本的数学原理。即便如此，他也经常在一些不知名的地方发表论文，比如瑞典的气象学杂志。麻省理工学院的教授并不经常在这种地方发表文章。

然而，随着20世纪60年代越来越多的预测模型失败，爱德华·洛伦茨逐渐找到了自己的听众。他是“破风计划”的顾问委员会成员，他越来越怀疑天气预报——更不用说天气控制。这几乎导致了该计划的流产。在20世纪70年代，情况终于发生了变化，洛伦茨的想法成为主流，即天气本质上是混沌的。洛伦茨也帮了自己一个大忙，把自己的见解提炼成本世纪最迷人的隐喻之一。它首次出现在1972年他写的一篇论文的标题中，即《可预测性：巴西的一只蝴蝶扇动翅膀会引发得克萨斯州的龙卷风吗》。现在我们用“蝴蝶效应”一词指一种趋势，即无关紧要的微小差异在复杂性中激增，变得非常重要。

20世纪80年代，其他科学家和数学家扩展了洛伦茨的工作。今天，我们认为他是“混沌理论”的先驱，这个领域远远超出了天气的范畴。你可以用混沌理论来勾勒山脉与河流三角洲的形状；

解释为什么流经管道的污水突然变得湍急；分析大宗商品价格的锯齿状起伏；甚至预测主题公园里的基因工程恐龙何时会横冲直撞。这些事情在表面上看起来是完全不同的，但它们都有潜在的相似之处，包括在一次心跳之间突然从举止得体变成举止恶劣的倾向（心跳有时也是一种混沌现象）。由于其难以置信的影响力，一些历史学家将混沌理论与相对论、量子力学并称为20世纪的三大科学突破。如果这个判断成立，那么我们的祖辈可能曾经用同样的口吻谈论一个叫爱因斯坦的专利职员和一个叫洛伦茨的气象学家。

无论它的历史地位如何，混沌理论确实说明了人们不可能以非常精确的方式预测天气，这并不是在指责气象学家。花哨的新型卫星和超级计算机（通常）可以提前几天预报天气——这个时间无论是计划野餐还是预警致命风暴都很关键。（多亏了气象学家，现在人们死于飓风的概率只有1900年的1%。）但我们只能很粗略地预测一周后的天气；至于穷理查[1]式的预测，也就是预测几个月后的天气，比魔法好不了多少。我们可以提前几十年预测日月食，但我们无法追踪影响天气的诸多因素，有非常多的空气团在撞击地球表面的非常多的隆起——有非常多蝴蝶在扇动翅膀，引发龙卷风。

因此，在本书中，我们信赖的气体定律第一次出了问题。从放飞热气球到冷却冰箱的一切，这些定律提供了一个良好而坚实的基础。而且它们能够很好地解释天气的许多基本特征，比如水蒸气的作用。但最终，气体在一颗旋转的行星上的涌动变得如此狂躁，以至于简洁明了的体积—温度—压强关系跟不上了——它们只能喘着粗气。转眼间，原本宜人的夏日微风夹杂着咆哮的乱

1　在1732年至1785年，本杰明·富兰克林曾经以“穷理查”为假名出版过《穷理查年鉴》，其中提供了季节性的天气预报。

流，天上蓬松的洁白云朵披上了邪恶的外衣——混沌是永远的赢家。

洛伦茨当然不是第一个认识到天气有多复杂的人；刘易斯·弗赖伊·理查森可以证明这一点。但洛伦茨让我们面对这样一个事实：人类可能永远无法揭开无知的面纱——无论我们多么努力地盯着飓风眼，我们可能也永远无法理解它的灵魂。从长远来看，这可能比我们无法驱散风暴更难以接受。三个世纪以前，我们把自己命名为"智人"（Homo sapiens），即聪明的猿。我们为自己的思考能力和认知能力感到骄傲，天气似乎也在我们的掌握之中——毕竟，天气不过是一些热空气和冷空气。但我们最好铭记：从词源学的角度看，"gas"（气体）源自"chaos"（混沌），而在古代神话中，连神也无法驯服混沌。

插曲：罗斯威尔的轰鸣

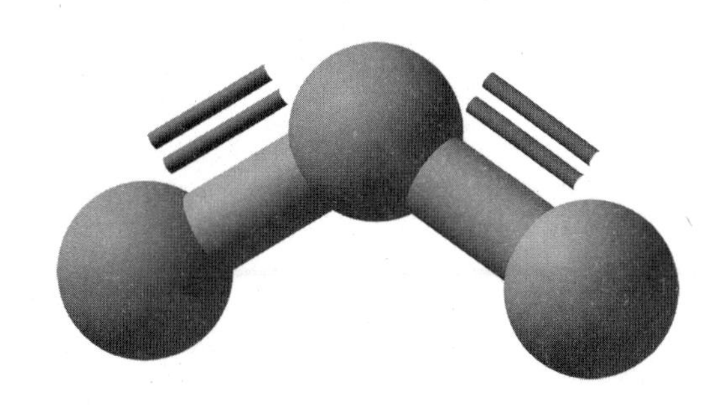

臭氧（O_3）——地面附近的含量为0.1ppm，你每次呼吸会吸入10^{15}个分子，平流层的含量超过1ppm（你不应该在这里呼吸！）

除了使用计算员，20世纪的气象学家还利用新的气球技术来探索大气层，特别是高层大气。而且和计算员一样，气球项目也得出了关于空气的一些重要见解——以及在一个令人难忘的案例中，它给地面的科学家带来了不小的尴尬。

一切都始于1947年6月的一个早晨，农场主马克·布雷泽尔在一场雷雨后发现了一串金属和塑料碎片。此刻，布雷泽尔无意引燃接下来半个世纪里人们的疯狂反应以及相关的各种阴谋论；他只想把农场收拾干净。他没有冒险把碎片留在原处被羊群啃食，而是把它们收集起来，扔进一个小屋，并试图忘记它们。

不过，他越这样想，这些碎片就越让他心烦。他工作的农场靠近新墨西哥州的几个军事基地，那里的科学家经常发射导弹和

马克 · 布雷泽尔（不在图片中）在农场中发现的一些碎片（图片来源：《沃斯堡明星电讯报》收藏，得克萨斯大学阿灵顿分校图书馆特色馆藏）

气象气球，这些导弹和气球会落在人们的土地上。事实上，他曾经两次发现坠落的气象气球。但这一次情况有所不同。落地点被砸出了深深的凹槽——柔软的气球似乎不可能做到。塑料和金属碎片看起来也不像是气球的材料。最让人不安的是，残骸中包括几根短木梁，上面有紫色的涂鸦，像是文字——但不是他所知的任何一种地球语言。

几天后，布雷泽尔把这些碎片拿给邻居看。邻居把最近听到的一些传言告诉他，说他们附近有不明飞行物。布雷泽尔吓坏了，于是他在7月7日拜访了75英里外的治安官[1]，治安官又打电话给附近的空军基地的官员。

空军官员来到小屋，检查了这些碎片并尝试将其恢复原状。他们感到很困惑，不久就放弃了。他们还尝试用布雷泽尔的小刀切割金属碎片，用火柴点燃这些碎片，但都失败了。最后他们检查了紫色的涂鸦，并开始称之为“天书”。这时，他们决定没收这些混乱的东西。

因为布雷泽尔，当地的小道消息已经流传了好几天。但空军并没有保持沉默，而是发布了一份极其愚蠢的新闻稿，声称“关于‘飞碟’的传言昨日已成为现实”。一份报纸报道了类似的说法。当然，“飞碟”和“不明飞行物”这样的词在当时有比较中性的含义，但没过多久，人们的想象力就赋予了它们非常具体的内涵。

所有的小道消息原本有可能渐渐平息下来，但空军高级官员突然介入，要求撤回新闻稿；有一个人居然开车到当地的报社和电台，抢走了纸质副本。于是怀疑论者也开始认真考虑阴谋论。空军在害怕什么？在隐瞒什么？空军坚持说所有的碎片都来自气象气球，这时人们更加怀疑了。事实上，现在我们可以肯定地说，空军军方撒了谎：布雷泽尔发现的不是气象气球。遗憾的是，空军军方撒的谎可能不是你所期待的内容；除非你是间谍爱好者，并且拥有一些关于大气的深奥知识。

整个罗斯威尔事件始于一个叫莫里斯·尤因的地球人。他是哥伦比亚大学的地球物理学家，为美国军方做承包工作。和其他热血的美国人一样，尤因害怕苏联掌握原子弹技术。但在那个卫星和沉降物探测器还未出现的时代，他们不知道苏联人做了什么。于是，尤因开始想其他办法监视苏联，最终想到了一种从远处偷

1 在美国，市镇的警察通常被称为“Police”（警察），而郡县的警察通常被称为“Sheriff”（治安官）。

听原子弹爆炸的方法，即将麦克风悬挂在地球大气层的一个叫“声道”的区域，该区域位于大约9英里高的空中。

要理解尤因的想法，你必须知道关于声音的三件事。

第一，声音在暖空气中的速度比在冷空气中快。这是因为声音取决于分子之间的碰撞。这其实很滑稽。当一个人说话的时候，离开她嘴唇的空气分子会撞击附近的空气分子。这些空气分子撞击第二层分子，然后第二层分子又撞击第三层分子，以此类推，直到声音进入你的耳朵。*这里的关键是，高温下的空气分子比低温下的空气分子移动得更快。由于声音本质上是空气分子的接力赛跑，所以暖空气中移动速度更快的分子，传播声音的速度也更快：在0华氏度的空气中，声音传播的速度为718英里/时；而在75华氏度的空气中，速度会上升到772英里/时。

第二，声音并不总是走直线，在某些情况下它们会弯曲。具体来说，如果有冷暖两层空气，那么声波总是弯向较慢的一层——也就是弯向较冷的空气，这种弯曲被称为“折射”。

要理解折射，可以想象一个小号手站在圆顶足球场的球门区。假设体育场的空调正在努力保持凉爽，那么天花板附近有一层宜人的冷空气，但下面的场地沐浴在暖空气中。由于折射，小号发出的嘟嘟声会朝上方的冷空气弯曲，这意味着站在对方球门区的人听不到任何声音，因为声音会从他头顶飞过。相反，假设这是一场冬季的比赛。体育场的暖气正在努力工作，圆顶上有一层暖空气，而下面是冷空气。在这种情况下，小号的音符可能会先上升——但很快就会向地面弯曲，因此更容易被听到。再次强调，声音总是弯向较冷的空气。

关于声音的第三件事涉及地球大气层的温度廓线。众所周知，空气越往上越冷，这解释了为什么赤道附近的山顶会覆盖着积雪。在大约4.5万英尺的高空，气温会下降到零下60华氏度，于是声速减慢到672英里/时。你可能已经猜到了，室外的声音倾向于朝这种较冷的空气弯曲。这解释了为什么早期的气球飞行员能够清晰地听到狗吠声和公鸡打鸣声。实际上是大气在向他们汇集声音。

但空气只在一定高度内越往上越冷，这个高度大约是6万英尺，此时臭氧开始出现。臭氧能够吸收紫外线，否则紫外线就会干扰我们DNA的正常功能；如果没有臭氧，生命就不可能离开海洋进入陆地。在吸收紫外线时，臭氧温度升高。如果把大气中的所有臭氧集中在一起，它将形成一个0.125英寸厚的外壳。但它很擅长吸收紫外线，即便是如此微量的气体，也能把15万英尺高的空气加热到温暖的32华氏度。总的来说，地球上的空气形成了一种温度三明治：上下是两层暖空气（一层靠近地面，一层在大约15万英尺的空中），中间是一层冷空气。

Leased Wire Associated Press

Roswell Daily Record

RECORD PHONES
Business Office 2288
News Department 2287

Movies as Usual

Claims Army Is Stacking Courts Martial

Indiana Senator Lays Protest Before Patterson

RAAF Captures Flying Saucer On Ranch in Roswell Region

House Passes Tax Slash by Large Margin

Defeat Amendment By Demos to Remove Many From Rolls

Security Council Paves Way to Talks On Arms Reductions

No Details of Flying Disk Are Revealed

Roswell Hardware Man and Wife Report Disk Seen

Ex-King Carol Weds Mme. Lupescu

Some of Soviet Satellites May Attend Paris Meeting

Roswellians Have Differing Opinions On Flying Saucers

American League Wins All-Star Game

Miners and Operators Sign Highest Wage Pact in History

1946年7月6日，《罗斯威尔日报》（*Roswell Daily Record*）中让人啼笑皆非的“飞碟”头条

综上所述，这种温度廓线使声音走上了狂野的旅程。假设地面上的一个猎人用猎枪射击。根据上面的讨论，声音会上升，弯向更冷的高层空气。但问题是，声音到达这一层后并不会停下来。

它们仍然有动量，它们继续前进。因此，在穿过4.5万英尺高的冷空气层后，声音将不可避免地遇到上方的臭氧暖空气层。因为声音总是从暖空气转向冷空气，猎枪的声音实际上会在这里来一个缓和的U形转弯，然后开始像箭一样下降。换句话说，臭氧扭转了声音的方向，像墙一样把它弹开。

接下来的事情就更奇怪了。在它开始下降之后，声音仍然有很大的动量。因此，它直接穿过4.5万英尺高的冷空气层，飞向地面。但是，当它接近地面时会发生什么？它遇到了一层暖空气。由于声音总是（跟我一起念）从暖空气弯向冷空气，大部分声能会再次转向，并重新开始上升。这当然会使它撞上高空的臭氧暖空气。接着，它第三次掉头，开始下沉。它继续下沉——直到遇到地面附近的暖空气，并再次反弹回天空。换句话说，声音困在循环之中。它不断地上升和下降，上升和下降，在冷空气层中来回震荡。声音被卷进来，无法逃脱，所以这层冷空气被称为“声道”。

关于声道，有几个值得注意的地方。首先，只有很强烈的声音才有足够的能量上升到那么高，并且被卷进去。谢天谢地，你夜晚说的悄悄话并不会在平流层里蹦蹦跳跳，也不会被人听到。更重要的是，在经历天空中最初的U形转弯之后，最强烈的声音*有时确实有足够的能量和动量穿透地面附近的暖空气层，击中下面人的耳朵。前面章节所提圣海伦斯火山喷发事件就发生过这种情况。回忆一下，在火山喷发的时候，附近的人听不到任何声音，而远处却被声音淹没。这是因为最开始轰鸣声弯向高处的冷空气，越过附近的人，形成一个60英里宽的声影区。但是，当轰鸣声遇到上方的暖空气时会骤然下降，这样远处的人也能听到。广岛的原子弹事件也出现了类似的情况。爆炸中心附近的幸存者谈到了“pika”，也就是“闪光”；更远处的人则回忆起“pika-don”，即“闪光-轰鸣”。

1944年，莫里斯·尤因首次提出了声道的物理原理。*但这似乎只是一个新奇事物，直到他意识到另一件事。他现在明白了来自声道上方或下方的声音会发生什么——它们被汇集到声道中。那么来自声道内的声音呢？它们会有何表现？

再想一想猎枪的爆炸声，但这一次是在4.5万英尺的高空，最冷的地方。无论是源自哪里的声音，最开始都会向四面八方扩散，猎枪的爆炸声也不例外。但声音扩散的时候，通常会消散、减弱。但是，这个特定的高度会发生一些不寻常的事情。无论声波向上还是向下移动，它们都会遇到暖空气，并被推回中心。因此，源于声道内的声音不会扩散得太多——也就是说，它们不会减弱。于是，可以在比正常情况下更远的地方听到它们，它们被有效地放大了。

1947年，尤因意识到这种有效放大声音的方法可以巧妙地应用于监视苏联人。苏联人并不会在9英里的高空中引爆核武器——那太高了。但尤因知道，蘑菇云经常上升到那么高。蘑菇云是热空气团，它撞击着周围的空气分子。“撞击空气分子”基本上就是声音的定义。尤因认为苏联的蘑菇云可能在9英里高的地方引起足够大的骚动，以至于他在半个地球外都能听到。美国空军要做的事情，就是将带有麦克风的窃听气球送入声道，该方案被称为“莫古尔计划”。

刚开始尤因对“莫古尔计划”相当乐观，但1947年初他在新墨西哥州的阿拉莫戈多陆军机场进行试验时遇到了几个问题，其中一个问题是如何让气球保持在恒定的高度。因为阳光会加热气球的球囊，这反过来加热了内部的气体，使气球飞出声道。为了抵消这种趋势，尤因的团队使用阳光能够穿过的透明气球。

另一个问题涉及追踪气球，因为气球不受控制地随风飘荡。

尤因提议使用雷达，但阿拉莫戈多的设备很难在高空找到这些小目标。因此，科学家决定一次发送30个气球（而不是1个）；它们排列成65层楼高的纵队，其高度是自由女神像的两倍多。它们还在气球纵队上增加了雷达反射器，这些反射器的金属表面有助于将雷达波重新定向到地面。每个反射器看起来都像金属的箱形风筝，事实上，“莫古尔计划”与一家玩具公司签订了生产合同。由于科学家并不关心美学，所以玩具公司用埃尔默牌的胶水和胶带将反射器粘在一起。由于战时物资短缺，胶带供不应求，于是该公司使用了一堆稀奇古怪的胶带，比如上面印着紫色涂鸦的胶带。

“莫古尔计划”气球实验的重演（图片来源：乔·尼克尔，《怀疑探索者》杂志）

你可能已经猜到了，1947年入侵罗斯威尔上空的许多“不明飞行物”就是这些由金属、塑料和橡胶组成的笨拙纵队。在高空，这些纵队以神秘的方式随风移动，不同的部分在不同的时间蜿蜒前进。雷达反射器在月光下发出诡异的光，当纵队坠落时，金属划破了地面，产生的碎片比任何气象气球都要多。

这些散落四处的碎片让莫里斯·尤因头疼不已。虽然听起来很疯狂，但“莫古尔计划”和曼哈顿计划一样被列为最高机密。甚至连90英里外的罗斯威尔空军基地的人都不知道这件事，这意味着尤因必须在他们发射的110次气球中，争分夺秒地回收每一块碎片。大多数时候，他们很容易找到坠落的气球；如果丢失了一个，他们就会从广播里收听到目击UFO（不明飞行物）的线索。但难免会有遗漏，比如坠毁在布雷泽尔的农场上的那个。

考虑到随之而来的喧闹，布雷泽尔后来说，他后悔没有把小屋锁上，也后悔没有闭嘴。但不管出于什么原因，全世界的人都在关注他的故事，而他在泥土中发现的碎片也莫名其妙地获得了外星世界的力量。美国军方的反应只会加剧人们的怀疑，罗斯威尔事件很快就演变成了我们今天所知的闹剧。

与此同时，“莫古尔计划”又秘密进行了几年。有一些说法是，莫古尔气球确实在1949年8月探测到了苏联的第一次核试验：JOE-I。但利用其他更方便、更可靠的方法也探测到了，比如派飞机在空中寻找放射性沉降物。由于多年来成效甚微，美国空军终于在1950年终止了“莫古尔计划”。

此时此刻，“莫古尔计划”已经被扔进了历史的垃圾箱，美国军方本可以和盘托出，但是偏执的官员却继续搪塞，继续坚持讲述愚蠢的气象气球故事。显然，在他们的想象中，苏联的威胁如此强大，以至于他们宁愿让外星人入侵的谣言继续发酵，也不愿让苏联人知道已然失败的间谍活动。20世纪90年代，美国空军终于承认了“莫古尔计划”，但为时已晚：罗斯威尔的谣言已经有了自己的真相。

然而，历史最终以一种颠覆性的方式证明了阴谋论者是正确的。多年来美国空军确实是在撒谎，而且1947年它确实拼命地扫描罗斯威尔的上空——但那是为了寻找可怕的气体轰鸣声，而非外星巡航舰。想想看，整个扭曲的故事起始于地球大气层的一个声学特性，而这又取决于臭氧吸收能量的能力。臭氧保护了陆地生物的DNA，可以说在加速地球生命进化方面，它的作用不亚于其他任何气体。通过促成“莫古尔计划”，臭氧使更多的人相信了我们下一章的主题：其他星球上的生命。

第九章

外星空气登场

在前文中，我们已经看到地球的空气之海是多么浩瀚，以及它如何深刻地塑造了（并且继续塑造着）人类的生活。现在是时候再次拓展我们的视野，探索其他星球的大气层。尽管对地球大气层的研究非常有价值，地球大气层也只是其中一个例子。那么，在无边无际的太空中还存在哪些空气？外星生命呼吸的是什么空气？如果人类也试图呼吸这些空气，会发生什么？

当然，在谈论其他的大气层时，我们也会发现关于地球空气的新情况——包括它有多么珍贵，甚至多么脆弱。我在前一章的末尾指出，人类只能在有限的程度上操纵天气。但我的意思并不是说，地球大气层如此巨大，而我们人类如此渺小，以至于我们不能以任何方式影响地球的空气。恰恰相反。我们也许永远无法根据自己的想法来设计天气，但这并不意味着我们不能以其他更显著的方法去改变气候。

很遗憾，在罗斯威尔事件之后，戴着锡箔帽和相信肛门探针的人群[1]控制了这场辩论，因为对外星生命的研究实际上有着很辉煌的历史。约翰内斯·开普勒发誓说他在月球上发现了先进文明的证据；威廉·赫歇尔也声称在太阳上发现了类似的证据。伊曼努尔·康德和克里斯蒂安·惠更斯撰写了大量关于外星人的文章，卡尔·高斯和本杰明·富兰克林也是如此。一些思想家甚至提出了向志同道合的外星人发送信号的方法：在西伯利亚种植巨大的直角三角形麦田，或在撒哈拉沙漠的巨大沟壑中注满石油并点燃。

外星生命最著名的支持者可能是珀西瓦尔·洛厄尔，他是一位富有的美国大使和作家，晚年时迷上了天文学。19世纪70年代，一位意大利天文学家声称在火星表面发现了纵横交错的“canali”，其中一些长达3 000英里；洛厄尔正是从这里获得启发的。读到这些“canali”，洛厄尔立即想到了苏伊士运河——人类有史以来最了不起的工程项目。他自认为火星上的运河更加宏伟，于是在亚利桑那州建立了自己的天文台，仅望远镜就花了2万美元（约合现在的50万美元）。但是对洛厄尔来说，更好的做法可能是请一位意大利语老师，后者会告诉他“canali”的意思不是“运河”，而是更中性的术语“沟槽”。无论如何，洛厄尔开始认真地研究火星的“供水系统”。他还声称发现了火星每年春秋两季“植被”消长的证据。起初，大多数天文学家都支持洛厄尔，直到他开始在出版物中发表关于火星技术的荒唐猜测。最让人无法忍受的是，他声称在金星上看到了文明的迹象，考虑到金星全年有云层覆盖，所以这是不可能的。最终，更精准的望远镜显示，“运河”只是一种视错觉，就像一串黑点从远处看会模糊成一条线。生物学家阿尔弗雷德·拉塞尔·华莱士从工程学的角度指出，洛厄尔的说法毫无根据。千里输水的运河会因为蒸发而失去每一滴水。而且

---

1 锡箔帽是用铝箔等材料制成的头饰，有人相信戴这种帽子可以抵挡磁场对大脑的影响，或者抵挡思想控制和读心术。在关于外星人的都市传说中，有一种说法是外星人会绑架人类，并在其直肠中植入探针，从而改造和监视人类。

华莱士指出，这些“运河”完全没有像你期望的那样转弯，也没有偏离自然景观的特征。华莱士总结道，如果这些真的是运河，它们就是“……疯子的作品，而不是智慧生命的作品”。

下一世纪的天文学家并没有吸取教训，他们继续放飞想象力。20世纪70年代，NASA（美国国家航空航天局）发射了两个“海盗号”火星探测器寻找火星上的生命。在起飞前，卡尔·萨根把一群记者召集到一个“海盗号”着陆器模型周围，开始把蛇、变色龙和乌龟带到摄像机面前，向大家展示他希望在火星上发现的东西。他宣称：“我们没有理由排除火星生物，无论是蚂蚁那么小的，还是北极熊那么大的。”但我们从来没有见到过锈色的北极熊。

根据目前学界对太阳系生命前景的了解，我们可以立即排除一些地方。恕我直言，威廉·赫歇尔关于太阳生物的理论是愚蠢的，太阳的炽热足以把那里的原子分解成等离子体。在这种情况下构建DNA这样的复杂的生物分子需要非常好的运气，更不用说整个生物体了。至于主宰我们天空的另一个天体——月球，它太冷也太干燥了，不适合生命生存。也许这只是我们对生物的偏见，但对于我们认为是生命的东西，水这样的液体似乎必不可少——水既可以为化学反应提供媒介，又可以吞噬会撕碎有机分子的自由基。而且，月球上也没有可以呼吸的空气。

火星和金星曾经有很大的希望成为生命的居所，但由于不同的原因，它们都出了差错。尽管有运河之争，但科学家现在相信，火星上曾经有流动的水，只是目前没有。它也在几十亿年前就失去了大部分的大气层。和地球一样，火星大气层是火山喷发的结果，这些早期大气层可能因为小行星的撞击而冲进太空。但与地球不同的是，火星太小，无法保留太多的内部热量。因此，火星内部开始冷却和凝固，火山也干涸了。火星的板岩被清除了，于是火星失去了补充大气层的能力。“地核”的凝固也破坏了火星的磁场。这是很大的问题，因此磁场本质上就像行星周围的力场，会使太阳风偏转——太阳风是来自太阳的粒子流，往往会消除珍贵的气体。如今，火星的大气层只有一股二氧化碳，气压只有地球的1/200。

顺便一提，下面这个说法纯属想当然：如果你在火星或一般的外太空低压环境下摘掉航天头盔，你的头会爆炸。事实上，你的头骨足够强大，可以承受得住气压差。即便如此，你也撑不了太久。当气压非常小时，你嘴里和眼睛里的水会在几秒钟内沸腾。当严寒把你的大脑冻成一块冰，你的身体也会停工。欢迎来到太空，在这儿你可以一边沸腾，一边结冰。

另一方面，金星刚诞生的时候是第二个地球，除了金星的轨道更接近太阳，两者几乎完全相同。不过，正是这一点改变了这对孪生兄弟。在某种意义上，金星的问题与火星相反，它的空气太多了。金星的古火山释放水蒸气和二氧化碳的速度可能与早期的地球相同。但由于金星离太阳更近，所以金星表面的温度从未下降到足以使蒸汽凝结成湖泊和海洋，水蒸气一直是气态。由于没有静水，二氧化碳也没有机会溶解并形成固体矿物，导致它也一直是气态。总的来说，金星和地球的碳原子数量大致相同，但金星上的碳基气体是地球上的20万倍。于是，金星上的大气压强几乎相当于海洋中半英里深处的压强。更糟糕的是，二氧化碳会聚集热量（它是一种温室气体），金星表面正在以惊人的860华氏度被烘烤，热得足以熔化铅。不要诅咒人下地狱*，要诅咒他上金星。

今天的大多数天文学家认为，如果太阳系中有其他地方存在生命，那一定是木星或土星的卫星。由于距离太阳较远，这些卫星没有获得多少光和热，但当它们环绕行星运转时，也受到强大的潮汐力的吸引。从本质上来说，潮汐作用把引力能转化为摩擦力，而这种摩擦力也许提供了足够的热量来产生火山和液态水——至少在卫星表面之下是这样的。NASA认为木卫二是很有希望孕育生命的候选者，于是，2003年"伽利略号"木星探测器绕木星飞行结束后，科学家故意将其撞向木星，而不是冒险让它有朝一日落在木卫二上，防止木卫二被从地球搭便车而来的微生物污染。

至于太阳系外是否存在生命，几十年来科学家对这个问题的结论一直摇摆不定。一些人认为不可能有，另一些人则坚信有。亚瑟·查尔斯·克拉克曾说："有两种可能：我们在宇宙中要么是孤独的，要么不是。这两者一样可怕。"由于种种原因，在过去的几十年里，科学界已经决定性地转向了后一种可能性，即宇宙中一定有大量的生命。

首先，我们现在有确凿的证据证明，其他恒星周围存在行星。这项研究在20世纪90年代才真正开始，但天文学家已经定位了3 200颗所谓的"系外行星"。他们通常使用的方法是寻找恒星产生的光的周期性频移。（特别是多普勒频移，也就是当恒星被环绕的行星拉扯时光线颜色的细微变化。）如果恒星和行星以适当的方式排列，当系外行星移动到恒星前面并遮挡了一点点光线时（偏食），科学家就可以寻找亮度的周期性变化。很难理解这项工作的精确度：这就像是站在缅因州，寻找圣地亚哥的灯泡上的一只跳蚤。然而，科学家已经发展出了做这些事情的超能力。目前还没有发现生命的迹象——这就像是在跳蚤身上找到单个的细胞，甚至单个的分子。但在大多数情况下，科学家可以确定行星的大小、质量和轨道距离，这是重要的第一步。

如今，外星生命似乎更加可信，因为我们知道，生命的几种潜在的构成要素（水、甲烷、氨气、碳基气体）在太空中都很常见。天文学家也在太空中探测到了DNA碱基和简单氨基酸。同样重要的是，现在我们知道，地球上的生命可以在相当恶劣的环境中茁壮成长，比如海底火山口、死海、南极冰层下半英里深的地方。耐辐射奇球菌甚至可以在核废料堆中存活，这里的辐射水平是人类承受上限的3000倍。（怎么做到的？通过非常、非常快地修复DNA。当然，耐辐射奇球菌的进化并不是为了适应在核废料堆中生活，因为自然界中并不存在核废料堆。它的进化是为了适应极度干燥的环境，而放射性引起的DNA损伤恰好与极端脱水的情况相似。因此，如果你想知道哪些物种能在核毁灭中幸存下来就看看沙漠吧。）总的来说，关于生物分子的研究表明，生命的原材料是丰富的；而关于极端环境的研究表明，生命几乎可以在任何地方立足。

尽管如此，在找到一些实际的证据之前，所有关于遥远行星上的生命的讨论都只是推测——我们就像中世纪的经院哲学家在争论天使。除了登陆系外行星，最好的证据就是研究系外行星的大气层中的气体。

美术家的印象画，描述了星光透过一颗遥远的系外行星的大气层（图片来源：NASA）

为了收集这些证据，天文学家首先需要找到一个合适的目标：一颗离恒星既不太近也不太远的岩石行星。然后，他们等待该行星从恒星前面经过。在这个过程中，恒星的大部分光仍然会穿过行星，因为恒星比行星大得多，但有一小部分光也会被行星挡住。（例如，地球会阻挡0.008%的太阳光。）然而，天文学家真正感兴趣的是更小比例的光（大约0.000 05%），它既不会被行星阻挡，也不会完全避开行星。相反，这些光会通过行星大气层的气体星冕被过滤掉。

光和气体以一种特殊的方式相互作用。气体被激发时通常会发光——我们已经在黄钠路灯和所谓的“霓虹灯”中看到了这一点。但这种光远远不止我们所看到的。虽然这些灯发出的光看起来是统一的颜色，但其实不是，它实际上是几种不同颜色的混合。

如果用棱镜把光分散开，你就能看到这些单独的颜色——它们以细线或色带的形式出现。例如，氢气会发射出一条亮红色色带、一条水蓝色色带和几条柔和的紫色色带。氦气会发射出一条明黄色的细线，以及其他颜色。（事实上，正是这条鲜黄色的条纹让天文学家在1868年发现了太阳中的氦气*，比威廉·拉姆齐在地球上发现氦气早了几十年。）元素周期表的其他元素也会发射出独特的色带。科学家把每种元素的独特阵列称为“发射光谱”。

此外还有“吸收光谱”。它在本质上与发射光谱相反：发射光谱涉及热气体发射特定颜色的光，而吸收光谱涉及冷气体阻挡特定颜色的光。想象一下彩虹，就是你用棱镜散射白光时看到的那种彩虹。然后想象一下，有人拿着墨水和画笔，涂黑所有的线，这就是吸收光谱。

当天文学家观察通过遥远行星的星冕过滤的恒星光时，他们感兴趣的是吸收光谱。这是因为每一种气态化学物质，比如氯气、水蒸气或氨气，都会吸收不同色带的恒星光。因此，缺失的色带就像是该气体的“指纹”。通过研究缺失的颜色图案，天文学家可以推断出系外行星的大气中有哪些气体。尽管技术挑战十分艰巨，但太空望远镜已经在几光年（大约20万亿英里）远的行星上探测到了水蒸气。未来的望远镜应该能够探测到二氧化碳、硫化氢、氨气、甲烷等常见气体。（调查表明，地球上的生命形式可以产生600多种不同的气体。）

当然，在寻找外星生命时，有些气体比其他气体更有帮助。水和二氧化碳意味着火山的存在，但仅此而已。氩气意味着存在大量的、正在衰败的钾-40。氢气和氦气表明这可能是一颗年轻的行星，还不足以形成生命。至于积极的信号，天体生物学家曾经认为氧气是确凿的证据，因为地球上的绝大部分氧气是生物体产生的。臭氧似乎也是明显的标志，因为产生臭氧（O_3）需要氧气（O_2）作为原料。但我们后来意识到，地质状况各不相同的行星可能通过非生物手段产生氧气。（例如，强烈的紫外线可以将水蒸气分解为氢气和氧气。）类似地，许多天体生物学家曾经提议寻找甲烷，这是地球上的一种重要的微生物废物。但现在的模型表明，海底的岩浆柱可能与海水反应，生成副产品甲烷。糟糕的是，甚至冥王星在接近太阳的时候也会获得稀疏的甲烷（和氮气），而那里不可能存在生命。

归根到底，没有一种气体可以写入“这里有生命！”的广告词。尽管如此，某些气体的组合却是强有力的证据。当甲烷和氧气混合在大气中时，它们倾向于相互攻击，于是它们的浓度会一起下降。因此，在一个没有生命的星球上，你可能会发现大量的甲烷或者氧气，但不会同时发现两种。反过来，如果你确实发现了大量的甲烷和氧气，那么一定有什么东西在源源不断地补充它们，而这种“东西”的最大可能就是生命。所以，找到一个明显的甲烷-氧气光谱就相当于找到一个由气体组成的化石。

我们还可以更进一步。虽然氧气等气体能帮助我们探测外星的“植物”“动物”和“微生物”，但最终我们还是要寻找智慧生命。所谓的SETI（搜寻地外文明）计划主要专注于探测来自遥远星球的电磁波——外星人的火腿电台[1]。但这个方法有一些缺点，因为它只能接收那些向太空发射电磁波的文明。换句话说，它将错过1905年以前关于人类的一切，也会完全错过使用电报之类的技术的星球。更重要的是，如果维持目前的趋势，广播的重要性将继续下降，在未来的一两个世纪，地球可能在很大程度上处于“无线电静默”状态，远处的星球基本上收不到我们的讯息。其他星球的文明可能遵循类似的模式，我们能够窃听的机会窗口非常狭窄。

搜寻地外文明的更好方法可能是搜寻外星污染。以地球为例，如果外星的天文学家发现地球的空气中含有氯氟烃，他们肯定会咯咯地笑（或者愉快地笑，或者做任何他们兴奋时会做的事情），因为这些气体不会自然生成。天文学家还可以根据一个遥远外星文明可能产生的污染情况推断出它的文明程度。有些污染物在大约10年后就会分解，而有些污染物则需要几十万年。因此，如果我们在遥远的大气中看到了短期污染和长期污染的混合，我们就可以得出那里的工业很活跃的结论。如果我们只看到长期存在的污染，那结论可能更残酷：那里的小绿人可能已经通过破坏他们星球的环境而自我毁灭了。（在这种情况下，他们毕竟不是真正的小“绿”人）。寻找外星污染可能很不靠谱，但几年后[2]詹姆斯·韦伯空间望远镜发射时，它将有能力在几光年外的行星上探测到仅比地球浓度高10倍的氯氟烃，下一代会做得更好。

1 火腿电台，又称“业余无线电”，是供业余爱好者使用的无线电。

2 本书英文版出版于2017年，当时詹姆斯·韦伯空间望远镜已经建成。该望远镜最终于2021年12月25日发射。

或许提示我们的不是氯氟烃——也许我们会闻到另一种奇异的气体。也许这些气体并不是污染物，而是我们可以利用的东西。旋转元素周期表，把你的手指放在几个随机的元素上。也许它们共同形成的气体将以我们还无法理解的方法彻底改变医学、运输或冶金，就像过去的其他气体做的那样。想想看，这种气体存在的第一个迹象不是来自地球上的某个研发实验室，而是来自几百万英里外的一颗行星的光晕。

寻找其他星球上的生命引发了关于人类和人类在宇宙中位置的深奥精神问题*。（最紧迫的问题是，发现其他地方的智慧生命是否会让人类变得不那么特别？）不幸的是，地球上温室气体含量的升高使遥远星球的可居住性成为一个令人不安的现实问题：我们有一天可能需要把它们当成避难所。

类似于放射性，我们必须知道，温室气体本身并不邪恶，你可以把它想象成胆固醇。你的身体需要胆固醇包裹脑细胞，制造某些维生素和激素；除非胆固醇过高，否则你不会有麻烦，温室气体也是如此。

温室气体之所以得名，是因为它们能聚集入射的太阳光——尽管不是直接的。大部分太阳光首先照射地面，使其变暖，然后以红外线的形式将一部分热量释放回太空。（红外线的波长比可见光长，以用途而论，红外线基本等同于热量。）如果大气中只有氮气和氧气，这些红外热就会逸散到太空中，因为氮气（N_2）和氧气（O_2）这样的双原子分子无法吸收红外线。另一方面，二氧化碳和甲烷这样的有多个原子的气体，可以并且确实吸收了红外热。这种多原子分子越多，它们吸收的热量就越多。这就是为什么科学家把它们列为温室气体：空气中只有它们能以这种方式聚集热量。

科学家将“温室效应”定义为一个星球因为这些气体而升高的温度。火星上稀疏的二氧化碳使其温度升高不到10华氏度。金星的温室气体使其温度升高了惊人的900华氏度*。地球介于这两个极端之间。如果没有温室气体，地球的平均气温将达到寒冷的0华氏度，低于水的冰点。而有了温室气体，地球的平均温度可以保持在温暖的60华氏度。天文学家经常说地球绕太阳运行的距离是完美距离——所谓的“金发姑娘距离[1]”，水既不会结冰，也不会沸腾。与通常的说法相反，实际上正是距离与温室气体的结合让我们有了液态水。如果只看轨道距离，地球将是霍斯[2]。

无论你信不信，目前地球上最重要的温室气体是水蒸气，它使地球温度升高了40华氏度。二氧化碳和其他微量气体贡献了剩下的20华氏度。既然水的作用最大，为什么二氧化碳会被视为怪物？主要是因为二氧化碳含量升高的速度太快了。科学家通过挖掘被困在北极冰盖下的小气泡，回顾了过去几个世纪的空气。根据这项研究，他们知道，在人类历史上的大部分时间，二氧化碳在空气中的含量为280ppm。

后来，工业革命开始了，人类开始大量燃烧碳氢化合物，并生成副产品二氧化碳。下面这个故事可以给你一个比较具体的感觉：1882年，钢铁巨头亨利·贝塞麦在写给孙辈的一篇文章中吹嘘说，仅英国每年燃烧的煤的价值就相当于55个吉萨金字塔群[3]。

1　意思是“刚好合适的距离”。这个典故出自19世纪的英国童话《金发姑娘和三只熊》(*Goldilocks and the Three Bears*)，这个故事有很多版本，其中一个版本是这样的：迷路的金发姑娘走进熊的房子，房间里分别有三碗粥、三把椅子和三张床，她分别试过以后，选择了不冷不热的粥，不大不小的椅子和床，因为这对她来说刚好合适。

2　霍斯是电影《星球大战》中的　颗行星，它是霍斯太阳系的第6颗行星，表面几乎完全被冰雪覆盖，白天的最高温度大约只有零下32摄氏度。

3　吉萨金字塔群是位于埃及郊区吉萨高原的3座金字塔，分别是胡夫金字塔（世界上现存最大的金字塔）、卡夫拉金字塔和孟卡拉金字塔。

他写道，换句话说，这些煤可以“在伦敦周围筑起一道长200英里、高100英尺、厚41英尺11英寸的墙”。记住，这是在汽车、现代航运和石油工业出现几十年之前。二氧化碳含量在1950年达到了312ppm，之后迅速超过了400ppm。

对气候变化不屑一顾的人经常指出，在人类诞生之前，二氧化碳的浓度已经波动了几百万年，有时峰值比现在的水平高十几倍——这是正确的。同样正确的是，地球有消除过量二氧化碳的天然机制：一个巧妙的负反馈循环——海水吸收过量的二氧化碳，将其转化为矿物质，并储存在地下。但如果从更广泛的角度看，这些“正确的”事实只不过是“片面的”事实。是的，二氧化碳的浓度在以前发生过变化，但它们从未像前两个世纪那样飙升。虽然地质作用可以把二氧化碳封存在地下，但需要数百年时间。与此同时，仅仅过去的50年，人类就向空气中额外排放了大约2 500万亿磅二氧化碳。（这相当于每秒钟排放超过160万磅。想想气体有多么轻，你就能明白这个数字有多么惊人。）开阔的海洋和森林会吞噬大约一半的二氧化碳，但大自然无法跟上二氧化碳排放的速度。

如果再考虑到其他的温室气体，情况就更加严峻了。就单个分子而言，甲烷吸收热量的能力是二氧化碳的25倍。当今地球上甲烷的主要来源是养殖的家牛：平均每头牛每天打嗝会释放570升甲烷，放屁还会再释放30升；这合计在全球范围内每年产生1 750亿磅甲烷——其中一些会由于自然过程降解，但大部分不会。其他气体造成的危害甚至更大。一氧化二氮（笑气）吸收热量的效率是二氧化碳的300倍。更糟糕的是氯氟烃，它不仅能分解臭氧，而且聚集热量的能力是二氧化碳的几千倍。尽管氯氟烃在空气中的浓度仅为十亿分之几，但在人类引起的全球变暖中，它贡献了1/4的力量。

氯氟烃问题甚至不是最糟糕的，最糟糕的问题涉及水的正反馈循环。正反馈——就像在两个麦克风相互接触时你听到的刺耳声音——涉及一个自我重复、不断失控的循环。在这个例子中，温室气体产生的多余热量会导致海水蒸发的速度比正常情况下更快。回忆一下，水是最好的（也是最糟糕的）温室气体，所以增加的水蒸气会聚集更多的热量，这导致温度上升，温度上升导致更多的蒸发。更多的水蒸气将聚集更多的热量，从而导致更进一步的蒸发，以此类推*，地球表面很快就会变成金星。反馈循环失控的可能性，解释了为什么我们应该关心氯氟烃浓度小幅上升这件事。十亿分之几的浓度看起来非常小，不会有任何影响，但混沌理论告诉我们，微小的变化可能导致巨大的后果。

当然，气候变化之后，生命还会继续存在——只是不能保证人类还会继续存在。那么，假设我们不想让自己灭绝，要做些什么？我很怀疑人类是否会主动停止污染，并回归更简单的生活方式，毕竟我们太喜欢肉食、手机和快递运输。同时，罚款和税收可能会抑制消费。一些经济学家提出建立一种限额与交易制度，使用清洁技术（如太阳能）的人可以获得“碳信用”，碳信用可以换取现金。为了支持这一观点，他们指出，限额与交易制度在20世纪80年代帮助抑制了酸雨，在很大程度上解决了酸雨问题。然而，监控温室气体比监控酸雨复杂得多。抑制酸雨只需要监测几种气体（主要是二氧化硫和一些氮氧化物。）但温室气体有几十种，包括无处不在的二氧化碳，这增加了复杂性。从更广泛的意义上说，即使我们真的遏制了温室气体的排放，也很难控制已经发生的破坏。由于蒸发和水蒸气的正反馈循环，全球变暖已经呈现了一种不祥的势头。我们不可能只是让地球变暖一点，然后按下暂停键这么简单。

我认为，唯一现实的解决方案可能是气候工程——采取审慎的步骤给地球大气层降温。的确在任何一种客观的框架下，气候工程似乎都是让人绝望和疯狂的。我们无法在行星尺度下测试这个想法，而且我们很有可能会让事情变得更糟。但是，正如我相信意外后果定律，我更相信人性的一致性。考虑到懒惰和短视在过去主导了人类的行为，我想不到有什么理由它们不会在未来继续主导人类的行为。我并不是说对人类感到悲观——我的一些最好的朋友就是人类。但我们有缺点，而应对气候变化的努力暴露了我们最糟糕的缺点。相比之下，想出解决问题的技术方案虽然不容易，但当情况变得愈加严重时，人类会围绕着一个共同的目标携手共进。这也是人类的一项可贵品质。

气候工程的一种方法是捕获气态二氧化碳并将其转化为固态碳。例如，蚂蚁在土壤中挖洞筑巢时，它们会制造副产品钙。钙正好和雨水中的二氧化碳反应，生成石灰石，这是一种固体，不会飘浮到空气中，也不会聚集热量。因此，也许我们可以在西伯利亚建立一个巨大的蚂蚁农场，让它们大展拳脚。还有一种选择，我们可以利用一种叫“浮游植物”的单细胞水生生物。海洋中的许多地区缺乏铁，这是一种必需的营养物质，因此向这些海域倾倒铁粉可能会导致浮游植物大量“繁殖”。浮游植物用碳构建外骨骼，而碳来自空气中的二氧化碳。当浮游植物死亡并下沉，这些碳就会沉积在海底。在解决气候变化方面，蚂蚁和浮游植物看起来似乎微不足道，但我们人类往往低估了这些生物的数量以及它们的工作能力。作为生物，它们也可以自己繁殖，不需要人类维护。

气候工程的另一种方法是阻挡阳光，使其无法到达地面并转化为热量。为此，一些科学家建议向轨道发射巨大的镜子，或者向云层喷海水，使其更洁白、蓬松和反光。最热门的想法是向平流层喷数百万吨二氧化硫，因为二氧化硫也会把阳光反射回太空。

（它就像一种反温室气体。）虽然它曾经导致酸雨，但这些二氧化硫不会轻易被冲刷下来，因为我们把它喷洒在形成雨云的高度之上。二氧化硫的另一个好处是，不同于其他的气候工程方法，大自然已经为我们做了一些粗略的二氧化硫实验：火山经常释放这种气体，坦博拉火山和喀拉喀托火山的大型喷发确实使地球降温了好几年。缺点是，我们可能会遇到其他的意外问题。就算没有别的影响，二氧化硫也会使亮蓝色的天空变得暗淡，使夜晚看星星的视野变得模糊；同时，日落会看起来红得吓人。

当然，我们总是可以把几种不同的战略结合起来——巨大的蚂蚁农场，向海洋喷铁粉的巨型油轮，从乞力马扎罗山的山顶发射二氧化硫炮弹。不幸的是，一旦我们开始依赖这些技术，那我们就永远都不能松懈。不过，考虑到整个历史上的人类从未在一切崩溃之前减少消耗，那么精心安排我们的出路似乎是最务实的选择。虽然这项工作可能会耗资甚巨（每年数千亿美元），但相比人类物种彻底灭绝的前景，这似乎很划得来。

但是，假设气候工程失败了，地球就会变成（名副其实的）地狱，那时我们的唯一选择可能就是迁往另一个星球。

如果没有太多的星际飞船，我们就只能待在太阳系，这意味着要对火星或月球进行环境改造*，这一过程被称为“地球化”。地球化的某些方面只是涉及简单调整。例如，虽然火星土壤是红色的，但它和地球土壤其实非常相似：火星土壤也富含营养物质，喜欢碱性土壤的粮食作物可能会在那里茁壮生长（当然，前提是它们有空气，不会结冰）。然而，月球土壤需要更多的帮助才能达到标准。这两个天体都需要水和空气。幸运的是，我们可以通过引入彗星来满足这两种需求。科学家们已经在彗星上着陆了探测器，如果其中一个着陆器携带了一颗原子弹，那么爆炸可能会推动彗星偏离轨道，使其转向目标行星。在彗星坠落之前，我们会用另一枚核弹把它炸成碎片，它的冰、气体和矿质营养便会无害地落在行星表面（至少在理论上是这样）。

据估计，只要有100颗哈雷彗星大小的彗星，就能完全改变月球,使它的土壤变得肥沃,使静海[1]这样的“海洋”充满真正的水。（火星更大，需要更多的彗星。）一旦有了水，就可以很容易地获得可呼吸的大气层：我们只需要引进一些制造氧气的藻类，让它们去做就好。（一些研究表明，这个过程可能需要数万年；其他人估计的时间要短得多。无论如何，在达到一定的最低气压后，我们就可以引进植物来加快进程。）另外，我们可以把最有效的氯氟烃装瓶，并运送到火星或月球，它们有助于温暖这些寒冷的天体。

随着火星的大气层越来越厚，气体开始散射阳光，火星的天空（由于灰尘，目前是类似奶油的粉黄色）会变得越来越蓝，月球的天空（现在是黑色的）也会发生类似的事情。我们从地球看到的月亮和月球本身并不相同。一些计算表明，地球化月球的亮度大约是地球的5倍，地球化的月亮会和佛罗里达州一样暖和。考虑到这样的气候，以及较低的重力对关节更有利，你可以想象月球会成为一个受欢迎的退休疗养地。

然而，考虑到改造整个星球所需的工作量，月球或火星可能不是最好的长期选择。从真正的长远来看，迁移到太阳系内根本不可行，因为太阳最终会摧毁我们周围的一切。45亿年前太阳诞生的时候，它比现在暗30%。从那时起，它一直在变亮和变暖，并且在20亿年内温度会升高到足以煮沸地球上的每一片海洋。即

1　静海是月球上一处盆地，人类首次登陆月球就是在这里着陆。

使某种顽强的蟑螂在这次冲击中存活下来，它也无法在50亿年后太阳最终死亡时逃脱，届时太阳将燃烧所有的氢气燃料。那时会发生几件事情，但结果是太阳核心的温度会显著上升；因此，附近宇宙的生物会再次获得最后一个教训：温度升高会导致气体膨胀。太阳将迅速膨胀到其直径的150倍以上，蜕变成一颗红巨星。根据不同人的计算，它要么吞噬并蒸发掉整个地球，要么爬到足够近的地方给地球一个灼热的吻，将我们心爱的家园烧成灰烬。无论是哪一种情况，罗伯特·弗洛斯特的猜测都是正确的：我们的世界将在大火中毁灭。

显然，如果人类想要生存，那么就必须在那之前移民到系外行星。首先，我们必须弄清楚哪些系外行星上有人类可以呼吸的空气，这一点我们可以用望远镜和吸收光谱来确定。接下来，我们必须建造一艘巨大的宇宙飞船，把人类运送到新家园。幸运的是，我们建造星际巡航舰所需的大部分原材料已经存在于太空中，我们可以开采金属小行星。开采太空岩石可能听起来很荒唐，但几家太空采矿公司已经在地球附近的数万颗小行星中寻找候选者——其中一些公司得到了谷歌和微软的亿万富翁的支持。简单的探测器就像骡子一样，把小行星拖向地球，停在太空中引力稳定的地方，以便我们能够接近它。

这些太空采矿公司计划通过开采贵金属获得创业利润。一颗直径只有500码的小行星（杀死恐龙的那颗小行星是它的20倍）能够出产的铂，可能超过整个历史上人类在地球开采的量。然后，小行星中剩余的铁可以用来制造精巧的宇宙飞船。我们可以在辽阔的太空中建造它，想多大就多大，因为我们不必担心把它抬离地球表面的种种问题。

但这些小行星上真正让人可喜的资源可能不是铂或铁，而是附着在其表面的冰。为了让你有直观的印象，略作以下说明：小行星带[1]中最大的谷神星，上面的淡水似乎比地球上所有湖泊与河流加起来还要多；大多数小行星都比较小，但仍有大量的水资源可以利用。太空旅行的人类需要这些饮用水，分解水（H_2O）也可以获得氢气和氧气作为燃料。汽车依靠摩擦力运动，与汽车不同的是，宇宙飞船的运动是通过尾部喷出的小团气体，并获得一个动量——在真空中，动量不会因为空气阻力而损失。（如果你认为微小的气体粒子似乎不足以推动一艘宇宙飞船，那么我只能说，你没有认真阅读整本书……）最重要的是，这些飞船可以把小行星或彗星当成星际加油站，沿途收集更多的冰。

分解水也可以为飞船内的航天员提供额外的氧气。不过，他们呼吸的大部分氧气可能来自一种更古老的气体发生技术——植物的光合作用，他们会在舱内种植这些植物。航天员还必须在舱内注入氮气，这既是为了将气压维持在接近地球的水平（想象一下几十年内你的耳朵一直在嗡鸣），也是为了降低火灾的风险，因为在纯氧中，火会疯狂地燃烧。至于从哪里获取氮气，航天员可能会在离开地球之前抓取一些空气。在这个过程中，他们会不可避免地吸走一些构成地球大气层的氩气、氨气等微量气体，所有这些气体会陪伴我们到达新的家园。这似乎很合适，因为这些气体也在很大程度上塑造了我们人类。

至于去哪个星球我们有很多选择，因为宇宙中大约有 3×10^{23} 颗恒星。（换一种说法，你需要几次深呼吸才能吸入相同数量的空气分子，尽管你每次吸入的分子数量已经相当庞大。）据统计，最近的宜居行星可能距离地球12光年——随着人类寿命的延长，理论上一个人一生就能到达这个距离。在旅途中，飞船上的人需要坚持锻炼，以保持较高的骨密度和肌肉量。（使飞船的部分部件像缓慢的离心机一样旋转，产生人造重力，也会对保持身体健

1　这里指的是火星和木星轨道之间的小行星带。

康有所帮助。）除了这些琐事，他们可以整天玩游戏、看全息电影、生孩子、吵架，做普通人做的每一件事。飞船上的天文学家可能会从观察星座形状的变化得到（至少一点点）乐趣，因为他们相对于恒星的位置发生了变化。每隔一段时间，宇宙飞船还可能进入一团随机的太空气体——这是未来太阳系的原材料。

最终，我们的新家园出现了——刚开始只是一个像素，然后变成一个小点。这时，船上的科学家将再次确认这颗行星上是否有他们假设的大气廓线？是否有足够的氧气和臭氧？是否有太多的硫化氢或氯气？如果有大量的一氧化二氮（笑气），我们会不会一走到户外就变成彻头彻尾的傻子？我们还必须努力寻找这颗行星的卫星。行星和它的卫星可能有不同的大气层，不同的大气层上有不同的气体。从远处看，所有这些气体可能混合成单一的吸收光谱，因为我们无法把这么小的物体分开。但近距离观察我们可能会发现，在这些关键的气体中，有些属于行星，有些属于它的卫星。

如果一切确认无误，我们会选择这颗行星上合适的颜色慢慢靠近。有些色彩看起来很熟悉——海洋也是蓝色，沙漠也是褐色。不同的是，“植物”森林看起来可能是红色或黄色，而不是绿色，这取决于我们的新太阳的峰值输出。最后，我们缓慢进入围绕这颗行星的轨道，终于看到了下面陌生大陆的轮廓。这个时候我们必须有耐心：任何值得称为“家园”的星球都会有足够厚的大气层，如果我们试图登陆，它可能会把我们笨重的太空公寓烧成灰烬。但是一些勇敢的人可以踏上登陆艇，一路向下。几个小时后，他们将在新的行星上迈出胜利的第一步。

不过，人类要想在新环境长期生存，接下来的事情更加重要。根据环境气压的不同，登陆队可能会注意到一些奇怪的事情。如果这颗行星的大气层比地球厚很多，类似于植物的生物就会长得更矮，并且更牢固地扎根在地面，以防止被强风吹倒。在这种情况下，山顶会更暖和，更适合作为居住点，因为山顶的空气更多。飞行生物可能会大得多，因为产生升力会变得更简单。事实上，登陆队走出去的时候可能需要紧张地扫描天空，提防捕食者出没。不过，最后他们迎来了长途跋涉几万英里所追求的时刻：队伍里的一名成员向他的战友点点头，开始摘下头盔。

吸入的第一口空气可能会导致死亡。一些微量气体——我们甚至不知道我们应该担心什么——可能会灼伤他的肺，或者麻痹他的神经元。更有可能的是，这种奇怪的空气会稍微刺痛他的喉咙，就像新生儿的第一次呼吸。气味可能也会很奇怪——潮湿、阴冷或者腐烂，但可能没有理由惊慌或者气喘。他可能只会如释重负地笑一笑，然后深呼吸几次，目的是清理自己的肺。

当他这样做的时候，会发生一些令人惊讶的事情。他从地球带来的气体，也就是他肺部的所有氮气和其他气体，都会缓缓流出，悄然逸散。在这么远的距离之后，这一小部分来自地球的空气会迸发出来，使新家园的空气变得神圣。地球的大气层将与这颗新的星球永远交织在一起。其他航天员也摘下头盔，开始清理肺部，把来自地球的分子混合进来，这时也会发生同样的事情。因为普通人的肺里总有一两粒尤利乌斯·恺撒在临终前呼出的分子，现在这些恺撒分子向上舞动，把他的故事带到这颗新的星球。

也不单单是恺撒的分子。越来越多的人从母舰上下来，开始排空自己的肺：哈里·杜鲁门在圣海伦斯火山呼吸的分子；见证广岛原子弹和比基尼核试验的分子；与汉弗里·戴维肺里的一氧化二氮混合的分子；詹姆斯·克拉克·麦克斯韦思考天空为什么是蓝色的时候环绕在珠穆朗玛峰周围的分子——所有这些分子也会加入这颗新的星球。同样地，还有你生活中的一些分子——你在产房里的第一声啼哭，你的初吻，你多年后的最后一次呼吸。

我们在谈论结局时会说“尘归尘，土归土”，但这并不准确——因为还有更多的东西。我们身体中的每一个分子都诞生于气体，在我们死后很久，当膨胀的巨大红色太阳吞噬周围的一切时，所有原子都会回归气体状态。一些幸运的分子甚至可以在其他地方获得第二次机会。在遥远的世界里可能仍然存活着你身上的一小部分：在你体内舞动的分子，甚至是构成你身体的分子。在我死后，我身体的一部分继续活着——这样的想法听起来很像我小时候听过的神话故事，但它是真的。在整本书中，我们已经讲述了我们身边千千万万的故事，它们每秒钟都在我们肺里流淌，你的一次呼吸就包含了整个世界史。在某种程度上，去另一个星球旅行会不可避免地让这些故事流传得更久，换句话说，也就是“尘归尘，气归气”。

致谢

就像一次呼吸中的分子，这么多独立的部分聚集在一起才有了这本书。我再一次惊叹于所有人的慷慨帮助。一页纸上的寥寥数语不足以表达我的感激，如果我在这份名单上漏了谁，我想说我的感激依旧，虽然会有些尴尬。

在我的亲人中，我要感谢我的父亲，感谢他对科学和对名言的热爱；感谢我的母亲，感谢她为我讲故事，感谢她的风度。（到目前为止，我在每本书中都提到过她。）对于我的兄弟姐妹本和贝卡，我每过一年都会觉得更幸运一点儿；我也很高兴看到侄女和侄子佩妮和哈里长大成人。我在华盛顿特区、南达科他州等地的朋友们有了很多变化，但通过结婚、搬家和种种活动的交流，我们仍在不断分享彼此的美好时光。

我的经纪人里克 · 布罗德黑德和编辑约翰 · 帕斯利都看到了这本书的巨大潜力，并帮助我策划和完善了整本书，没有他们，就不会有这本书的面世。我还要感谢利特尔 · 布朗公司每一位与我合作完成这本书的人，包括马林 · 冯 · 奥伊勒-霍根，克里斯 · 杰尔姆，迈克尔 · 努恩和朱莉 · 埃特尔。

最后，我要特别感谢许许多多聪明的科学家和历史学家，他们为个别章节和段落做出了贡献：帮我充实了故事、查找信息，或者花时间为我解释一些事。我无法在此一一举例，但请放心，我没有忘记你们的帮助……

注释与杂记

欢迎来到尾注！每次在正文中看到星号（*），你就可以来这里翻阅，找到关于该主题的额外信息。你可以当即翻阅每条注释，也可以在看完每一章后一次性地阅读所有注释，就像读后记一样。但一定要回过头看，我保证这里藏着一些珍贵的宝藏……

第一章 地球的早期空气

p. 36，**大约需要75 000千卡**：本条注释是一个有点儿大题小做的问题：你身体里的大部分化学能量储存在哪里？大多数人会觉得在脂肪或肌肉，但实际上是在水分子里。具体来说，是在保持H_2O的O—H键里：如果要把哈里·杜鲁门身上的所有O—H键折断，并把他完全分解成单个原子，需要额外的55万千卡。（而且，老年人体内的水分比年轻人少。对于我这个年龄的人，这个数字将上升到67万千卡左右。）和本书中的其他千卡数一样，这只是一个估计：如果有人做出不同的假设，可能会得出不同的数字。但它确实给出了一个关于水分子所含能量的大致概念。

插曲 爆炸的湖

p. 43，**以免激起一些邪恶的东西**：地质学家确实知道几个地方不时有二氧化碳云涌出。在美国黄石国家公园的死亡谷，二氧化碳气体杀死了许多不知情的鸟类和啮齿动物，甚至还有一些灰熊。意大利的“狗洞”（Grotta del Cane）也是如此，这里在19世纪是一个受欢迎的旅游胜地。洞穴中较重的二氧化碳气体贴近地面，当时游客的娱乐方式包括让矮小的狗跑来跑去，直到昏迷。最后也最令人痛心的是喀麦隆的莫瑙恩湖，它距离尼奥斯湖仅60英里，1984年8月，37人在类似的情况中离奇死亡：在一团气体笼罩莫瑙恩湖之后，他们一夜之间窒息而死。那年晚些时候，一位访问莫瑙恩湖的地质学家试图从湖底取样，发现取样瓶的瓶盖不断地弹开，水很容易泛起泡沫。他向一些科学杂志提交了报告，警示这些火山口湖的危险性，但这些科学杂志认为这个想法过于牵强而拒绝了他的投稿。

意大利的“狗洞”，那里的人们曾经为了好玩而使小狗昏迷

历史上最致命的气体爆发发生在1783年的冰岛，一个火山裂缝连续8个月喷出有毒气体，最终释放出700万吨盐酸、1 500万吨氢氟酸和1.22亿吨二氧化硫。当地人称这一事件为“Moduhardindin”，

即“雾难”，因为出现了奇怪的有毒烟雾。一位目击者回忆说：“空气像海藻一样苦，散发着腐烂的气味。”迷雾杀死了冰岛80%的绵羊，还有一半的牛和马。岛上死了10 000人——占总人口的1/5，而他们主要是饿死的。当迷雾飘到英国时，它们与水蒸气混合形成硫酸，又杀死了20 000人。迷雾还杀死了欧洲大片地区的农作物，导致长期的粮食短缺，引发了6年后的法国大革命。

第二章　空气中的撒旦

p. 48，**它比火山喷出的其他气体都更持久：**我需要说明一点：数十亿年前开始在空气中累积的氮气主要来自火山（要么直接以氮气的形式，要么来自火山喷出氨气的分解）。其中大部分氮气至今仍然存在。但是，有些细菌会吸收和代谢氮气，将其转化为在生物学上有用的产物。其他细菌会进行相反的过程，以氮气的形式将氮元素释放回空气中。因此，虽然你现在呼吸的大部分氮气直接来自火山，但有一些氮气可能已经在生物体内转世了几次。

p. 50，**秘鲁附近的钦查群岛：**钦查群岛气象怪异，基本从不下雨。（你听说过从来没见过雪的佛罗里达人和加利福尼亚人吗？住在钦查群岛附近的人，特别是住在智利海岸边的阿塔卡马沙漠的人可能一辈子都看不到雨。）缺水使该岛的鸟粪的肥力很足，因为在雨水渗入地面的过程中，往往会沥去地表鸟粪沉积物中宝贵的营养物质。

到19世纪50年代，钦查群岛每年出口数百万吨鸟粪，而岛上的工人忍受着有史以来最恶劣的劳动条件。大多数工人是从中国、波利尼西亚和新几内亚绑架来的。但在岛上待了几天之后，你就无法分辨出他们的种族，因为他们身上都糊着厚厚的白色鸟粪。由于极度缺水，他们的嘴唇、舌头和鼻子都开裂了，有些人甚至流不出眼泪来冲刷眼睛里的氨气。他们每天工作20个小时，

秘鲁附近的钦查群岛上的鸟粪丘，你可以通过人类身高来对比岛上鸟粪的规模

用镐头敲击石化的鸟粪，用铁锹把它们铲起来；当他们的手裂得无法握住工具时，他们的"主人"就把他们的小臂绑在手推车上，让他们把鸟粪拉到岛屿边缘的悬崖上。在这里，工人通过滑道将鸟粪倒在数英尺下的驳船上。几个月后，许多工人不愿再面对这让人绝望的劳作，跳下滑道自杀了。

p. 61，**反而使僵局更加恶化**：有一个奇怪的事实：目前禁止用于国际战争的几种气体，却可以被美国警方用来镇压骚乱和其他国内动荡。我说的不是芥子气或光气，主要是那些更危险的催泪瓦斯。不过，美国政府显然认为，这些气体用在外国战斗人员身上是不人道的和残酷的，但用在本国人民身上却是完全可以接受的。

p. 66，**哈伯的悲惨结局**：在结束弗里茨 · 哈伯的部分之前，我想再讨论一下他的故事的另一个方面——为什么他的化学武器研究看起来如此野蛮，而且现在依然如此。如今的我们生活在一个拥有卡拉什尼科夫自动步枪和洲际弹道导弹的时代，这些武器能够更快地杀死更多人。但是毒气攻击仍然会带来一种独特的恐怖感，为什么？

首先，与大多数参与曼哈顿计划的科学家不同，哈伯没有为自己在毒气战中所扮演的角色公开表示过恐慌、苦恼和悔恨。如前所述，他后来在“杀虫剂”研究的幌子下继续研究毒气战。其中一种杀虫剂齐克隆A，后来被调整为齐克隆B，是奥斯维辛、达豪等纳粹集中营屠杀犹太人（包括哈伯的一些亲属）的首选气体。

毒气攻击之所以恐怖如斯，另一个原因是它们能在基本生物学的层面威胁到我们，这是机枪与核弹头做不到的，讲个题外话有助于说明我的观点。在我的上一本关于神经科学的书中[1]，我们讨论了一个叫S.M.的女人，她由于大脑损伤，似乎无法感受到恐惧。科学家把她带到异国动物的宠物店，让她接触蛇和狼蛛，她连眼睛都不眨一下。他们让她穿过鬼屋，给她看恐怖片，她都无动于衷。她甚至有几次差点儿死掉——有一次在公园里，歹徒用刀顶着她的喉咙，而她始终没有受到惊吓。没有心跳加速，没有惊慌失措，什么都没有。科学家最终得出结论，她对任何事情都不会感觉恐惧。

事实证明这并不完全正确。出于好奇，有一天S.M.的医生在一个水箱里装满了富含二氧化碳的空气，让她通过面罩吸入这些气体。当你被困在水下时，让你惊慌的不是缺氧，而是二氧化碳的累积。但考虑到S.M.不害怕各种情况，所以她的医生认为她依然会保持平静。但令医生震惊的是，在吸了几口气体后，她开始大喊大叫并抓住自己的面罩，试图从脸上摘下它，这种气体

1 此处是指山姆·基恩2014年出版的《决斗的神经外科医生的故事》（*The Tale of the Dueling Neurosurgeons*）。

居然可以吓到她。科学家从这类研究中得出结论，人类大脑中潜伏着另一个独立的恐惧系统，该系统密切监测着我们肺部的空气供应。

我想，这就是哈伯的研究让我们感到震惊的原因。当我们无法呼吸时，我们会失去理智并开始惊慌。这是一种生物性的、与生俱来的恐惧，扰乱空气供应会触动大脑中的线路，这是子弹或现代武器做不到的。举个类似的例子，我们对蛇和鲨鱼的恐惧远远超过对汽车的恐惧，但实际上我们死于车祸的可能性要大得多。有毒气体来自原始恐惧的万神殿。

总的来说，我认为哈伯是科学史上最具吸引力的人物之一。没有人能如此完美地体现科学的浮士德属性，即希望与危险同时存在。哈伯的一位同事曾经这样评价他："他既想成为你最好的朋友，也想成为你的上帝。"但他在这两方面都失败了。考虑到哈伯以前的优雅姿态，我们对他的失望就更加强烈了。

插曲　焊接危险武器

p. 72，**在化学上大致相似**：的确，生锈和燃烧不一样：首先，生锈通常需要水，而水倾向于扑灭火。生锈和燃烧都可以产生几种不同类型的氧化铁，这取决于环境。但这两个过程在化学上确实有很多共同点：都涉及氧原子攻击铁原子并形成新的化合物。

第三章　氧气的诅咒和祝福

p. 81，**用日常设备做这些实验**：除了简陋的设备，普里斯特利的业余还表现在其他方面。首先，即使在科学论文中，他也经常承认自己对实验结果感到非常惊讶。你能感觉到他有一半的时间都是张着嘴走来走去，一边喃喃自语，一边惊奇地摇头。我喜欢这种坦诚，因为它体现了吸引大多数人投身科学的东西——发现自然界事物的乐趣。我忍不住想，相比于今天科学语言中的那种直接、近乎冷血的风格，普里斯特利这种诚实地记录自己每一步感受的风格会让学生学到更多的科学知识。

p. 85，**他们请拉瓦锡进行调查**：在与法国海军共事三年后，拉瓦锡加入了为军队生产火药的火药和硝石管理局（Régie de Poudres）。在此之前，该局是一个典型的政府部门，充斥着浪费和懒散，但拉瓦锡把他的新下属管理得井井有条，很快法国第一次在火药上实现了自给自足。它甚至开始向美国出口火药。若无法国的援助，美国很可能无法赢得独立，因为英国已经切断了外界与殖民地的联系。

p. 89，**我们把这种生物称为厌氧细菌**：人死后，细菌开始分解尸体。虽然好氧细菌和厌氧细菌都会起作用，但让我们联想到腐肉的恶臭气味来自厌氧细菌，这些气体包括名副其实的“腐胺”[putrescine，$NH_2(CH_2)_4NH_2$]和“尸胺”[cadaverine，$NH_2(CH_2)_5NH_2$]。

p. 92，**它们通过表皮上的毛孔“吸入”氧气**：果实、花朵和木质茎等地上结构如何“吸入”氧气？植物的绿色部分当然可以利用它们通过光合作用产生的氧气。但是，植物的根系如何“呼吸”呢？其实空气很容易穿透泥土：土壤是多孔的，这主要是因为蚯蚓在不断地咀嚼和分解它。（查尔斯·达尔文首先在一系列试验中发现了这个事实。）这也解释了为什么大多数植物不能在积水中生存——他们的根部会因为缺氧而死。换句话说，植物在水下的死亡原因与人类大致相同。

第四章　创造奇迹的快乐气体

p. 119，**钠**：我忍不住要附上这首四行打油诗，据说戴维后悔发现这些元素。

戴维爵士，
讨厌肉汁；
发现了钠，
让他害怕。

在本书后面我还会讲到气体制冷，下面还有一首极好的四行打油诗，灵感来自低温先驱詹姆斯·杜瓦：

杜瓦教授，
比你优秀；
压缩气体，
你没法比。

p. 125，**能使人感觉迟钝的廉价快感**：爱尔兰的一个小镇有很高的乙醚成瘾率，据说你在半英里外就能闻到乙醚的味道。除了吸入乙醚，那里的人们还经常把乙醚掺在牛奶里，所以有人在喝完牛奶后吸烟把嘴点着了。

p. 125，**甚至还有几条鱼**：考虑到我们与动物有相似的肺和神经，所以我并不惊讶动物也会被麻醉。但当我得知麻醉剂对一些植物也有效时就很吃惊。例如，你可以对捕蝇草使用麻醉剂，当虫子落在双颚上时它们不会合上。基于这一事实，植物学家展开了各种各样的哲学争论，比如植物是否具有某种意识或智慧。

p. 129，**有竞争对手突然出现**：莫顿最大的竞争对手是查尔斯·托马斯·杰克逊，一位狂躁的新英格兰医生，他可能是莫顿的同路人中最早建议使用乙醚作为麻醉剂的人。在这场口水战中，杰克逊确实有一个主要优势：几十年来，他的姐夫拉尔夫·沃尔多·爱默生一直在为他公开辩护。（顺便一提，杰克逊的一个姐妹最早介绍爱默生和亨利·大卫·梭罗[1]认识。）杰克逊还与塞缪尔·莫尔斯争执究竟是谁发明了电报。杰克逊似乎有很多革命性的想法，但除了大肆宣扬之外，他既没有魄力也没有胆量去做更多的事情。

查尔斯·托马斯·杰克逊，聪明却无能的发明家

插曲：派托曼

p. 141，为什么我们不能用屁股"说话"：为什么我们不用屁股说话（至少绝大多数时候不用），关于这个问题的全面讨论请参阅罗伯特·普罗文关于身体功能的令人愉快的书《奇怪的行为》（*Curious Behavior*）。

1　他们都是美国著名的自然主义作家。爱默生的作品包括《论自然》《生命》，梭罗的代表作是《瓦尔登湖》。

第五章　受控的混沌

p. 143，亚里士多德的格言——自然厌恶真空：奇怪的是，量子物理告诉我们，善良的亚里士多德可能是对的，因为真空并非完全空：真空内部时刻都有亚原子粒子的出现和消失。真空也有内在的能量密度，这意味着它也包含质量（根据$E=mc^2$）。事实上，这种能量密度可能就是神秘的“暗能量”，宇宙学家认为是它导致了宇宙的膨胀。

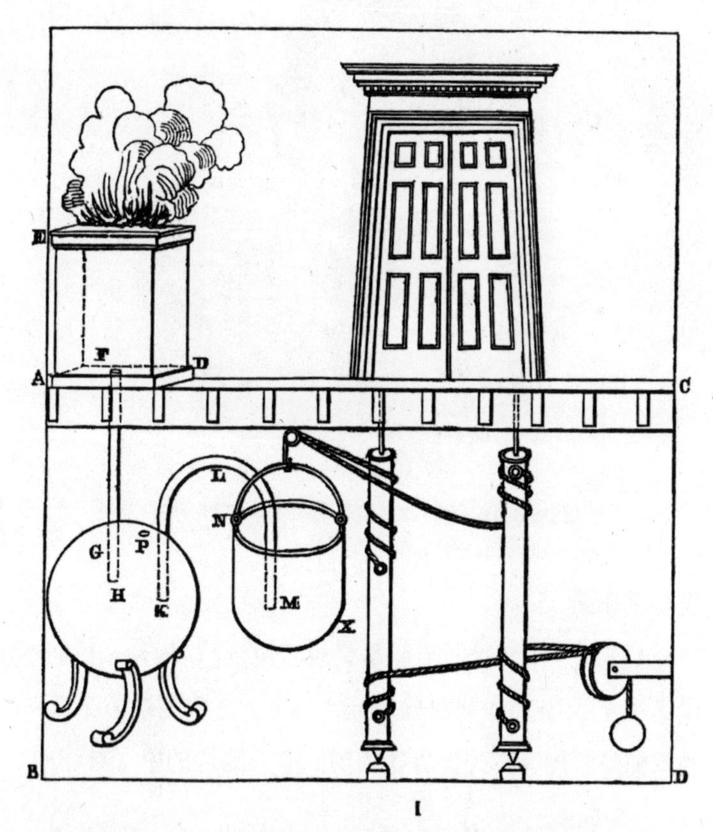

亚历山大港的希罗在1世纪发明的装置，利用蒸汽动力自动打开教堂的门

p. 148，人类用水驱动机器已经有很长的历史：古希腊人发明了几种水文机器，用于计时、研磨谷物等。1世纪的亚历山大港的希罗甚至制造了会唱歌跳舞的蒸汽动力机器人。牧师在教堂里也使用

他的设备，在无人接触的情况下关门和移动祭坛上的物品。这种戏法不仅有趣，而且令平民敬畏，他们认为牧师可以随意地召唤神和圣灵。希罗和瓦特的区别在于，希罗似乎局限于制造玩具，而瓦特用蒸汽机做体力劳动。当然，玩具并没有什么不好——许多技术的发展都是以玩具为开端，但并没有人在希罗的成果上增加什么东西。

p. 150，**地球上的真空泵：** 由于地球上的真空泵无法将水抬升到34英尺高，吸管在这个高度也会失效：如果你尝试在4层楼的楼顶用吸管喝地面的果汁，那么你一滴也吸不到。

但是在金星上呢？金星的环境大气压力是地球的90倍，这意味着此处的空气推力是地球的90倍，而且情况甚至更好。由于金星比地球略小，所以吸管中液体受到的重力牵引力也更小（大约小10%）。总而言之，在金星上，你可以用吸管吸起3 400英尺高的水。与此同时，一根吸管在火星上只能吸起7英寸高的水，因为那里的气压很低（只有地球气压的0.6%）。而月球上几乎没有大气层，所以一根吸管只能吸起6.5万亿分之一英寸的水。

p. 159，**几乎在百万分之一秒内释放出这些气体：** 硝酸甘油的爆炸速度甚至比安全气囊快几千倍。大多数安全气囊产生气体的方法是向叠氮化钠（NaN_3）等化学物质释放电流，叠氮化钠分解为纯钠和氮气（N_2）。在标准温度和压强下，只需要100克NaN_3就可以在0.04秒内产生50升气体，这听起来很了不起，但在同样条件下，100克硝酸甘油只需要万分之一的时间就可以产生70升气体。

插曲：磨炼自己，面对悲剧

p. 169，**莎士比亚的《麦克白》的故事：** 说到苏格兰戏剧，麦戈纳格尔在成为一名蠢笨的诗人之前，曾经试图成为一名蠢笨的演员。（事实上，他直到52岁才写了第一首诗。）唉，他的表演能力甚至都不如他的作诗能力。最让他声名扫地的是他在舞台上扮演麦克白的那桩事。据报道，剧院经理早就知道这会是一场灾难，因此收了钱才让他扮演这个角色。他也没有令人失望。当麦克德夫[1]要杀死他、结束悲剧的时候，麦戈纳格尔拒绝下台。他用剑攻击另一名演员，差点儿割掉对方的耳朵。最后麦克德夫不得不抓住他，把他拖下舞台。

p. 170，**它与焦炭中的碳反应生成一氧化碳**：顺便一提，一氧化碳会杀人，因为它结合铁的能力比氧气更强。你的红细胞中有一种叫“血红蛋白”的分子，血红蛋白的核心有几个铁原子，这些铁原子会吸收氧气并输送给其他细胞。但如果你的血液中有一氧化碳（来自呼吸），它就会把氧气挤到一边，附着在血红蛋白上。结果，红细胞无法再输送氧气。更糟糕的是，一氧化碳真的很难分解：一氧化碳（CO）拥有自然界中最强的键，它的三键甚至强过氮气（N_2）的三键。

第六章　深入湛蓝

p. 179，**蒙戈尔菲耶设想了世界上的第一个气球**：有消息说，另外一系列事件激发了热气球的灵感。其中一个说法是，蒙戈尔菲耶看到了旷日持久的直布罗陀包围战[2]的剪报——直布罗陀是一座无法从陆地和海洋进入的堡垒——感到十分忧心。据说，他在沉思的时候抬起头，看到傍晚的火堆上飘荡着一些纸屑和灰烬，它们几乎是在飞，于是他立刻就想到了从空中攻击直布罗陀的方法。

p. 183，**瓶子里的气泡迅速膨胀，然后嗖的一声喷出来**：如

1　麦克白是苏格兰的将军，他出于野心杀死了国王邓肯，并自立为王。麦克德夫是苏格兰贵族，在麦克白掌权后流亡到英格兰。最后，麦克德夫带领的英格兰部队打败了苏格兰部队，并将麦克白斩首。

2　直布罗陀包围战是美国独立战争期间的一场战役，交战双方是法国、西班牙和英国。法国和西班牙的军队围困了直布罗陀的英军长达四年，但未能成功攻克。

果你曾经把一罐汽水或啤酒掉在地上，那么别人可能会建议你在打开之前轻敲顶部或边缘，防止饮料喷出来。原理是当你挤压一瓶碳酸饮料时，二氧化碳气泡会聚集在金属的内表面。轻敲易拉罐会使这些气泡松动，聚集在接近容器盖的地方。因此，当你稍后打开易拉罐，气泡冲出来的时候不会带走任何液体——因为它们并没有溶解在液体中。虽然饮料的味道可能会变淡，但至少它不会弄湿你的手或弄脏地板。

p. 195，**在希腊语中是“懒惰”的意思：**“argon”这个词出现在用希腊文写成的《新约》原文中。在葡萄园工人的比喻里，耶稣说：“约在上午九时，他又出去，看见市场上另有闲站（argon）的人。”

顺便说一句，《圣经》中提到的其他七种化学元素是金、银、铅、铁、铜、锡和硫。

p. 196，**把这种气体命名为氦气：**一位名叫朱尔·让森的残疾法国天文学家在太阳中发现了氦气，这是一个鼓舞人心的故事。让森也与气球的历史有关，因为在1870年，为了观察非洲的日食，他很勇敢地乘坐一只摇摇晃晃的气球逃离了被德军包围的巴黎——若他失败就有可能被当作间谍射杀。

p. 198，**已知的每一种稀有气体的发现：**我说拉姆齐对每一种稀有气体的发现都有贡献这有点儿不实，因为元素周期表目前的最后一个元素是118号元素，它直到2006年才被发现。但话又说回来，由于118号元素非常重，所以它的电子结构可能很扭曲，因此可能性质并不像稀有气体，但这没有人知道。

p. 198，**顽固的老门捷列夫也笑了：**事实上，门捷列夫吸取的教训太过了，他开始在不存在稀有气体的地方发现稀有气体。在这一时期，物理学面临着一场关于光波的危机。在当时的科学家看来，任何波的传播都需要介质：潮汐波需要水，声波需要空气，人浪[1]需要醉醺醺的足球迷，等等。同样，光波应该需要一种叫“以太”的介质。问题是没有人见过以太，也没有人在实验中发现它，尽管对它的研究已经进行了几十年。于是，门捷列夫满怀热情地呼吁用元素周期表拯救物理学。他提出，以太是一种非常微小、精细的稀有气体，叫“newtonium”，它弥漫在所有物质中。他所说的“微小”，基本上就是“无限小”的意思：他估计，newtonium的质量是氢原子的100亿分之一。激烈的争论一直持续到1905年，当时爱因斯坦的相对论否定了以太的必要性。但在那几年，稀有气体似乎解释了光的性质。

p. 200，**只需要氮气、氧气和氩气**：好吧，并非只需要它们。你知道，瑞利最后错过了一些本来会扼杀他的理论的东西，这个问题源自波的一种叫“干涉”的性质。想象两条光束即将碰撞。如果它们恰好错位——也就是说，一个波的波峰与另一个波的波谷重合，反之亦然，那么当它们相遇时就会相互抵消。也就是说，它们会彼此抹杀，不留任何痕迹。结果表明，在空气均匀分布的大气层中，任何被散射的蓝光几乎都会在走向地面的过程中湮灭。因此，这些蓝光在到达我们的眼睛之前都应该被消灭掉。

瑞利的解释之所以能存活下来，是因为我们的大气并不是均匀分布的（虽然很接近）：密度有极小的波动，足以挽救他的解释。如果你想知道是谁指出了这一切并拯救了瑞利，答案是一个叫阿尔伯特·爱因斯坦的人。

第七章　放射性沉降物

p. 211，**几只经过训练的山羊**：选择山羊是有原因的。第一次世界大战期间，对炮弹休克症感兴趣的心理学家需要一种用于

1　又称“波浪舞”，是体育比赛中常见的看台观众的欢呼游戏：观众以排为单位按顺序起立并坐下，呈现出类似波浪的效果。

研究的动物模型。因此，伊万·巴甫洛夫的一个学生在康奈尔大学开设了一间实验室，他花了几年时间恐吓农场动物，使它们患上炮弹休克症。（记者给实验室起了个绰号叫“神经过敏农场”。）事实证明，兔子的头脑过于简单，很少对噪声产生复杂的反应，所以不适合这项研究。猪和狗又太聪明，它们的行为过于复杂，反应过于多样。把它们都排除后，研究人员发现山羊非常适合。负责的心理学家确实了解到关于炮弹休克症的一些重要信息。也就是，让人感到紧张的不是爆炸本身，也不是爆炸造成的伤害。而是对爆炸的预期——连续几小时、几夜想着它的压力令人痛苦甚至是精神崩溃。

无论如何，在比基尼环礁上用精神病山羊做的实验失败了。后来的录像显示，核弹爆炸时，山羊几乎没有眨眼。它们一直在吃干草，爆炸后仍在大口咀嚼，丝毫不受干扰。（顺便提一句，录像还拍到一只老鼠在爆炸的瞬间分娩，科学家给她的三只幼崽取名为阿尔法、贝塔和伽马。）

p. 214，**曼哈顿计划与其说是科学上的突破**：不要认为这是我的观点。理查德·费曼说：“在战争期间，所有的科学研究都停止了，除了洛斯阿拉莫斯的那一小部分。而且这并不是什么科学，主要是工程。”那么，有一个有趣的问题：为什么曼哈顿计划的物理学家获得了最大的功劳，而化学家和工程师却保持匿名？我认为有几个因素起了作用。首先，物理学家中有伟大的人物：宫廷小丑费曼、“美国的普罗米修斯”罗伯特·奥本海默、外国学者恩里科·费米、苏联间谍克劳斯·富克斯等。化学家中的名人只有格伦·西博格，而西博格本人也不是魅力的化身。其次，沙文主义在物理学研究领域表现得也很明显，关于核弹的第一份官方报告是一位物理学家撰写的。这份报告贬低了化学家的作用，从而建立了一种被后来的历史学家遵循的叙事。最后，物理学家在战前发表了大部分关于核裂变的研究成果；它因此成为公共知识，人们可以在新闻报道中自由地引用。与此同时，提纯铀和钚的化学细节仍属机密。

p. 216，**大男子主义的蔑视**：这个例子发生在20世纪30年代。在一次关于放射性奇迹的公开演讲中，未来的诺贝尔奖得主欧内斯特·劳伦斯拿出一小瓶放射性钠作为道具。不幸的是，它的放射性太强了，导致旁边的盖革计数器都无法计数。所以劳伦斯准备了一些含钠的盐水，并把他的同事罗伯特·奥本海默叫上台。1分钟后，奥本海默用手拿住了辐射探测器，说“干杯”。它像松鼠一样叽叽喳喳地叫个不停，在场的人都哈哈大笑起来。

20世纪50年代典型的沉降物掩蔽所（图片来源：美国国家档案馆）

p. 226，**幸存者中过多的未婚性行为**：除了测试建筑物对核爆炸的承受能力，政府还测试了人们被关在沉降物掩蔽所中数周的承受能力。有些人把这种封闭当成乐趣，一对夫妇在那里度过了蜜月；但大多数人的状态非常不好。有一家人开始喝酒，为了让3岁的孩子闭嘴，甚至让孩子也喝了一杯。另一个家庭把建筑中的通风井作为奖励。你可以想象，在一个封闭的空间里上厕所会产生相当难闻的气味，但只要孩子们在几个小时内表现良好，父母就允许他们转动曲柄，把难闻的气味排放到外面。总之，虽然大多数人一开始只把沉降物掩蔽所中的生活当成一种冒险，但到了第4天，他们往往会陷入恐慌。

p. 228，**流行文化也在推波助澜**：并非所有的流行文化都嘲弄核武器。莫里斯·桑达克，也就是后来远近闻名的《野兽国》的作者，绘制插图的第一本书是《百万原子》(*Atomics for the Millions*)，这本书总体上对核武器是持积极态度的。桑达克并不能真正理解这一点。他之所以接受这个项目，是因为他高中时的所有科学课都不及格，而他至少需要一个及格的分数。所以，他的科学老师，也就是这本书的作者，付给他100美元，并给了他一大堆额外的学分，让他画一些正在裂变的拟人化的原子。桑达克后来自称是“老师班上的最笨的孩子……他必须解释每张照片”。

p. 228，**对人体组织的伤害**：确定放射性粒子的生物效应是一个混乱的工作。不同的元素以不同的速度释放不同的粒子，其中一些粒子造成的伤害远超其他粒子。(更重要的是，有些粒子在体外相对无害，但如果吞食或吸入，就会破坏你的组织。)更麻烦的是，不同的人体组织以不同的速度吸收不同的放射性粒子，而且并非所有你吸收的粒子都会造成生物损伤。在本章中，我把一切都简化为“胸部X光”，这无疑是过分简化了。但另一种选择——使用20个不同的单位，并用脚注解释每一个单位——似乎更糟糕。我承认我的方法并不完美，但它确实提供了一个比较的基础。

p. 232，**指导布拉沃城堡试验**：总的来说，1946年至1958年期间，美国在比基尼环礁和附近的埃内韦塔克环礁引爆了67枚核弹，总当量相当于2700枚广岛原子弹。也就是说，在12年的时间里，每天都要炸掉1.6个广岛。更令人难以置信的是，即使在这次试爆之后，美国军方仍然不断地向当地的比基尼人承诺，他们随时可以回家。美国军方把它的安置计划称为“哈代[1]计划——《还乡》”，但他们从未实施过。

顺便说一句，布拉沃并不是被引爆的最大的原子弹。这一荣誉属于苏联的“沙皇炸弹”——1961年10月30日，它在西伯利亚偏远的新地岛释放了相当于3000颗广岛原子弹的力量。不同于时髦的现代核武器，这枚核弹重6万磅。

插曲　爱因斯坦与人民冰箱

p. 234，**他差点被刚吃到嘴里的鸡蛋噎住了**：我知道你很好奇，但爱因斯坦的大多数早餐都是吃煎鸡蛋或炒鸡蛋，搭配吐司或面包卷。至于其他的饮食习惯，据报道，他吃了很多的蜂蜜，以至于他的仆人成桶地购买。爱因斯坦餐桌上的其他最爱包括蛋花汤、三文鱼、蛋黄酱、冷切、芦笋、甜栗猪肉和草莓蛋白霜。他喜欢吃熟透的肉。有一次他对厨师说：“我又不是老虎。”

p. 236，**最终这6种气体都液化了**：虽然液化这些气体是一项伟大的成就，但有些人在庆祝时有点过分了。瑞士科学家拉乌尔·皮克泰液化空气后，布鲁克林一家报纸的标题是：“皮克泰，第一流的学者，称这种液体为长生不老药，并宣布它将消除地球上的贫困。”

奇怪的是，这6种“永久气体”的液化都早于自然界中最顽固的气体——氦气，氦气直到1908年才被液化。（氦气的沸点是零下458华氏度，它没有被列入这6种气体，因为它在19世纪初

1　英国作家托马斯·哈代，《还乡》是他的一部长篇小说。

还没被发现。)即使在今天,要使氦气保持低温也不容易。2008年,欧洲核子研究中心(CERN)的大型强子对撞机发生故障,导致6吨液氦蒸发,维修耗时1年并耗资数千万美元,才让对撞机重新运转。

p. 240,**改用了这种氯氟烃**:1995年12月31日,美国禁止在国境内生产含氯氟烃的气体。但政府允许依赖于氯氟烃的企业——比如用氯氟烃补充空调设备的汽车店——继续使用回收的氯氟烃,或者从国外购买。换句话说,需求保持不变,供给显著减少。任何一位经济学老师都能预测到结果:氯氟烃价格暴涨。人们甚至开始把氯氟烃走私到美国来赚快钱。据报道,这些气体在中国、印度或俄罗斯的生产成本约为每磅2美元,但在黑市可以卖到每磅20美元以上。20世纪90年代末每年有1万吨非法的氯氟烃被偷运到美国,主要是通过佛罗里达州和得克萨斯州。在迈阿密,氯氟烃是黑市上第二赚钱的违禁品,仅次于可卡因。

第八章　气象战

p. 243,**而小猎犬号的船长罗伯特·菲茨罗伊**:小猎犬号的赞助者之所以选择查尔斯·达尔文作为船上的博物学家,并不是因为他在动植物方面有着深入的研究;相反,他们重视的是,达尔文作为有教养的绅士,可以在航程中与菲茨罗伊船长愉快地交谈,这可以安慰菲茨罗伊——小猎犬号的前任船长因为没人陪他说话而发疯,最后自杀了。

后来,随着菲茨罗伊在英国海军中的地位不断攀升,他加倍努力地预测天气。事实上,他得罪了很多英国商人,因为在预测有风暴的日子,他禁止小型渔船出海。(当然,渔民把他视为英雄。)可悲的是,虽然达尔文在航行中使菲茨罗伊免受抑郁症的烦扰,但菲茨罗伊无法永远免受其扰,他最终在1865年自杀了。讽刺的

罗伯特·菲茨罗伊

是，达尔文可能在某种程度上促成了他同伴的死亡。菲茨罗伊是虔诚的信徒，因为他船上的某个人向世界释放了达尔文主义的祸害，他总是感到内疚。

p. 250，**理想气体定律的魔力**：雷是气体定律影响天气的另一个例子。闪电导致周围的空气温度飙升。这迫使空气的体积膨胀，体积膨胀又产生了一阵噪声。事实上，闪电的温度非常高——达到55 000华氏度，比太阳表面的温度高5倍，这使得附近的空气都被电离成等离子体。

p. 259，**这种现象被称为“湍流”**：湍流被誉为最棘手的科学主题之一。2000年，克雷数学研究所悬赏100万美元，寻找能求解纳维-斯托克斯方程（决定湍流的方程）的人。目前还没有人领奖，估计短期内也不会有人。1976年，量子物理学家维尔纳·海森伯临终前宣布，当他遇到上帝时，他要问两个问题：为什么相对论决定了宇宙的大尺度结构，以及为什么空气和水这样的流体在流动时会变成湍流。海森伯低声说：“我真心觉得，他可能知道第一个问题的答案。”

插曲　罗斯威尔的轰鸣

p. 268，**直到声音进入你的耳朵**：当然，离开她嘴唇的空气分子并没有飞过房间，撞击你的耳膜，因为声音不是风。相反，每次撞击仅仅传递了最初分子所拥有的能量。（当然，就像恺撒的最后一口气，她嘴里的一些分子会随着空气扩散到你身上，但要等到声音消散之后很久。）

p. 270，**最强烈的声音**：1883年喀拉喀托火山喷发时，爆炸声摧毁了100多英里外的几名水手的耳膜，喷发产生的气压波继续环绕地球5天。当然，在多伦多和伦敦这样遥远的城市已经听不到声音了，但这些城市的气压表每34小时就会记录一次波动（34小时是声音绕地球一圈的时间）。

p. 271，**首次提出了声道的物理原理**：尤因还发现了海洋中的一个声道。海水越往下越冷，声音在较冷的液体中会减速。但水中的声速还取决于其他因素，比如密度和盐度，二者都随着深度而增加。虽然计算过程很混乱，但结果是声音在海洋的最上层和底层传播最快，而在大约3 000英尺深的地方传播最慢。因此，海洋中的声波往往弯向这个深度，就像被磁铁吸引了一样。

尤因认为，利用海洋中的声道可以帮助营救在海上失踪的飞行员。在每次跨越大洋的飞行中，飞行员都会随身携带一个乒乓球大小的金属球以应对迫降。一旦落入海洋，这个球体会下沉，它的厚度足以承受海水的挤压，直到3 000英尺深。但这时，它内爆发出碎裂声，和爆竹的响声差不多大。这听起来可能很微弱，但同样，声道有效地放大了声音，特殊的声音浮标（带有麦克风，悬挂在水下3 000英尺处）仍然可以听到它。通过对几个浮标之间的信号进行三角定位，救援队可以确定飞行员的坐标。

顺便说一句，许多生物学家认为，座头鲸是利用声道向几千里之外的同胞发出低吟。

第九章 外星空气登场

p. 278，**不要诅咒人下地狱**：说到地狱，来看看这个。根据《启示录》，地狱里有一个硫黄湖，它基本上就是熔融的（液态的）硫。在832华氏度以下，硫会一直保持液态，这意味着在理论上地狱比金星更冷。

接下来更有意思。《圣经》还说，天堂的月光像日光一样闪耀。而且，在有的译本中这句话为，太阳闪耀着“七倍于七天的光”。换句话说，天堂相当于有50个太阳：1个月亮加49个太阳。由于行星的环境温度随着阳光的增加而迅速升高（按4次方放大），那么根据这种解释，天堂的温度可能接近1 000华氏度——天堂比地狱还热！

这个有趣的知识点不能归功于我。在《化学教育杂志》第76卷（1999年）第503页罗恩·德洛伦索撰写的《当地狱冻结时》中，你可以看到更全面的介绍。

p. 281，**发现了太阳中的氦气**：你该不会以为这本书不会再讨论肠道气体了吧？根据互联网上的说法，1868年发现太阳中的氦气的天文学家之一朱尔·让森，曾经对家里的狗做氦气实验，包括强迫它呼吸氦气，甚至用氦气给它灌了几次肠。（请读者自行判断，这是否会使它的屁发出吱吱声。）但直到1895年，拉姆齐才在地球上分离出极少量的氦气，所以这个故事似乎不可能发生。

顺便说一句，“阿波罗计划”的医生花了大量精力监测航天员的胀气情况。他们之所以这样做，部分是出于好奇，因为他们不知道失重状态将如何影响消化；另一部分是出于恐惧，他们不知道在太空的低压环境中，体内的气体是否会撕裂航天员的腹部。结果表明，他们不需要担心。生活在低气压地区的人，包括生活在山区的人，确实更容易放屁。（登山运动员有时会谈论“落基山吠蛛[1]”。）但他们放屁的暴力程度还不足以伤害自己。

p. 284，**深奥精神问题**：一个深奥的精神问题涉及宗教信仰：地外智慧生物的发现是否会破坏人们关于上帝或来世的信仰？这取决于他们的信条。在世界上的主要宗教里，印度教和佛教在外星人问题上的神学观点似乎是最好的，因为两者都积极支持其他星球存在生命的观点。犹太教多多少少认为外星人是无关紧要的。

最可能陷入混乱的宗教是基督教（除了一些对外星人友好的教派，比如摩门教）。尽管一些天主教学者支持外星人的想法，但大多数学者表示反对，尤其是福音派和基要派的分支。事实上，这个想法引入了一些相当棘手的神学问题——原罪，以及宇宙中所有智慧生命是否都应该获得救赎和天堂之旅。也许其他智慧生命可以自动进入天堂——但这对地球上的生命来说不太公平，因为地球人必须自己争取。

p. 285，**惊人的900华氏度**：你可能已经注意到这个有趣的数字了。我在前文说过金星表面的温度是860华氏度。如果减去温室气体给金星带来额外的900华氏度，那么金星表面的温度会变成零下40华氏度。我还说过，如果没有温室气体，地球的温度大约是0华氏度。但是，金星到太阳的平均距离比地球少2 600万英里，这怎么可能呢？答案是，金星上覆盖着洁白、蓬松的硫酸云，这些硫酸云把阳光反射回太空，这降低了金星的温度。地球没有硫酸云，所以会保持较高的温度。但总的来说：地球因为温室气体增加了几十华氏度，而金星增加了几百华氏度。

p. 287，**从而导致更进一步的蒸发，以此类推**：通过产生更多的水蒸气，蒸发反馈循环也会产生更多的云，而云往往会将阳光反射回太空，使地球的温度略微下降。另一方面，暖空气也会加热海洋，即使是略微变暖的海洋也会加速融化某些含有甲烷的

1　这是高海拔肠胃排气症的通俗说法。

冰，逃逸的甲烷使地球升温。所以，整体效果是复杂的。事实上，正是这些复杂因素和次生效应让我们很难模拟气候。改变一个变量几乎总是会影响其他十几个变量。

p. 289，**对火星或月球进行环境改造**：你也许会认为，我们可以在火星或月球上建立一个巨大的穹顶，让人类住在里面从而实现星际移民。为了测试这个想法，20世纪90年代初，8名科学家把自己封闭在亚利桑那州的一个生物圈中。事情并不顺利。他们持续了几年，但在那段时间，穹顶内的氧气浓度从正常的地球浓度（21%）下降到17%——在这个浓度下人类会呼吸困难。不知为何，6万磅氧气消失了，可能是进入土壤细菌的身体里。二氧化碳含量也在波动，因为穹顶的混凝土结构倾向于吸收二氧化碳。总的教训是，即使在封闭的容器内，气体也很难维持，更简单的解决方案可能是引进彗星！